“十四五”时期国家重点出版物出版专项规划项目
中国能源革命与先进技术丛书
储能科学与技术丛书

退役动力电池梯次利用技术

李建林　李雅欣　黄碧斌
尹　翔　徐福聪　李　明　马速良　张伟骏
张剑辉　袁晓冬　王　哲　刘海涛　邸文峰
康婧悦　孙新喆　孟　青　武亦文　任永峰　著
方知进　游洪灏　刘　硕　王思佳　王　茜
梁忠豪　辛迪熙　李智诚　李晋勇　李秀广

机 械 工 业 出 版 社

动力电池梯次利用高契合度衔接储能技术和退役电池再利用两个重点领域的迫切需求，有利于实现碳中和、碳达峰的目标。退役动力电池梯次利用技术对实现资源的充分利用具有重大的经济和社会价值。

本书从原理到实际，梳理了退役动力电池梯次利用的技术流程，阐述了退役动力电池梯次利用技术在现有环境下的背景与优势，对退役动力电池梯次利用技术做了全面的介绍与分析。

书中首先对退役动力电池梯次利用技术的发展、政策和标准进行分析、解读，然后介绍退役动力电池的示范工程，并着重阐述了退役动力电池的筛选重组、运行控制、安全防护、经济性评估等关键技术。

希望本书能够推动退役动力电池梯次利用在产业中的发展与升级，启发广大读者对新型电池技术与能源回收再利用的思考，为广大储能相关专业学生及从事相关行业的人员理解退役动力电池梯次利用技术提供帮助。

图书在版编目（CIP）数据

退役动力电池梯次利用技术/李建林等著. —北京：机械工业出版社，2024. 2

（中国能源革命与先进技术丛书. 储能科学与技术丛书）
“十四五”时期国家重点出版物出版专项规划项目
ISBN 978-7-111-74765-9

Ⅰ. ①退…　Ⅱ. ①李…　Ⅲ. ①电动汽车–电池–废物综合利用
Ⅳ. ①X734.25

中国国家版本馆 CIP 数据核字（2024）第 033899 号

机械工业出版社（北京市百万庄大街22号　邮政编码100037）
策划编辑：付承桂　　责任编辑：付承桂　赵玲丽
责任校对：潘　蕊　王　延　　封面设计：马精明
责任印制：张　博
北京建宏印刷有限公司印刷
2024年4月第1版第1次印刷
169mm×239mm・16.25印张・2插页・314千字
标准书号：ISBN 978-7-111-74765-9
定价：99.00 元

电话服务　　　　　　网络服务
客服电话：010-88361066　　机　工　官　网：www.cmpbook.com
010-88379833　　机　工　官　博：weibo.com/cmp1952
010-68326294　　金　书　网：www.golden-book.com
封底无防伪标均为盗版　　机工教育服务网：www.cmpedu.com

前言

在能源、交通全面低碳化的过程中，面对高比例可再生能源、波动性电力负荷带来的挑战，退役动力电池梯次利用技术的发展贴合绿色能源可持续发展需求，有助于促进我国碳达峰、碳中和工作的加速进行。随着电动汽车持续快速发展，电池梯次利用与电力系统形成了深度互动。据权威部门预测，2020—2025 年动力电池退役量将从 36 万吨激增至百万吨级。退役量增长态势迅猛，深入研究退役电池筛选、重组、应用等方面的技术有助于将电池应用于其他低应力场景，是促进碳中和最快捷、最具可行性的技术路径，是我国建立以新能源和可再生能源为主体的“近零排放”的新能源体系的关键抓手。

退役动力电池梯次利用技术深度参与电网互动，备受国内外业界人士高度关注。围绕退役动力电池梯次利用技术，“十四五”时期相关部门在战略规划、机制保障、产业发展、技术创新、商业模式等维度相继出台政策扶持。2023 年，五部门联合印发《新能源汽车动力蓄电池梯次利用管理办法》，鼓励梯次利用企业与新能源车企、电池厂商积极合作，提升梯次产品的使用性能、可靠性及经济性。随着国家政策的利好，标准体系建设也逐步完善，江苏省地方标准《动力电池梯次利用储能电站验收及运行维护规程》《动力电池梯次利用储能系统应用技术规范》相继颁布。标准政策体系的基本构建为推动梯次利用实现工程化提供了有力保障。

目前梯次储能正在向规模化发展，南方电网承担梯次利用国家重点研发项目，已建成百兆瓦时梯次利用示范工程，电池类型包含退役磷酸铁锂、钛酸锂、三元锂等，以退役磷酸铁锂为主，主要通过包级和模块级形式利用；南京江北在建的电网侧 130MW/260MW · h 梯次储能项目，雄安新区正在规划 2GW · h 的梯次电池调峰调频储能项目等。当前梯次利用技术正逐步从试验示范向商业化推广，为更大程度发挥退役动力电池利用价值，需重点突破退役动力电池梯次利用适配性、经济性及商业模式、安全运行控制等关键技术研究。

本书基于国内外梯次利用关键技术的发展状况，介绍了退役动力电池健康状态评估技术。依据衰退老化机理，对退役动力电池聚类分选技术综述，提出电池老化建模及筛选重组技术。然后，针对退役动力电池梯次模型仿真，对梯次利用过程中的运行控制以及安全防护技术展开讨论。最后，围绕国内典型示范案例，阐述退役动力电池实际应用能力与发展规模。

本书共分为 9 章。

第 1 章介绍了退役动力电池梯次利用的总体发展现状，讨论了梯次利用的市场发展及其优势和前景。对退役动力电池梯次利用商业模式及市场发展中的问题难点进行了详细分析。

第 2 章主要讨论了我国退役动力电池梯次利用的政策体系，针对国内外退役动力电池相关政策进行了分析，并介绍了企事业单位在储能产业、电力市场等领域中退役动力电池试点项目布局规划，同时结合地方相关政策内容分析了退役动力电池利用在我国各地的商业化发展情况。

第 3 章主要针对标准颁布现状、国内现有动力电池标准体系等方面进行了详细的分析，对已颁布的标准内容进行解读，指出退役动力电池梯次利用标准存在的问题，提出梯次利用标准目前可完善的方向。

第 4 章对电池的电量和健康状态进行了综述。通过历史数据和特征参量相融合的方式，研究建立退役动力电池和模块之间的性能映射关系，最大化发挥电池全寿命周期价值。并以退役动力电池的可充放电量作为充放电状态估计的指标，综合方法间的优劣势，提出了基于粒子群算法的支持向量回归机的退役动力电池电量状态方法，以及基于随机权重粒子群算法优化极限学习机的电池健康状态估计方法。

第 5 章详细阐述了退役动力电池衰退老化机理，并基于历史运行数据对电池电性参数提取，实现对退役动力电池的老化特性表征。提出数模结合下的含老化电阻的退役动力电池模型建立方法，建立老化阻抗表达式，对电池老化过程等效模拟。最后通过仿真验证老化模型的有效性，为后续进行退役动力电池储能系统运行控制研究提供模型基础。

第 6 章对退役动力电池聚类分选技术进行概述，提出了定制化聚类优化方法可用于不同需求的电池梯次利用筛选过程，并对退役动力电池分选重组技术发展现状进行综述，概述了退役动力电池分选研究进展。

第 7 章详细阐述了退役动力电池在梯次利用前进行的运行控制技术，重点围绕退役动力电池的能量管理系统和运行控制策略展开描述。

第 8 章对退役动力电池安全防护进行讨论，分析了退役动力电池梯次利用风险评估现状，并对退役动力电池故障隔离技术、退役动力电池梯次利用电管理技术与退役动力电池热管理技术进行了详细介绍。

第 9 章在上述研究分析的基础上，结合发展现状，对退役动力电池储能电站案例进行分析，解读其商业模式；并从应用出发，对国内外退役动力电池示范项目工程进行详细介绍。

本书得到了北京市教委联合项目——退役动力电池筛选重组关键技术研究（21JC0026）、国家电网公司总部科技项目——车网互动关键技术标准、支持工具及应用研究（5400-202318585A-3-2-ZN）等项目资助，在此深表谢意。同时，感谢相关同志的积极参与和配合。在本书撰写过程，北方工业大学的胡笳扬、邹菲、彭禹宸、石泽林等同志付出了辛勤劳动，参与了部分文字校对、绘图、章节内容审核等工作，在此一并表示感谢。

本书行将面世，著书之初衷是否果如所求，有待通过实践验证。限于作者水平，书中疏漏与谬误之处在所难免，尚祈读者不吝赐教。

作　者

2024 年 1 月

目 录

第1章 退役动力电池发展概述

退役动力电池是指在电动汽车或混合动力汽车中使用一段时间后，由于电池容量下降等原因，无法继续满足车辆性能需求的电池。随着电动汽车市场的快速发展，退役电池的数量也在逐渐增加。为了解决这些退役电池的处理问题，提高资源利用率并减少环境影响，人们开始研究如何再利用这些退役动力电池。

退役动力电池通常被更换出车辆，但其仍然具有剩余的储能能力。这些电池经过相应的检测和评估后可以进行二次利用。例如，它们可以用于储能系统，将储存的电能在需要时释放，以平衡电力负荷。此外，这些退役电池还可以被用来供应家庭或工业设备的储能需求，为电力供应提供支持。通过将退役电池集成到电网中，可以实现对能源的可靠存储和调配，进而提高电力系统的稳定性和可靠性。

对于这些退役电池的再利用，不仅可以延长其使用寿命，减少资源浪费，还可以将其储能能力充分用于不同领域，减少新电池的生产需求，从而降低环境影响。这种循环利用的做法符合可持续发展的原则，并具有显著的经济和环境效益。

然而，要实现退役动力电池的二次利用并不容易。由于电池在使用过程中受到电化学反应、温度变化和机械振动等因素的影响，其性能和寿命会出现一定程度的下降。因此，在进行再利用之前，必须对退役电池进行严格的检测和评估，以确保其安全可靠地投入到新的应用中。这就需要开发适应的测试方法和技术，以评估电池的状态、容量和循环寿命。

在研究退役电池的再利用过程中，人们还面临其他一些挑战。首先，退役电池的规格和技术特性各不相同，导致在二次利用过程中需要针对每种电池进行个别处理和优化设计。其次，电池的回收和再利用涉及复杂的供应链和庞大的设备投资，需要形成一个完善的产业链和市场体系。此外，还需要制定相关政策和法规，明确退役电池的处理和使用标准，以保证再利用过程的可持续性和安全性。

尽管面临挑战，退役动力电池的再利用具有巨大的潜力和价值。不仅可以为电动汽车产业链创造更多的商机和价值，还能够促进循环经济的发展，推动能源资源的有效利用。通过建立科技创新和政策支持相结合的体系，加强研究与应用的结合，相信退役动力电池的再利用将成为未来发展的重要方向，并为社会和环境带来积极的影响。

1.1 退役动力电池现状概述

1.1.1 退役动力电池规模及利用意义

我国电动汽车在近几年里使用规模快速扩大，动力电池退役的期限已经到来。根据目前相关数据进行推算，预计未来几年的动力电池将要进入退役高峰期：2022年退役新能源汽车可提供动力电池包约 50 万吨（折合装机量 45GW · h），2023 年动力电池的回收量将达到 44 万吨。到 2025 年我国退役动力电池将达到 150GW · h，需要回收的废旧电池将达到 100 万吨左右，动力电池梯次利用以及回收市场规模有望达到 370 亿元。按照中国汽车产业中长期发展规划，到 2025 年，新能源汽车销量占总销量比例达到 20% 以上[1-3]。

退役动力电池虽然不能再执行高性能的驱动任务，但仍然可以在其他领域和应用中发挥重要作用，仍有很大的使用空间。对退役动力电池进行大规模回收，可以有效弥补我国锂、钴、镍等电池材料的资源短缺现况，若采用梯次回收的方式对电池进行再利用，使其在不同应用场景下继续供电，可以节约和高效利用大量的资源。由于退役动力电池中含有大量有害重金属，将退役动力电池梯次利用，避免了大规模废旧动力电池的随意搁置和废弃，减少了废弃电池对人体和环境的污染，很大程度上保护了我国本土的生态环境。此外，退役动力电池在使用一定周期或发生剧烈碰撞后，锂电芯内部正负极隔膜就会容易发生错位，使得电池内部正负极直接相连，产生短路，进而引起电池自燃。加强退役动力电池梯次回收利用工作，有利于实现废旧动力电池的规范、安全处置，消除安全隐患[4-7]。

另一方面，由于新能源汽车市场的迅速发展，对退役电池梯次利用的使用空间巨大，退役动力电池的梯次利用行业一直备受关注。截至 2022 年 10 月，国家已颁布多个退役电池梯次利用相关政策。但是，退役动力电池梯次利用一直处于一种难以实施、难以管控的情况，若退役动力电池梯次利用相关政策能够细化至全国各地，可以逐步规范化，由相关示范工程牵头，带领更多的试点企业参与动力电池梯次利用项目，并将退役动力电池梯次利用的范围逐步推广，必能在退役动力电池梯次利用方面节约更多的资源，更有效地保护环境。我国自 2018 年开始进入动力电池大规模退役时期，2020 年有 25.6GW · h 的动力电池退役，2025 年动力电池退役将达 174.2GW · h，约 100 万吨的规模。

用于梯次利用的退役电池总量包含退役梯次利用及拆解回收的电池总量，根据相关数据测算，预测未来用于梯次利用的电池退役量及其价值如图 1-1、图 1-2 所示。

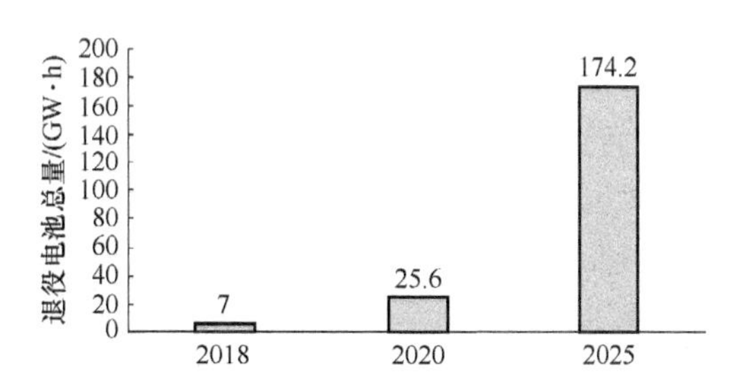

图 1-1　动力电池退役规模预测图

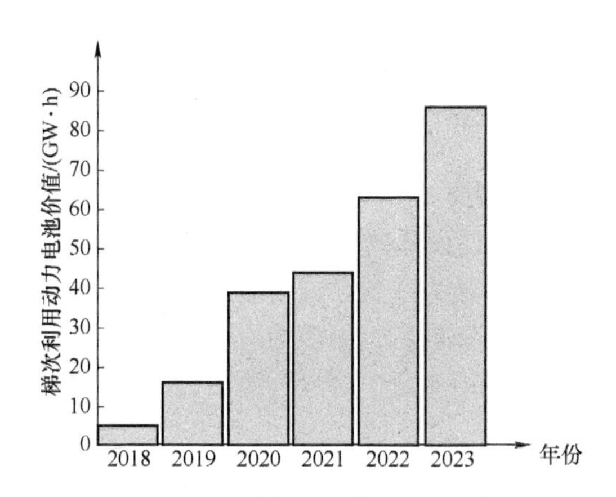

图 1-2　退役动力电池梯次利用预估图

退役动力电池的全寿命周期约为 20 年，但退役动力电池在新能源汽车中使用的平均寿命只有 5~8 年。在退役动力电池回收过程中，电池的再次利用为重点研究部分，应通过梯次利用策略形成退役电池的多批次使用。由图 1-1 可看出，未来动力电池退役规模正在逐渐扩大，这也意味着动力电池退役的管控问题越来越严峻。若没有强有力的政策标准对如此大规模的动力电池退役情况进行制约，将会导致退役动力电池市场秩序混乱[8-10]。

从经济性的角度分析，退役后进行梯次利用的动力电池在之后的利用价值越来越高，预计 2025 年梯次利用价值将达到数十亿美元的规模。从实用性的角度分析，其使用成本约为 1000 元/(kW·h)，性价比远超过铅酸电池，因此退役动力电池梯次利用具有很大的市场竞争力。正因为看到了梯次利用的广阔前景，一些企业发现了此领域的机遇并已经开始在此领域逐步探索。如北京匠芯电池研发了梯次利用光储系统，深圳比亚迪等企业生产用于备电领域的梯次利用电池等。

我国在电池梯次利用的技术研究方面处于起步阶段，技术难点有重组技术、寿命预测和热管理技术等。梯次利用技术的核心要求是保证目标产品的品质和安全。具体而言，一是来料的品质安全控制，二是目标产品的生产过程控制，还有目标产品的控制和设计。目前，国家把梯次利用检测技术作为重点研究，检测技术要求对退役电池包进行健康指数评价，包括电芯评估、电池包电性能检测、电池包的可靠性检测、电池包/模组外观检测。

通常情况下，电芯的性能评估分为寿命评估、安全性评估和可靠性评估，包括电池包的可靠性、电池包连接件可靠性以及管理系统硬件的可靠性等；而电池包电性能检测则能够排除安全隐患；此外，直流内阻的变化、电压差的变化以及电池包外形的变化等，都在健康指数的评估内容中，比如电池包的外形为例，在车载过程中难免会发生意外，比如车祸、内涝，都会引起一系列外部构件的变化，需要通过评测来反映电池所处的状况[11-15]。

1.1.2 退役动力电池用途及评价指标

1. 退役动力电池应用场景

由图 1-3 可看出，对于退役梯次电池应用的场景来看，通信基站备电、电网储能和低速车这三个应用得最为广泛。这些应用场景只是退役动力电池潜在的一部分用途，随着技术的发展和创新，更多的应用场景将被开发出来。有效利用退役动力电池有助于延长其使用寿命，减少资源浪费，并为可持续发展做出贡献。

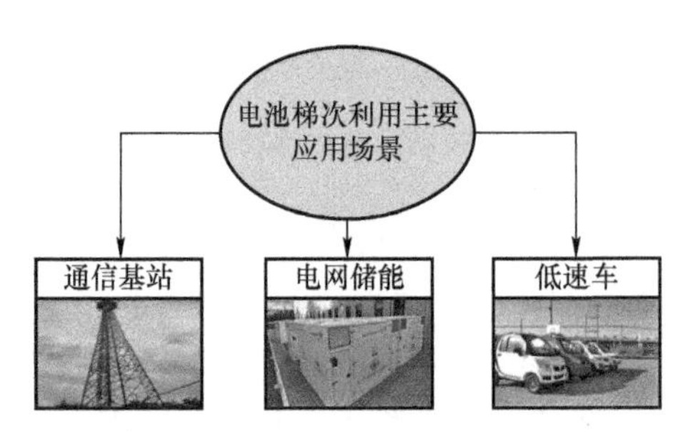

图 1-3　电池梯次利用主要应用场景图

通信基站是我国退役动力电池梯次利用主要应用场景之一。中国铁塔已在约 12 万个基站中使用梯次电池约 1.5GW · h，替代了约 4.5 万吨铅酸电池。中国铁塔目前约有 200 万个基站，按单站电池容量需求约 30kW · h 测算，该公司未来可消纳约 200 万辆新能源汽车的退役电池。杭州某供电公司在通信站中增加了 100kW · h 的退役动力电池，这些退役动力电池与原有的电池共同出力，保证了信号的稳定传输[16]。

电网储能领域中，国内首个退役电池梯次利用电网侧储能电站在南京开建，利用退役电池的余电继续为变电站和数据中心等设施供电，大幅提升了储能电池的经济性和可利用性，随后国内其他地方纷纷效仿：浙江省某微网储能项目为创造新的经济价值和起到削峰填谷的作用投运了电网储能电站，深圳市某两家公司合作合建了 2.15MW/7.27MW・h 退役电池储能项目，用于工业园区，以实现削峰填谷的功能和为电网提供辅助服务。

在低速车领域中，某公司将退役动力电池安装在低速电动车上使用，也有其他公司在低速快递物流车上使用退役动力电池。根据统计，退役电池应用成本约为 650 元/(kW・h)，其收益要比铅酸电池用于低速车上的收益大很多。根据已有数据预测，在 2023 年年底，预计低速车用退役电池成本低于 300 元/(kW・h)，收益在 450 元/(kW・h) 以上。其中，电网储能、通信基站和低速车等领域是大规模消纳退役电池的有效手段。梯次利用给电网储能等领域的低成本化带来重大机遇，有望最大化发挥电池全寿命周期价值，因此有必要出台梯次利用政策，来把握住此机遇。

在换电站应用领域，由于梯次利用电池一致性差，大规模串并联运行仍会降低 EUBESS 整体效率，缩短电池使用寿命，而退役动力电池应用在低应力储能场景中更能使其性能得到更充分的发挥。由于中小型电动汽车换电站或换电柜储能运行需求与梯次利用电池额定容量等级更为接近，因此被视为 EUBESS 规划的重要场景[17,18]。与此同时，配送行业兴起，使得换电柜充电需求大。参与有序充电不仅能满足用户需求，也可获得更大收益。

目前，退役电池梯次利用应用领域丰富，不同类型的退役电池依据其特性可应用于不同功率等级的储能领域，目前梯次电池的应用场景以用户侧居多，集中在为移动式充电设施提供灵活的充电服务，例如，电动车续航补电换电、备用电源、临时应急救援等低功率应用场景。在发电侧的应用以梯次电站示范应用为主，功率等级在 10MW 左右。具体应用场景分类如图 1-4 所示。

2. 退役电池场景评价体系

退役电池梯次利用应用场景适用性评价是多指标、多维度、过程复杂的多属性决策问题。评价退役电池梯次利用的场景适用性需要考虑电池的初始状态、运行环境、配置储能的目标和需求，并对退役电池在应用场景下的技术性能、安全性进行评估。在退役动力电池梯次利用之前，定量评价其关键特征参数，是对其不同应用场景适应性进行评价的前提条件。各场景下对应用环境的定性评价，是准确评价退役电池梯次利用场景适应性的重要依据。因此应统筹定性与定量评价指标，在技术层面与安全层面进行综合评价。目前，常用的评价方法有综合指数法、函数模型法、BP 人工神经网络模型法、决策树分析法、面向对象分析法、空间多准则评估法等，具体如表 1-1 所示。

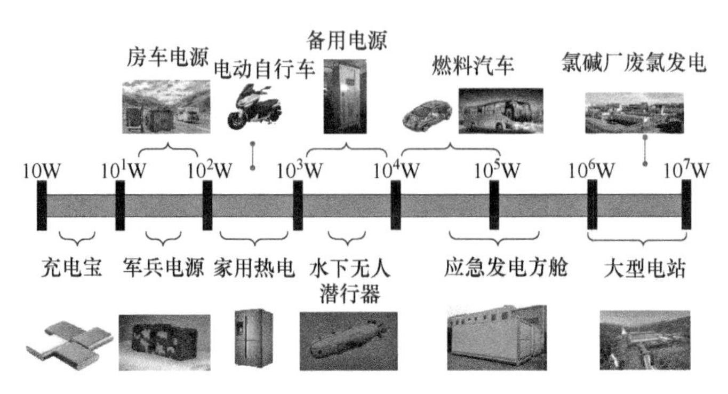

图 1-4　不同功率等级下的退役电池应用场景分类

表 1-1　梯次场景适用性评价方法对比

评价方法	基本原理	优缺点
综合指数法	对退役电池数据标准化处理后利用主成分分析等方法确定权重进行梯次场景评价	计算简单，易操作；但在退役电池指标选取中具有主观性
函数模型法	根据不同类型的退役电池构建相应的函数模型	较好表征一致性及其相互作用关系；由于选取一致性参数不同，使得退役电池模型差异较大
BP 人工神经网络模型法	划分容量、内阻等表征退役电池一致性的指标数据区间和评价标准，构建退役电池拓扑结构	该方法能较好地表征退役电池容量、内阻等特征与 SOH 的非线性映射关系，但缺点在于对网络结构的选择具有主观性
决策树分析法	基于相关资料和数据生成分类器，通过对分类器的参数进行调整、内部数据进行运算，确定决策树的理想模型，并利用分类器对所测对象进行评价	该方法对各个指标之间的关系有明确的界定。每个被测对象的评价结果可以分为不同的层级，但不够精确
面向对象分析法	导出对物质空间中提取出来的可以反映被测对象指标的变量，并通过该变量进行评价筛选	该方法对评价体系的完善有推动作用，可以形成和被测对象不相同的新的数据源；变量的范围并未界定，需要进行大量的数据整合和资源调研
空间多准则评估法	该方法通过针对输入空间的条件和非空间的条件，对问题进行标准化分析，确定系数权重等加工，最终完成对电池的评估	空间条件有利于对空间进行管理，形成空间管理决策方法；但输入标准需要人为界定，具有主观能动性

分析退役电池场景适用性评价指标需从技术性和安全性两个方面考虑，技术性指标主要是表征退役电池一致性的参数，目前以容量和内阻两个关键指标居多，同时这两个指标也是影响退役电池衰退特性的充放电倍率和环境温度的关键

参考因素[19]。

目前，常用的评价体系首先是对所述退役动力电池按照预设放电倍率进行放电操作，再根据所述开路电压回升速率，结合预设场景分类策略对退役动力电池的应用场景进行分类评价。通过综合考虑不同类型电池的衰退速率差别，统筹考虑各类型电池的衰退速率、表征参数比重、应用场景技术需求及各影响因素的关联性，分别以通信基站备用、用户侧峰谷套利、平抑波动、电网侧延缓电网扩建、黑启动以及调频依次为工况 1 至 6，考虑不同应用场景下各类型梯次利用电池技术性评价系数设置如图 1-5 所示。

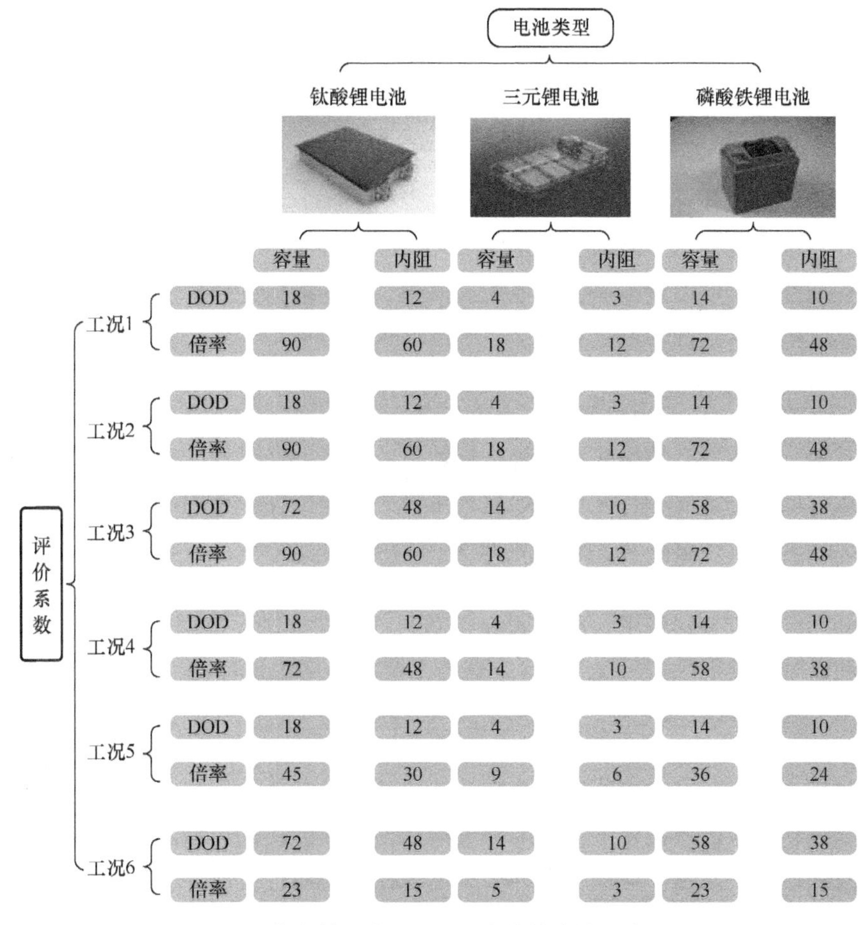

图 1-5 考虑基于应用场景需求的技术性评价系数

图 1-5 综合考虑不同电池的衰退特性、表征参数比重、应用场景技术需求，设置不同应用场景下的各类梯次电池的技术性评价系数。一般影响电池衰退特性的因素包括充放电倍率、充放电深度以及环境温度，并且不同工况条件下各类电

池的参数特征都不相同，具体参数特征如表 1-2 所示。

表 1-2　不同应用场景的电池参数特征

	参数特征	典型场景
工况 1	充放电倍率<0.5C，充放电等效循环频次<0.3 次/天，DOD>80%	通信基站 备用电源
工况 2	充放电倍率<0.5C，充放电等效循环频次<3 次/天，DOD>80%	用户侧峰谷套利
工况 3	充放电倍率 0.5～1C，充放电等效循环频次>3 次/天，DOD<20%	平抑可再生能源出力波动
工况 4	充放电倍率 0.5～1C，充放电等效循环频次<3 次/天，DOD>80%	电网侧延缓 电网扩建
工况 5	充放电倍率>1C，充放电等效循环频次<0.3 次/天，DOD>80%	发电侧黑启动
工况 6	充放电倍率>1C，充放电等效循环频次>3 次/天，DOD<20%	发电侧调频

安全性指标可以表征退役电池安全风险，这些指标受到梯次系统运行环境等级以及应用场景条件的影响。因此，考虑退役电池运行于低应力储能工况下，退役电池的安全性评价指标选取以电池安全等级、热失控数（Thermal Runaway Number，TRN）、退役电池类型三个方面考虑[20-21]。

其中，电池安全等级依据评价指标数值的比例关系评价。考量评价系数设置时，运行环境等级大小与评价系数呈现正相关。根据梯次利用电池的差异化适用倍率，可设置各场景评价系数。设置不同场景评价系数，电池安全等级和 TRN 都会受到外界影响，需要评价系数；而电池类型不会受到影响，不需要评价系数。分别以通信基站备用、用户侧峰谷套利、平抑波动、电网侧延缓电网扩建、黑启动以及调频依次为工况 1 至 6，这些工况下不同退役电池安全性评价系数设置如图 1-6 所示。

如图 1-6 所示，考虑针对退役电池的评价体系设置时，其场景应用工况包括通信基站备用电源、用户侧峰谷套利、低速动力车等应用场景。由于在不同运行环境等级和应用场景条件下，同一种电池的安全性能相同，所以在图 1-6 中，下方磷酸铁锂、三元锂、钛酸锂三种类型电池在不同运行环境等级和应用场景条件下评价指标相同，设置成基准值为 10。

在配置温控设置的前提下，钛酸锂电池的安全性能最高，磷酸铁锂电池次之，三元锂电池最差。如果设置基准值为 10，则磷酸铁锂电池的安全系数为 10，磷酸铁锂次之为 8，三元锂电池由于电池安全性能极差，所以安全系数最低为 2[22,23]。因此，不同运行环境等级下的电池安全等级系数大小为安全系数与运行

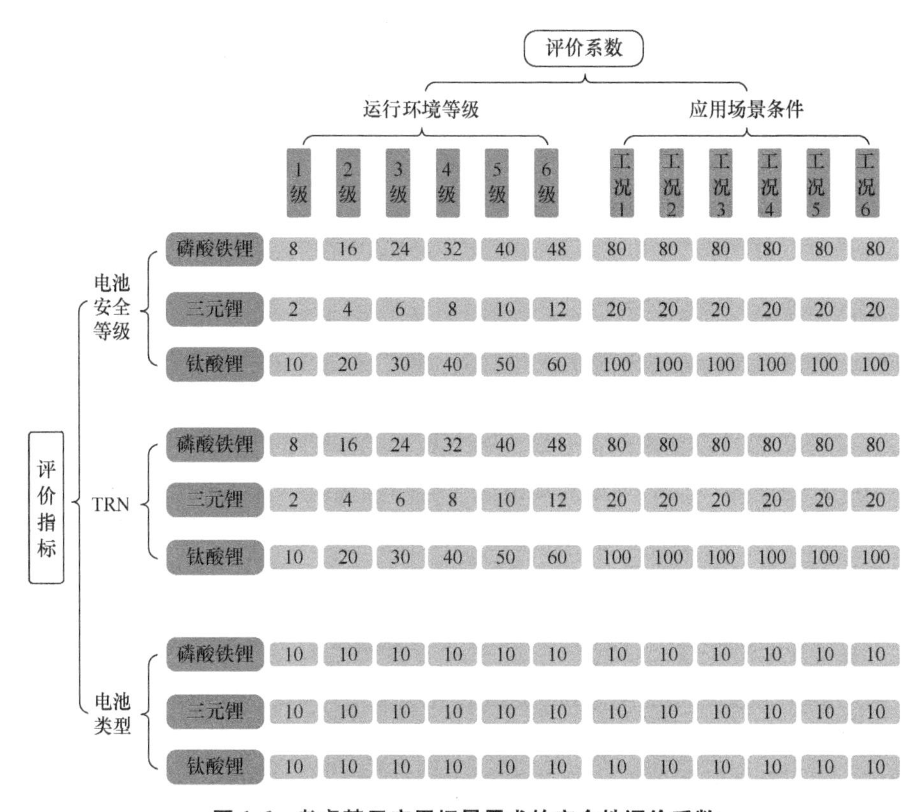

图 1-6　考虑基于应用场景需求的安全性评价系数

环境等级的乘积。由于同一电池在不同工况下的安全性能大致相同，所以不同工况下的电池安全等级=安全系数×n，（n 为正整数）。其中，TRN 表示电池的热失控系数，其计算公式如式（1-1）所示。

$$\mathrm{TRN}=\frac{\beta R^2}{K_\mathrm{r}\mu_1^2} \tag{1-1}$$

式（1-1）结合了电池内部热传递 K_r、电池表面散热 μ_1、电池产热速率参数 β 以及电池半径 R 等参数，而电池的产热速率参数 β 和电池散热以及热导率系数是控制锂离子电池热失控的关键参数，通过增大 β 值，TRN 值也相应增大。由于热失控系数电池的安全等级具有相关联性，所以两个指标的评价系数相同。

通过上述方法，根据开路电压回升速率可以对退役动力电池的应用场景进行分类，目前常将主观赋权法用于场景分类，如区间层次分析法，层次分析法是使用最广的一种主观赋权法，可以通过两两比较的形式对决策指标的重要程度做出较准确的判断。

1.2 退役动力电池市场发展

1.2.1 退役动力电池回收与利用

退役电池梯次利用指的是将容量不足80%的电池重新改造，以再次应用于储能领域的技术。具体来说，就是资源再生利用的手段之一，通过对目标电池进行破碎、拆解以及冶炼等改造来达到对镍、钴、锂等资源的再次利用。中国汽车技术研究中心经过考虑汽车报废年限、动力电池寿命等因素综合得出，在2018~2020年，全国累计退役车用电池数量达18万~30万吨，预计到2025年报废量或达100万吨左右[24]。针对退役电池庞大的回收规模，在2012年，国务院发布了《节能与新能源汽车产业发展规划（2012—2020年）》，重点强调了制定电池回收利用管理办法的必要性，同时也敦促各个相关部门建立退役电池梯次利用和回收的方案。

据研究中心数据显示，截至2021年底，我国退役动力锂电池回收行业市场规模约为165亿元，2022年为280亿元，预计2023年我国动力电池回收量将超过320亿元。退役电池回收与利用是在梯次利用储能电池的最后阶段，部分电池容量低，已不具备使用价值，要对其进行单体拆解，回收其中的锂、锰、钴等稀有原材料。由于电池正极材料成本占总体成本的1/3以上，而负极大多采用石墨等碳材料，因此目前退役电池回收主要是对电池正极材料的回收。不当的回收操作极易造成电池内部短路、起火、电解质泄漏等问题。锂电池的正极材料主要包括三元锂、钴酸锂、磷酸铁锂等，回收方法有化学法和生物法。化学法利用化学反应对电池进行处理，包括火法回收和湿法回收。火法回收通过高温燃烧电极中的有机物，然后对未燃烧部分经过筛选，得到高含量的金属粉末，目前主流的方法有以下几种：一种是在1000℃下对废旧锂电池进行焚烧，可有效去除有机黏合剂与电解液，获得锂、钴原材料。火法回收工艺简单，但对设备要求较高，同时材料回收率较低。湿法回收技术利用化学溶剂为转移媒介，浸泡分离电极片中的金属元素，再利用沉淀、吸附等化学反应，富集提取溶液中的金属离子；还有用N-甲基吡咯烷酮（NMP）分离电极片中的活性物质，用高温煅烧法去除碳粉，通过微波溶解技术回收金属锂、锰、钴离子，溶解率达到100%；还可以利用新型柑橘类水果回收废旧锂电池的绿色方法，实现锂、钴和锰的回收；另外，还可以采用Fenton试剂辅助浮选法回收钴酸锂电池，钴的回收率达98.99%。湿法回收成本低，设备要求不高，研究较为普遍，是目前国内退役电池回收的主流方法。生物回收技术是利用微生物将锂电池中的有用成分选择性地溶解出来，获得含有金属化合物的溶液，最终实现钴、镍等稀有金属的回收。运用酸浸-生物浸出工艺回收废旧锂电池中的铜、钴、镍，经生物浸出后，钴和镍的浸出率分别达到 99.93%和 99.46%；采用硫-氧化杆菌和铁-氧化细菌混合体系从 $LiFePO_4$、$LiMn_2O_4$ 和 $LiNi_xCo_yMn_{1-x-y}O_2$ 废旧动力电池中提取锂、锰、钴和镍，通过 pH 优化，4 种有价金属的浸出率均达到 95%以上[25]。生物回收技术尽管存在技术难题，但其成本低，且微生物可重复利用，具有良好的发展前景。

退役动力电池回收体系是一个专门处理退役锂离子电池等化学电池的系统，旨在回收和再利用电动汽车、混合动力汽车和其他设备中使用的动力电池。该体系涉及从收集退役电池到处理、分拣、修复或再制造的整个过程。退役动力电池回收体系通常包括收集、运输和储存、处理和分拣、修复和再制造、回收和回馈 5 个环节。首先是收集各种来源的废旧动力电池，包括电动汽车、混合动力汽车以及工业和商业用电池等。这些退役电池可以通过回收中心、电动汽车厂商或其他特定渠道进行收集。接下来将收集到的退役电池进行运输和储存，确保其安全处理。退役电池需要在运输过程中得到适当的保护，以防止电池失效或发生泄漏。然后对退役电池进行处理和分拣，根据不同的类型和状态将其分类。可能会采用一系列物理和化学方法来处理电池，以减少对环境的影响，并确保安全。再次对一些仍具备较高价值和可再利用性的退役电池，进行修复和再制造。这些电池可以得到清洁、修复或重新组装，以延长其使用寿命并再次应用于其他用途。最后对不能修复或再制造的退役电池，进行回收处理。通过回收退役电池的金属和化学物质，可以减少资源浪费，并降低对环境的负面影响。同时，回收后的材料可以被用于生产新的动力电池或其他产品。

退役动力电池回收体系的建立可以促进可持续发展，减少对有限资源的依赖，并降低电动交通对环境的负面影响。它还有助于推动循环经济的发展，提高能源利用效率和环境保护水平。退役动力电池回收体系的建设对于新能源发展至关重要。它促进了资源回收与循环利用，降低了成本，支持技术创新，增加新能源供应量，推动产业链发展，并支持相关政策和法规的实施。通过这种紧密的关系，退役动力电池回收体系为新能源产业的可持续发展提供了重要支持[26,27]。

1.2.2 退役动力电池梯次利用商业模式

退役动力电池的利用对电力市场来说具有重要意义。它们可以提供储能资源，增强可再生能源集成，节约能源减排，并在经济上带来收益。进一步促进退役动力电池的二次利用，有助于推动电力系统的可持续发展和能源转型。退役动力电池利用与电力市场除了在储能产业、新能源汽车产业上具有较强联系，也能参与到电力系统辅助服务中。而退役动力电池回收体系发展与新能源产业发展密切关联，退役动力电池回收体系建设及利用，是以退役动力电池梯次利用为主要形式。其发展趋势很大程度上受新能源产业商业模式发展趋势影响。从2009年起，国家就开始推动新能源汽车产业的发展，目前新能源汽车发展已初现规模，政策也做出相应调整。对此，工信部发布了《新能源汽车产业发展规划（2021-2035）年》（征求意见稿），旨在完善法规标准制定以及维护市场秩序。同时该规划也落实了汽车领域开放时间表、路线图，以加快融入国际市场。这个时期的政策已经不再对动力电池的性能指标做具体的设计引导，而是强调企业在技术路线选择、产品产能布局等方面的主体地位，未来车企将更多依据消费者的实际需求来选择技术路线。该规划作为发展新能源汽车的纲领性政策，指明了未来十五年新能源汽车的发展方向和发展目标。进一步明确新能源汽车发展路径和政策支撑，将减少资源消耗率作为发展目标，以更具活力的政策激励企业自主创新。

目前，国外都在积极探索电池梯次利用的商业发展模式，一些发达国家如日本、美国等已经实现了商业性质项目的落地实施。我国虽然起步稍晚，但是伴随着相关政策的落地以及各地政府的跟进，使退役动力电池在储能领域梯次利用的商业价值逐步得到重视。我国目前的具体的商业模式如图1-7所示。

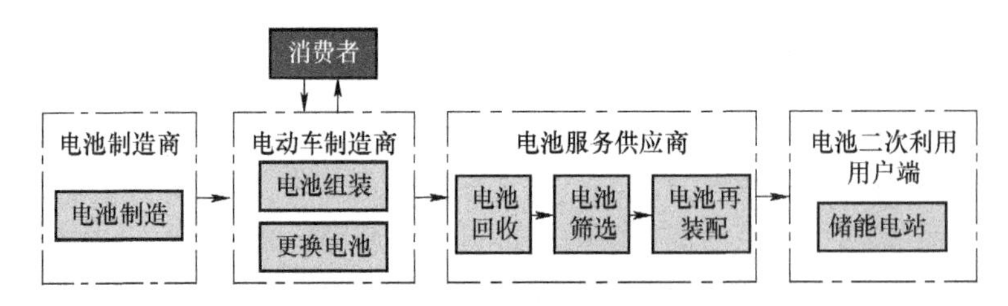

图1-7　动力电池梯次利用商业模式

梯次利用产业链是新能源汽车产业商业模式的延伸，涉及的产业链各方面主体非常多，包括新能源汽车用户（个人或商业运营单位）、汽车生产企业、动力蓄电池生产企业、报废机动车回收拆解企业、梯次利用企业、再生利用企业以及梯次利用电池的用户，其中的价值分配是十分复杂的问题，而电池回收是核心环节。其商业模式主要有以下三种：

1. 以电池生产商为回收主体（见图1-8）

以电池生产商为回收主体的退役动力电池梯次利用商业模式是指在电动汽车动力电池寿命结束后，由电池生产商负责回收、处理和再利用退役动力电池的商业模式。这种商业模式将电池生产商放在回收过程的核心位置，以确保对退役电池进行安全、高效的管理，并将其应用于合适的领域。在该商业模式中，电池生产商主要产生以下作用：

1）回收与处理：电池生产商负责建立完善的退役电池回收系统，收集来自市场的退役动力电池。他们会采用专业的设备和技术，对退役电池进行检测、评估和分类，并执行相应的处理措施，如拆解、回收或再制造。目标是最大限度地回收电池材料，减少资源浪费和环境污染。

2）再制造与改进：电池生产商可以对回收的退役电池进行再制造和改进，以延长其寿命并提高性能。这可能涉及替换部分组件、修复损坏的元件，甚至升级电池技术。经过再制造的电池可以重新投入市场，作为经济、可靠的二手电池。

3）二次销售或租赁：在回收并重新制造后，电池生产商可以将退役电池作为再加工产品进行二次销售或租赁。他们可以建立自己的二手电池市场，向用户提供经济实惠、可靠的能源存储解决方案。这种商业模式可以通过销售二手电池或提供电池租赁服务来获取收入。

4）研发与技术创新：作为电池制造领域的专家，电池生产商可以利用退役电池进行科学研究和技术改进。他们可以使用回收的电池来验证新型电池材料、设计和性能，并推动电池技术的进步。这种商业模式侧重于合作项目、技术许可或销售新产品，以获得收益。此外，以电池生产商作为回收主体将有利于打造资源闭环。这主要表现为：

① 由动力电池生产企业控制退役电池流向，有利于生产企业和再生锂、镍、钴、稀土等企业建立合作良好的关系，形成资源的“动力电池生产→动力电池消费→动力电池回收→资源再生→动力电池生产”的闭路循环利用模式，使各种金属实现闭环网络；

② 电池生产商可以借助自己的销售渠道通过逆向物流的形式实现对退役电池的高效回收；

③ 电池生产商对新电池的流向掌握控制权，可以利用“以旧换新”“押金返还”等商业安排来促使销售机构对退役电池进行回收。

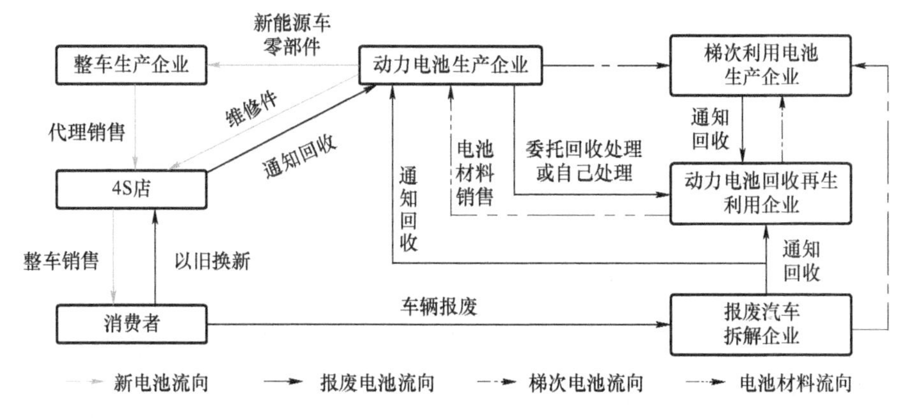

图 1-8　以电池生产商为回收主体的模式

电池生产商作为退役动力电池梯次利用的主体，不仅有助于有效管理电池回收和再利用的过程，还可以减少社会和环境对退役电池的负面影响。然而，实施这种商业模式面临着各种挑战，如建立回收网络、处理技术、再制造成本效益等问题。因此，与利益相关方合作，包括电动汽车制造商、储能系统供应商和相关机构，可以促进该商业模式的成功实施[28]。

2. 以整车制造商为回收主体（见图 1-9）

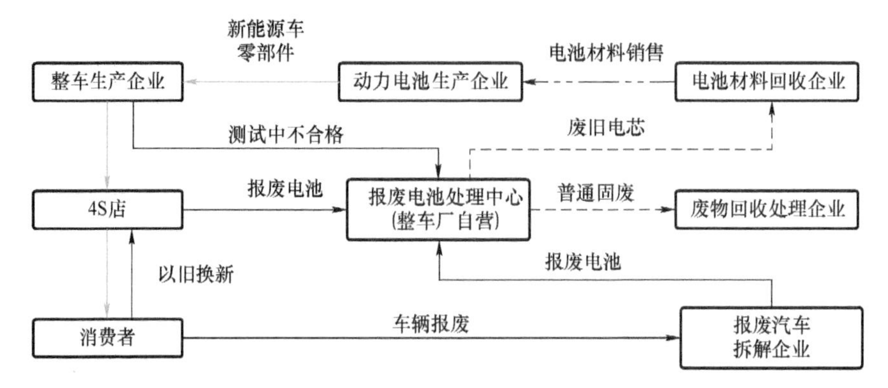

图 1-9　以整车制造商为回收主体的模式

以整车制造商为回收主体的退役动力电池梯次利用商业模式是指在电动汽车动力电池寿命结束后，由整车制造商负责回收、处理和再利用退役动力电池的商业模式。这种商业模式将整车制造商视为回收过程的核心角色，他们积极参与退役电池的管理和利用，确保回收的退役电池得到合理的处理和应用。关于以整车制造商为回收主体的退役动力电池梯次利用商业模式的关键组成部分为：

1）回收网络建设：整车制造商可以建立全面的回收网络，以便有效地回收来自市场的退役动力电池。他们可以与经销商、服务中心或其他回收合作伙伴合作，并建立起一个高效的回收链条。这有助于提供方便的回收渠道，并确保退役电池被安全地回收，减少对环境的影响。

2）评估与分类：整车制造商会对回收的退役电池进行评估和分类。这包括检测退役电池的状态、容量和健康度等参数，以确定其再利用的能力和适用领域。通过系统的评估和分类，可以最大化利用退役电池的价值，并为不同应用场景提供合适的退役电池。

3）再制造与改进：整车制造商可以对回收的退役电池进行再制造和改进，以延长其寿命并提高性能。他们可以通过更换部分组件、进行修复或升级退役电池技术来提高退役电池的质量和功能。经过再制造的退役电池可以重新投入市场，为用户提供具有竞争力的二手电池产品。

4）内部使用：除了销售或租赁回收电池给外部用户，整车制造商还可以将这些电池用于内部用途。例如，他们可以将退役电池用于内部储能系统、工厂设备的供电等，以降低能源成本、减少碳排放，并改善企业的可持续性。

5）研发与创新：作为整车制造商，他们拥有研发团队和资源，可以利用退役电池进行科学研究和技术创新。他们可以将退役电池用于验证新型电池技术、探索新的应用领域，并推动电池技术的进步。

整车制造商的渠道优势最明显，回收电池的成本低、效率高。一方面，整车制造商拥有丰富的汽车销售网络（4S 店），可以使用现有的物流渠道使退役电池逆向运达制造商，从而省下不必要的另建渠道费用；另一方面，整车制造商还可以充分利用销售网络的广泛性来提高回收的效率，在目前在工信部公布的近 1.5 万个新能源汽车动力蓄电池回收服务网点信息中，汽车生产商的服务网点占比在 95%以上。然而，在后续再利用环节方面，由于退役电池的梯次利用与再生利用均具备着较高的技术要求，整车制造商往往需要和电池生产企业或第三方企业进行合作才能完成退役电池的二次利用[29]。

以整车制造商为回收主体的退役动力电池梯次利用商业模式能够充分利用电池的再利用潜力，减少资源浪费和环境污染。然而，实施这种商业模式需要整车制造商在回收、处理、再利用等方面具备一定的技术能力和资源，并与相关利益相关方合作，包括电池生产商、储能系统供应商和相关机构，以促进商业模式的成功实施和推广。

3. 以第三方为回收主体（见图 1-10）

以第三方为回收主体的退役动力电池梯次利用商业模式是指在电动汽车动力电池寿命结束后，由第三方企业或机构负责回收、处理和再利用退役动力电池的商业模式。这种商业模式目前尚处于探索阶段，此模式主要是将回收过程外包给专门的第三方服务提供商，他们在处理和利用退役电池方面具有专业知识和资源。

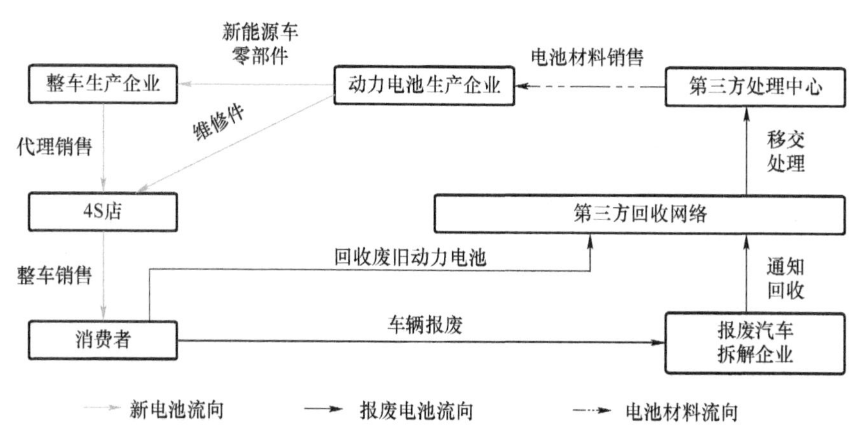

图 1-10　以第三方为回收主体的模式

第三方企业技术工艺完备，回收渠道建设是模式难点。第三方模式具体是指由生产商委托专业的第三方（如废品收购公司、资源处理公司）来负责废旧动力电池的回收，进而实现“电池回收+后续利用”的一体化与专业化；但该模式要求第三方企业自行建立回收渠道，因此需要第三方公司通过与整车厂商、电池厂商达成深度合作的方式来形成稳定的电池供应源，模式存在着回收费用较高、回收难度较大的问题与难点。

以第三方为回收主体的退役动力电池梯次利用商业模式可以充分利用专业知识和资源，确保电池回收和再利用的高效性和可持续性。此外，确保回收和处理过程符合环境规范和安全要求也是至关重要的。

这些商业模式旨在通过有效利用退役动力电池，实现资源的再利用，降低成本，减少环境影响，并推动可持续能源市场的发展[30]。然而，每个商业模式都面临着不同的挑战，如状态评估、回收处理、二次利用系统集成和维护等方面的问题，需要综合考虑技术、经济和政策因素才能取得成功。

1.2.3 退役动力电池市场发展问题与难点

我国电动汽车已进入快速发展阶段，未来动力锂离子电池退役量逐年增加，2025 年预计接近 150GW · h。电力储能作为智能电网的关键要素之一，是大规模消纳退役电池的有效手段。梯次利用技术给电力储能低成本化带来重大机遇，有望最大化发挥电池全寿命周期价值。退役动力电池市场发展难点可以总结为以下三点：

1）与新电池相比，退役电池存在性能离散度高、安全隐患激增等特征，导致梯次利用储能系统可用容量下降、安全失效风险加剧。自 2008 年起，国内外围绕电池性能评估、分选重组、电热安全管理开展了大量研究工作，并在退役电芯一致性评测、模块直接重组利用等方面取得突破，但仍面临容量衰退预测难、快速批量分选技术缺失和安全故障演变机理不清晰等问题。近年来，随着梯次利用示范规模逐渐增大及应用场景的多样化，上述问题叠加放大效应越加突显，现有技术储备无法满足规模化工程应用的安全性和经济性要求。

2）技术方面，要实现退役动力电池的安全可靠、低成本、大规模、多场景梯次利用，必须突破退役电池梯次利用阶段衰退规律、安全状态演变机制两大科学问题，破解退役电池状态特征参量表征和残值评估方法、退役电池差异性与退役电池系统可用容量相适配的分选与重组方法、退役电池安全状态在线辨识与预警技术，梯次利用退役电池系统性能与电网需求优化配置方法等关键技术。

3）规划方面，梯次退役电池若不能进行妥善的回收利用，将会在公共安全、环境污染、资源循环利用等方面产生严重问题，与国家大力发展电动汽车的初衷背道而驰。电动汽车要发展，就必须推动电池梯次利用技术的发展，建立健全废旧动力电池循环利用法律政策及技术标准体系。电动汽车淘汰下来的动力电池，其剩余的能量价值还可以被继续应用于其他领域，动力电池的梯次利用越来越被重视。

退役动力电池梯次利用成为关键发展方向。一旦电池不能满足汽车需求，仍具有较高能量存储能力的电池可以进一步用于储能系统或其他应用领域，如家庭储能、工业用途等。通过梯次利用，可以最大化退役电池的使用寿命和价值，降低整体能源存储成本。再制造是减少资源浪费和环境污染并延长动力电池生命周期的重要手段。再制造退役电池可以使其以更容易接受的价格再次投入市场。再制造市场预计将迅速增长，提供可靠且经济实惠的二手电池产品[31]。

随着技术的发展，退役动力电池处理和再利用的技术也在不断创新和进步。包括材料回收、高效的退役电池测试和评估方法、再制造工艺等方面都得到了改进。这些技术进步将有助于提高退役电池回收利用效率、降低成本，并推动市场的更快发展。同时，随着对环境可持续发展的关注增加，相关规范和政策正在逐渐出台，以鼓励电池回收和再利用。越来越多的国家和地区开始建立退役动力电池的管理标准和规范，促使企业和机构采取更负责任的处理措施。此外，伴随着更多人对退役动力电池处理和再利用领域的商业机会认识的提高，许多初创公司涌现并专注于电池回收、再制造及电池二次利用。这些创业公司通过创新的商业模式和解决方案推动市场发展，并为整个行业带来新的活力和竞争力。

总体而言，退役动力电池市场正处于快速发展阶段，并且未来还将继续呈现增长势头。随着技术创新和政策支持的推动，退役动力电池的再利用率将提高，为可持续能源存储和循环经济做出贡献。未来几年我国将在梯次利用退役动力电池的状态评估、分选重组、关键设备、示范运行等关键技术上实现重大突破，大幅提升我国在电动汽车、电池储能等多个领域的国际竞争力和话语权，有助于占领退役动力电池梯次利用的技术制高点，引导社会清洁可持续发展[32]。同时，该技术在未来智能电网升级中具有广阔的市场应用前景，将为我国带来巨大的经济和社会效益。

1.2.4　退役动力电池梯次利用发展趋势及建议

我国电动汽车在近几年使用规模快速扩大，动力电池将面临大批量退役问题。根据目前相关数据，预计未来几年的动力电池将要进入退役高峰期，退役动力电池梯次回收利用市场规模在 2020 年底达到约 800 亿元，其中梯次利用市场规模约 505 亿元，再生利用市场规模 295 亿元。退役动力电池的回收量庞大，2020 年底累计退役动力电池超过 25 万吨，2021-2022 年退役动力电池的回收量达到约 38 万吨/年。并且按照中国汽车产业中长期发展规划来看，到 2025 年，新能源汽车销量占总销量比例达到 20%以上，退役动力电池的回收量也将进一步增长。

退役动力电池仍有很大的使用空间。动力电池主要的材料是锂、钴、镍、锰、铁、铝、碳等。其中，钴、镍、锂等金属在我国的储量相对较小，进口依存度高，回收价值较大。对退役动力电池进行大规模回收，可以有效弥补我国锂、钴、镍等电池材料的资源短缺现况，若将其采用梯次回收的方式对退役电池进行再利用，可以在不同应用场景下继续供电，可节约和高效利用大量的资源。由于退役动力电池中含有大量有害重金属，将退役动力电池梯次利用，避免了大规模废旧动力电池的随意搁置和废弃，减少废弃电池对人体和环境的污染，很大程度上保护了我国本土的生态环境；退役动力电池在使用一定周期或发生剧烈碰撞后，锂电芯内部正负极隔膜就会容易发生错位，使得电池内部正负极直接相连，产生短路，进而引起电池自燃。若加强退役动力电池梯次回收利用工作，有利于实现废旧动力电池的规范、安全处置，消除安全隐患。退役动力电池回收体系建设以梯次利用为主要方向，其发展趋势可以总结为以下三点：

1. 市场规模与增长趋势

1）根据国际能源署（IEA）的报告，2010 年至 2020 年期间，全球电动汽车存量从 17 万辆增长到超过 1050 万辆。这导致未来数年内退役动力电池的供应量将大幅增加，退役动力电池市场规模呈显著增长趋势。据预测，到 2030 年，全球退役动力电池市场价值将达到 500 亿美元。

2）根据市场研究机构 Battery Market Watch 的报告，截至 2020 年，全球退役动力电池梯次利用市场规模约为 30000MW · h，预计到 2030 年将达到 150000MW · h，年复合增长率约为 20%。

3）我国是最大的退役动力电池产量国，根据中国科学院的研究，到 2020 年底，中国每年退役动力电池的规模为 25GW · h，其中只有 10%左右被再利用，但这一比例预计在未来几年会显著增加[33,34]。

2. 应用领域与占比变化

1）储能系统：退役动力电池可用于储能系统，包括工业和住宅储能、微电网和大型能量储存项目。这些系统可以平衡电力需求与供应之间的差异，并提供稳定的电力输出。

2）分布式能源项目：退役电池可以作为分布式能源项目中的能量储存解决方案，用于太阳能光伏和风能等可再生能源的储存，以确保电力供应的可持续性和稳定性。

3）能源供应备份：在电力不稳定或断电的情况下，退役动力电池可以被用作能源供应的备份解决方案，确保关键设施和基础设施的运行。随着市场成熟度的提高，退役动力电池的梯次利用占比也有所变化。根据中国汽车工业协会的数据，在 2019 年，储能系统领域占退役动力电池梯次利用市场的 79%，其次是分布式能源项目（13%）和能源供应备份（8%）。预计随着技术进步和市场需求的增加，这些比例将发生一定变化。

3. 技术创新与效益提升

退役动力电池梯次利用的发展要依靠技术创新，技术创新将体现为以下3个主要方向：

1）二次利用技术：研究人员和企业正在开发不同的技术来改进退役电池的二次利用效率。这些技术包括改进的电池管理系统、电池状态评估算法和性能分级方法等。

2）智能化管理系统：结合物联网和人工智能技术，可以实现对退役动力电池的远程监控、故障诊断和优化调度，提高系统效能和电池的利用率。

3）循环经济模式：采用循环经济的理念，将退役动力电池作为资源进行回收和再制造，以最大限度地减少对新原材料的需求，降低环境影响。

发展退役动力电池梯次利用商业模式需要多方合作、科学评估和创新技术的支持。这将有助于最大限度地提高退役电池的再利用价值，减少资源浪费和环境污染，并推动可持续能源存储行业的发展。对此，作者有以下三个建议。首先，在退役电池来源方面应建立完善的追踪系统，通过节点追责来确保退役电池来源可查可追[35]。其次，处于联通上下游关键位置的退役电池回收提供商，不仅应保证其负责的退役电池回收、退役电池筛选和再装配3个环节的有序运行，而且应建立相应管理机制，以确保在退役电池筛选的关键环节中退役电池运输保管及评价装配的安全有序进行。在退役电池筛选过程中，可以提供二次利用的用户端来完善回收点的评价和数据管理；其次，我国的退役电池梯次利用体系也可以参考国外所采取的基于电池制造商、销售商以及第三方公司分别负责回收的机制。在完善退役动力电池梯次利用全链条体系方面，可以通过退役电池运营商、汽车厂商以及电池企业三方建立完善合作机制，利用合资等手段将退役电池梯次利用业务以租赁或零售等方式应用在用户终端上，使退役电池梯次利用逐步商业化。如果梯次利用仅有梯次利用企业获利，则新能源汽车用户、汽车生产企业、动力蓄电池生产企业及报废机动车回收拆解等企业均缺乏动力去参与和推动梯次利用，将导致在退役电池的回收阶段就无法形成商业渠道。因此，对于梯次利用电池，尤其是退役电池“再造”形成的产品，其性能、寿命、可靠性、安全性等尚未经过市场考验，销售和使用方面需要有更多商业模式的探索，如分期付款、分时租赁等。梯次利用企业作为梯次利用电池生产企业，也需要承担生产者的责任，对报废梯次利用电池进行回收，保障其安全、环保处置。从目前探索的方向来看，梯次利用场景有通信基站、电网储能、电动三轮车、电动摩托车等，也有移动电源、车载冰箱等较为零散的消费领域，这就导致梯次利用退役电池的回收势必会存在更加复杂的情况，回收体系和模式需要多样性，对梯次利用企业的能力势必将提出更高的要求[36]。

总的来说，退役动力电池梯次利用领域正处于快速发展阶段。随着技术创新和市场调整，预计梯次利用的应用领域将不断扩大，相关技术和管理系统也将不断提升，促进退役动力电池梯次利用的可行性和盈利能力。梯次利用能够发挥出退役动力电池的最大价值，实现循环经济的利益最大化，退役动力电池梯次利用的前景是广阔的，但是实践起来不太容易。退役动力电池性能和规格参差不齐，难以实现集中式管理，以及检测配比难度高，实现退役电池的电压均衡较难等因素，增加了退役动力电池梯次利用产业化的难度。如果退役动力电池梯次利用的管理和技术水平能够提升起来，那么它的广阔前景就可以得到实现，这就需要国家制定相关的政策来鼓励并支持各个地方企业参与到动力电池梯次利用的机制中来。

1.3 小结

本章主要介绍了退役动力电池梯次利用的总体发展现状，讨论了梯次利用的市场发展及其优势、难点和前景。退役动力电池的发展具有重要的必要性和意义，尤其在资源利用和环境保护、经济效益、能源储存与平衡、循环经济等方面将产生重要价值。通过开发相应的检测和评估技术，建立完善的产业链和政策体系，可以有效解决退役电池处理问题，延长电池的使用寿命，降低资源浪费和环境影响，并为产业链创造商机和价值。对于推动可持续发展，促进能源转型和环境保护具有重要的作用。

退役动力电池市场具有巨大的潜力，可以实现资源的再利用和循环利用，同时也为经济提供了机遇。随着技术和政策的进一步成熟，预计退役动力电池市场将继续高速发展，并对电动汽车产业链的可持续发展做出贡献。发展退役动力电池梯次利用商业模式需要多方合作、科学评估和创新技术的支持。这将有助于最大限度地提高退役电池的再利用价值，减少资源浪费和环境污染，并推动可持续能源存储行业的发展。总体而言，退役动力电池市场正在快速发展，并将持续增长。技术创新和政策支持将提高电池的再利用率，推动可持续能源存储和循环经济。有助于引导社会实现清洁可持续发展。

参考文献

[1] 赵小羽，黄祖朋，胡慧婧. 动力电池梯次利用可行性及其应用场景［J］. 汽车实用技术，2019，(12)：25-26+36.

[2] 刘文婷. 退役电池梯次利用须把好安全关［J］. 新能源汽车报，2019，06（03）：004.

[3] 2025 年新能源汽车销量占比将达 20%以上 [J]. 石油化工应用，2017，36 (02)：124.
[4] 黄学杰，赵文武，邵志刚，等. 我国新型能源材料发展战略研究 [J]. 中国工程科学，2020，22 (05)，60-67.
[5] 邢佳韵，陈其慎，张艳飞，等. 新能源汽车发展下锂钴镍等矿产资源需求展望 [J]. 中国矿业，2019，28 (12)：67-71.
[6] 李浩强，范茂松，何鹏琛，等. 退役三元动力电池回收利用进展 [J]. 化学通报，2020，83 (3)：226-231.
[7] 许青，滕婕. 退役动力电池多场景梯次利用优化研究 [J]. 太阳能学报，2023，44 (10)：541-549.
[8] 佟丽珠，朱泳逾，李文娜. 新能源汽车动力电池回收的相关问题分析 [J]. 内燃机与配件，2018，(11)：43-44.
[9] 刘光富，林锦灿，田婷婷. 新能源汽车动力电池报废量估算和资源潜力分析 [J]. 中国资源综合利用，2020，38 (01)，96-99.
[10] 韩路，贺狄龙，刘爱菊，等. 动力电池梯次利用研究进展 [J]. 电源技术，2014，3：548-550.
[11] 李敬，杜刚，殷娟娟. 退役电池回收产业现状及经济性分析 [J]. 化工学报，2020，71 (S1)，494-500.
[12] 姚燕，蒋琼. 汽车报废动力电池回收利用模式分析 [J]. 汽车零部件，2019，(12)：91-94.
[13] 郑旭，林知微，郭汾，等. 动力电池梯次利用研究 [J]. 电源技术，2019，43 (04)：702-705.
[14] 伍德佑，刘志强，饶帅，等. 废旧磷酸铁锂电池正极材料回收利用技术的研究进展 [J]. 有色金属 (冶炼部分)，2020，(10)：70-78.
[15] Pengwei Li，Shaohua Luo，Yafeng Wang，et al. Cleaner and effective recovery of metals and synthetic lithium-ion batteries from extracted vanadium residue through selective leaching [J]. Journal of Energy Storage，2021.
[16] 刘超，邱显扬，刘勇，等. 废锂离子电池物理分选技术研究现状及展望 [J]. 稀有金属，2019.
[17] 王景辉. 锂电池自燃原因及处置对策 [J]. 现代工业经济和信息化，2020，10 (02)：106-107.
[18] 李建林，李雅欣，周喜超，等. 储能商业化应用政策解析 [J]. 电力系统保护与控制，2020，48 (19)：168-178.
[19] 刘颖琦，李苏秀，张雷，等. 梯次利用动力电池储能的特点及应用展望 [J]. 科技管理研究，2017 (1)：59-65.
[20] 苗雪丰. 我国车用动力电池循环利用模式研究 [D]. 北京：华北电力大学，2019.
[21] 陈柯元，陈臻，包启科，等. 论退役锂电池梯次利用技术 [J]. 科技风，2020 (26)：10-11.
[22] 夏重凯. 动力电池梯次利用现状及政策分析 [J]. 汽车与配件，2016，(38)：42-45.

[23] 何英. 梯次利用储能市场受追捧 [N]. 中国能源报，2018.
[24] 王开让，白恺，李娜，等. 电动汽车动力电池梯次利用寿命预测方法研究 [J]. 全球能源互联网，2018，1 (03)：375-382.
[25] 肖伟，钟卫东，舒小农，等. 基于大数据的电池健康状态（SOH）的估算及应用 [J]. 汽车安全与节能学报，2019，10 (01)：101-105.
[26] 来小康. 关于动力电池梯次利用的一些思考 [J]. 储能科学与技术，2020，9 (02)：598-602.
[27] 徐懋，刘东，王德钊. 退役磷酸铁锂动力电池梯次利用分析 [J]. 电源技术，2020，44 (8)：1227-1230.
[28] 崔林. 铁锂电池在通信基站中的梯次利用实践 [J]. 电子技术与软件工程，2018 (12)：21.
[29] 李建林，李雅欣，吕超，等. 退役动力电池梯次利用关键技术及现状分析 [J]. 电力系统自动化，2020，44 (13)：172-184.
[30] 贾晓峰，冯乾隆，陶志军，等. 动力电池梯次利用场景与回收技术经济性研究 [J]. 汽车工程师，2018 (06)：14-19.
[31] 高明飞，马科，李红宇，等. 退役动力电池作为储能系统应用的探讨 [J]. 科技与创新，2020 (19)：154-155.
[32] 吴蒙. 退役动力蓄电池梯次利用现状、问题及对策 [J]. 资源再生，2019 (10)：28-31.
[33] Xiong R，Li L L，Tian J P. Towards a smarter battery management system：a critical review on battery state of health monitoring methods [J]. J Power Sources，2018，405：18-29.
[34] 李建林，李雅欣，吕超，等. 退役动力电池梯次利用关键技术及现状分析 [J]. 电力系统自动化，2020，44 (12)：172-183.
[35] I. Esho，K. Shah. A. Jain. Measurements and Modeling to Determine the Critical Temperature for Preventing Thermal Runaway in Li-ion Cells [J]. Applied Thermal Engineering，2018.
[36] 李建林，李雅欣，周喜超，等. 储能商业化应用政策解析 [J]. 电力系统保护与控制，2020，48 (19)：168-178.

第2章 退役动力电池政策体系

2

由于新能源汽车市场的迅速发展以及梯次利用退役电池的使用空间，退役动力电池的梯次利用行业一直备受关注。截至2023年10月，国家已颁布多个退役电池梯次利用相关政策。但是，退役动力电池梯次利用一直处于一种难以实施、难以管控的情况，若梯次利用相关政策能够细化至全国各地，动力电池梯次利用可以逐步规范化，由示范工程牵头，带领更多的试点企业参与退役动力电池梯次利用项目，并将退役动力电池梯次利用的范围逐步推广，必能在退役动力电池梯次利用方面节约更多的资源，更有效地保护环境[1,2]。

我国从2010年就开始颁布退役动力电池激励政策，鼓励梯次利用企业研发梯次产品与技术，并围绕电池性能评估、分选重组、电热安全管理开展了大量研究工作，并在退役电芯一致性评测、模块直接重组利用等方面取得突破，但仍面临容量衰退预测难、快速批量分选技术缺失和安全故障演变机理不清晰等问题。近年来，随着梯次利用示范规模逐渐增大及应用场景的多样化，上述问题叠加放大效应越加突显，现有技术储备无法满足规模化工程应用的安全性和经济性要求[3,4]。为此，国家仍需针对退役动力电池梯次利用的安全和经济问题进行综合考虑，建立健全退役动力电池政策及标准体系，并利用出台的政策和标准来推动相关技术问题的突破，使得梯次利用的应用能够实现效益最大化。

2.1 退役动力电池国内外政策

2.1.1 国外退役动力电池相关政策

在退役动力电池政策及法规发展上，国外部分发展较快的国家相比于中国具有以下早期介入和经验积累的优势，具体表现为一些国外国家和地区在电动车普及程度较高之前就开始制定退役动力电池政策和法规，这使得它们在退役电池问题处理时具有更丰富的经验积累。

在美国等发达国家、地区已经具备较为成熟的体系建设，并拥有完善的回收网络和处理设施。这些体系经过多年的发展与完善，能够更好地解决退役电池的处理和再利用问题。在退役动力电池领域的技术研究和创新相对较为先进，例如，针对电池二次利用、快速充电、电动车电池寿命延长等方面的研究，这些技术的应用有助于提高电池的性能和可持续利用率。此外，在标准化和合规要求方面，部分地区已有相对成熟的标准和合规要求以规范退役动力电池处理过程并确保合规性，这些标准和要求有助于提高回收效率、降低环境风险，并增加行业透明度和可信度[5,6]。

此外，在退役动力电池的应用发展上还出现了跨国合作机制，通过共享经验和资源，推进退役动力电池管理的发展。这种合作可以促进技术、政策和法规的交流与分享，解决全球性的问题，如跨境运输和国际贸易中的废弃电池管理。举例来说，美国、德国和日本等很早便关注到退役动力电池的梯次利用模块，目前也已经颁布了较为完整全面的法律法规，废旧退役动力电池的梯次利用和回收系统也已较为成熟，为其新能源汽车产业的发展提供了关键的支撑条件[7]。

美国采用消费者押金制度，督促消费者配合进行退役电池的回收工作。同时国家规定电池生产者需要承担一定的电池回收费用，而动力电池回收企业会以相对优惠的价格将提纯的原料出售给生产方，形成良性合作的循环结构，促进废旧动力电池回收体系的运转。根据 2008 年的《资源保护与再生法案》，美国环境保护署（EPA）启动了“全国混合电池回收计划”，鼓励退役电池的回收和处理，并制定了有关电池回收的要求和标准。一些州如加州、伊利诺伊州、纽约州等州具有自己的电池回收法规，要求制造商提供回收方案并收取回收费用。

德国通过制定法规建立了一套完整的退役电池回收体系，明确规定了电池回收的责任。依据法规制度规定，动力电池的生产者以及进口商需要在政府完成登记，而销售商的责任是既要配合电池生产企业组织建立回收机制，又要帮助购买者明确免费回收电池的地方以及方法，同时用户被赋予的责任是将退役电池上交给指定回收机构。由于法规表明了回收电池工作的主要责任交由电池的生产者承担，因此各生产厂家积极参与到废旧动力电池的回收工作中。例如，德国大众、宝马等汽车公司在生产电池的同时也已经开始考虑退役电池梯次利用以及回收的相关工作研究。

同时，欧盟在 2013 年发布《电池指令》，要求成员国建立回收网络，并制定可能适用的能源和资源效率标准[8-10]。

日本环境省自 2001 年起实施了《退役电池回收法》和《废旧锂离子电池回收法》，对不同类型的退役电池制定了回收目标。在 2010 年实施的《电池循环利用推进计划》中，设立了循环利用体系，建立回收网络以及促进电池再制造等。

总之，国外退役动力电池政策及法规发展相比于中国具有较早介入和经验积累、成熟的体系建设、先进的技术和创新、统一的标准和合规要求以及跨国合作机制等优势。这些优势使得国外在退役动力电池管理方面取得了一定的进展，并能够应对日益增长的废弃电池处理挑战。全球各地针对退役电池梯次利用制定了一系列法规和政策，旨在降低退役电池对环境的影响，并鼓励电池材料的再利用和回收。这些法规鼓励制造商主动发挥作用，建立回收机制，并提供清晰的标示和分类系统。然而，由于技术和市场变化，全球电池回收体系仍在不断发展和完善。

2.1.2　国内退役动力电池相关政策

随着电动汽车和储能技术的飞速发展，我国制定了国家层级政策来引导退役动力电池市场的发展。这些政策旨在推动电池的循环利用、资源节约和环境保护。可以看出，退役动力电池问题已成为国家关注的重点，并在引导社会向可持续发展模式转型上发挥着重要作用。随着 2014 年 11 月《能源发展战略行动计划（2014-2020 年）》等一系列政策发布（见表 2-1），我国退役电池及储能产业逐渐登上新能源产业的舞台[11]。这些指导性政策不仅肯定了我国储能的发展地位，更为之后储能政策的发布抛砖引玉。

表 2-1　储能政策

发布时间	发布部门	政策	意义
2014. 11	国务院	《能源发展战略行动计划（2014-2020）》	首次将储能列入 9 个重点创新领域之一
2016. 06. 07	国家能源局	《关于促进电储能参与“三北”地区电力辅助服务补偿（市场）机制试点工作的通知》	首次将储能和电力市场改革结合起来，明确了发电侧/用户侧储能作为独立市场主体的地位
2017. 10	国家发展改革委、国家能源局等五部委	《关于促进储能技术与产业发展的指导意见》	首个大规模储能技术及应用发展的指导性政策
2019. 10. 30	国家发展改革委	《产业结构调整指导目录（2019 年本）》	对新能源汽车电池提出了能量密度、循环寿命等参数要求

就 2022 年上半年而言，国家发展改革委等国家部门就储能相关领域已发布了约 6 项政策。同年 5 月份，国家发展改革委及国家能源局发布《关于建立健全可再生能源电力消纳保障机制的通知》（以下简称《通知》）。《通知》中针对政府部门、电网企业、电力用户等各类承担消纳责任的主体提出优先消纳可再生能

源的明确要求。与前三次的征求意见稿相比，《通知》出台新的消纳保障机制，对促进可再生能源商业化的发展产生了正向激励。《通知》明确可再生能源电力消费带头发展的商业化模式，以此鼓励社会层面各个电力应用领域增加对可再生能源的开发利用率。

国家发展改革委发布了《全面放开经营性电力用户发用电计划》，更体现出国家层面对于全面放开经营性发电计划的决心，同时强调了原则上对于经营性电力用户的发用电计划将实行全部放开的政策。在国内8个电力现货交易试点省份全面开始试运行后，该政策的颁布使中国电力体制改革又推进了一步。对于售电公司、电网、发电企业这些电力市场主体来说，全面放开的商业化模式是更具有挑战性的发展模式[12,13]。而对于储能产业来说，需要加强与售电公司的合作，即能源互联网的价值要通过与售电公司形成有效的售电模式变现才能更好地实现其商业化发展。国家发展改革委等4个部门联合下发的《贯彻落实〈关于促进储能技术与产业发展的指导意见〉2019-2020年行动计划》更加完善了规划增量配电业务改革和电力现货市场建设，为后期推动储能产业的发展明确了具体的任务和分工，从而在“十三五”期间实现由研发示范项目向商业化初期过渡的目标[14]。

之后在工信部发布的《绿色数据中心先进适用技术产品目录（2019年版）》中也涉及了储能领域，即多项储能技术以及飞轮储能装置。工信部通过对绿色数据中心先进适用技术产品的筛选，最终目录中的入选产品涉及能源、资源利用效率提升以及可再生能源利用、分布式供能和微电网建设，废旧设备回收处理、限用物质使用控制，绿色运维管理等4个领域。使数据中心节能与绿色发展水平持续提升，更为之后储能技术作为商品进入电力市场提供了典范。此外，国家发展改革委发布的《产业结构调整指导目录（2019年本）》引起广泛关注，其中对新能源汽车电池提出了能量密度、循环寿命等参数要求，为新兴产业培育指明了方向，引导新兴产业快速发展。国家发展改革委颁布的《铅蓄电池回收利用管理暂行办法》旨在建立铅蓄电池回收利用协作机制。该政策的发布具体化了铅蓄电池的回收目标，即在2025年底之前，其回收率应保持在60%及以上的水平，与此同时，政府鼓励将铅蓄电池生产企业与退役铅蓄电池回收利用企业合作，以实现最终的回收目标[15]。

工信部、科技部等部门发布的政策中包含了退役动力电池梯次利用的总体要求、综合管理、提高应用、鼓励实施等方案，这些政策（见表2-2）表明了国家对梯次利用很重视，但这些方案大体是缺乏细节制定的，如梯次利用的具体生产线流程、退役电池线上线下交易和退役电池产品的规格尺寸等，要落实到省、地区有一定的困难。因此，退役动力电池梯次利用领域亟待相关政策的完善，以扩大退役动力电池梯次利用的管控范围，使得退役动力电池市场秩序更加稳定。

表 2-2　梯次回收政策汇总

时间	发布部门	政策	要点
2016	国家发展改革委和工信部	《电动汽车动力蓄电池回收利用技术政策》	对电动汽车动力电池的设计生产、回收主体、梯次利用及再生利用等做出了具体规定
2018.01	工信部、科技部、交通部等	《新能源汽车动力蓄电池回收利用管理暂行办法》	对新能源汽车生产企业提出回收处理退役电池的要求，同时推进完善回收处理退役电池的机制
2018.07	工信部	《新能源汽车动力蓄电池回收利用溯源管理暂行规定》	要求搭建追踪管理平台，尤其是在电池生产、销售、使用、报废、回收等各个环节收集信息并实时监测
2018.09	工信部	《新能源汽车废旧动力蓄电池综合利用行业规范条件》企业名单（第一批）	体现出国家对提高回收利用退役车用电池相关企业的规范程度的要求，同时要求回收电池的行业加快商业化进程
2019.09	工信部节能与综合利用司	《新能源汽车动力蓄电池回收服务网点建设和运营指南》（修订征求意见稿）	要求完善退役车用电池以及梯次利用的服务站建设，同时还要考虑到安全问题
2019.09	工信部节能与综合利用司	《新能源汽车废旧动力蓄电池综合利用行业规范条件（修订征求意见稿）》	旨在促进梯次利用的综合企业加大在基站备电、储能、充换电等领域的应用，以此提高经济收益
2019.09	工信部节能与综合利用司	新能源汽车废旧动力蓄电池综合利用行业规范公告管理暂行办法（修订征求意见稿）	鼓励退役车用电池实施梯次利用，以更好地适应新能源行业发展新形势

国家数个梯次回收政策的发布，已经表明国家对梯次回收利用的重视程度。

2.2 退役动力电池安全性政策

面对不断扩大的新能源市场，我国的政策重点已经从生产端转向使用端，从扶持补贴阶段过渡到培育独立的消费市场，鉴于国外部分地区的先行示范，我国也将退役动力电池的处理和再利用纳为可持续能源领域的重要议题之一[16]。我国退役动力电池政策及法规的发展背景还包括电动车市场快速增长、资源利用与环境保护需求、高污染风险和最重要的安全问题。随着政府部门的关注和产业链的发展，我国正致力于建立统一规范的退役动力电池管理体系，并积极推动对退役电池的资源回收和再利用。这些政策不仅为新能源动力电池提供了商业化落地的机遇期，同时也对新能源汽车产品的安全规范做出了要求。

虽然新能源汽车已进入后补贴时代，但市场的销售情况仍然与国家补贴政策密切挂钩。2021 年 10 月，工信部发布关于拟撤销《免征车辆购置税的新能源汽车车型目录》名单的公示，其中插电式混合动力车 13 款、纯电动车 112 款、燃料电池车 3 款，通过逐步减少国家补贴，以鼓励新能源汽车过渡至自盈利阶段。紧随其后工信部又发布关于实施《电动汽车用动力蓄电池系统热扩散委员保护测试规范（试行）》，要求自 2019 年 11 月 12 日起，按通知中的要求开展试行工作的车辆生产企业应加强对相关新能源汽车产品的安全监测。对新能源汽车产品的准入，企业可自愿按《规范》要求增加热扩散测试项目，提交由第三方检测机构出具的检测报告，以保障乘员的安全性[17-19]。

关于新能源汽车退役电池的梯次利用，早在 2010 年国家便发布了《节能与新能源汽车产业规划》征求意见稿，计划推进我国新能源汽车产业的技术发展，制定了发展目标及主要任务，鼓励新能源汽车行业全速发展。顺应政府策略的部署，全国上下新能源汽车的产量快速增长，其中最受欢迎的便是电动汽车，电动汽车产业稳步前进，持续向好。但同时，随之持续增长的车用退役电池成为产业发展的一大难题，为此，2012 年，国务院印发了《节能与新能源汽车产业发展规划（2012-2020 年）》的通知，进一步明确了大力发展新能源汽车的战略部署，积极开展新能源汽车试点示范，同时提出要制定退役动力电池回收利用管理办法，建立退役动力电池梯次利用和回收管理体系。

2017 年 10 月，国家发展改革委、财政部、科技部、工信部、国家能源局就已经联合下发了首个储能产业的指导性政策《关于促进我国储能技术与产业发展的指导意见》。针对目前我国储能产业面向商业化转型的现状，国家发展改革委办公厅、科技部办公厅、工业和信息化部办公厅、国家能源局综合司联合发布了《关于促进储能技术与产业发展的指导意见》2019-2020 年行动计划，要求合理规划增量配置。通过完善电力市场化交易和峰谷电价机制建立电力现货市场，同时在可再生能源消纳、分布式发电、微网、用户侧、电力系统灵活性、电力市场建设、能源互联网等领域发展示范项目，从而推动分布式发电、集中式新能源发电与储能的联合应用[20]。并且，还要推动新能源汽车动力电池储能化、停车充电一体化建设。2019 年 11 月，国家发展改革委、工信部等国家 15 个部门联合印发《关于推动先进制造业和现代服务业深度融合发展的实施意见》。该意见在新能源生产利用和制造业绿色融合方面指出，顺应分布式、智能化发展趋势，推进新能源生产服务与设备制造协同发展。同时还强调了发展分布式储能服务，实现储能设施混合配置、高效管理、友好并网。在完善汽车制造和服务全链条体系方面，还指出要加快充电设施建设布局，鼓励有条件的地方积极探索发展换电和电池租赁服务，建立动力电池回收利用管理体系[21]。储能应用作为国家能源革命战略的需要，这些行动计划为推动储能产业规模化、商业化提供助益，对节能减排以及提高能源利用效率意义重大，同时也为后期推动储能产业的发展明确了具体的任务和分工，从而进一步推动“十三五”期间实现由研发示范项目向商业化初期过渡的目标。

针对车用退役电池的安全问题，2016 年，政府为规范行业发展，推进资源综合利用，发布了《新能源汽车废旧动力蓄电池综合利用行业规范条件》，要求退役电池综合利用企业在回收处理的各个流程中严格遵守国家的规定，构建质量监管制度，保障回收利用的安全[22]。2018 年，各部门联合印发了《新能源汽车动力蓄电池回收利用管理暂行办法》（以下简称办法）。办法规定了退役电池的回收要求，明确了回收相关方责任，在安全可控的前提下鼓励先梯次利用后再生利用，推进废旧动力电池的综合利用。另一方面，办法再次强调了梯次产品的质量和安全问题，要求建立完善的溯源信息系统。2020 年发布的《新能源汽车动力蓄电池梯次利用管理办法（征求意见稿）》，致力于保障梯次利用产品的质量，对梯次利用环节进行详细规定，确保梯次利用的安全性。工业和信息化部节能与综合利用司发布了对 2016 年版修订后的《新能源汽车废旧动力蓄电池综合利用行业规范条件（修订征求意见稿）》以及《新能源汽车废旧动力蓄电池综合利用行业规范公告管理暂行办法（修订征求意见稿）》，修改内容主要涉及对镍、钴、锰、锂等主要有价金属的综合回收率指标。同时修改方案还强调对退役车用电池进行筛选重组，通过加大其在基站备电、储能、换电等领域的应用率提升综合利用的收益。此外，工信部还强调了完善梯次回收体系的必要性，保障退役梯次产品的规范回收。对此，工信部发布了《新能源汽车动力蓄电池回收服务网点建设和运营指南》（以下简称《指南》）。《指南》指明了建立收集型回收服务站的重要性，尤其是针对新能源汽车生产商以及致力于梯次利用的相关企业，这些企业可以通过在其新能源汽车销售和电池梯次利用的应用区域（至少地级）内建立服务站点，以更好地掌握对退役电池的追踪以及安全管理[23]。

通过政府对梯次回收政策发布频率的密集程度，可以看出国家层面对完善梯次回收管理体系的决心之大，这些政策更好地发挥了信息技术的作用，完善了动力电池信息管理平台，实现了对退役电池来源可溯、去向可查、安全状态可知[24]。从而使回收服务网点、梯次利用生产企业等形成健康共享的循环利用生态链，不仅提升回收效益，还从规范退役电池应用的整个溯源过程保证退役电池梯次利用的安全性。

2.3 退役动力电池地方政策及工程应用

2.3.1 地方退役动力电池政策汇总

此前已列举了部分国家层级的退役动力电池利用及安全性相关政策。我国为了进一步细化退役动力电池梯次利用颁布的国家政策，各级地方纷纷对此做出响应，部分退役动力电池梯次利用政策如表 2-3 所示。

表 2-3 退役动力电池梯次利用地方政策

地区	政策	要点
京津冀	《京津冀地区新能源汽车动力蓄电池回收利用试点实施方案》	支持企业开展动力蓄电池梯次利用在通信基站备用电源领域的商业化示范工程建设，在电力储能系统领域的示范验证，在移动充电、家庭储能、风光互补路灯等其他领域的探索应用
福建	《福建省新能源汽车动力蓄电池回收利用体系建设实施方案》	鼓励开展退役电池梯次利用；开展异形异容电池组合梯次利用技术及模式研究，加强大数据、物联网等信息化技术应用，创新梯次利用商业模式，建设商业化服务平台，探索线上交易、线下交货的电池残值交易
湖南	《湖南省新能源汽车动力蓄电池回收利用系统集成攻关实施方案》	重点支持全产业链共享的回收网络体系建设、梯次利用与有价组分再生利用关键技术突破、产业化示范工程建设三个方向
海南	《关于进一步做好新能源汽车动力蓄电池回收利用工作的指导意见》	构建动力蓄电池溯源监管机制和责任惩罚制度；探索梯次利用商业模式并建设动力蓄电池梯次利用商业化试点和示范工程；支持中国铁塔等企业参与大规模集中梯次利用
宁波	《宁波市新能源汽车动力蓄电池回收利用试点实施方案》	前期重点推进 0.6MW · h/3MW · h 梯次利用储能系统等项目，市能源局负责指导和鼓励梯次利用企业开展储能项目试点，配合做好各类单一电池来源单一型号的储能电站技术开发和多种电池混合系统的研发应用工作
四川	《四川省新能源汽车动力蓄电池回收利用试点工作方案》	积极推动中国铁塔四川公司 0.28GW · h/年动力蓄电池梯次利用项目。扩大梯次利用范围，打造四川省动力电池光伏电站梯次利用产业基地。创新梯次利用商业模式，开展动力电池梯次利用商业化试点示范工作
安徽	《安徽省新能源汽车动力蓄电池回收利用试点方案》	推动废旧动力蓄电池的大规模梯次利用；以能量型退役动力电池为基础，加入功率型或调频型的储能系统构建混合型多功能智慧储能电站；以用户侧分布式储能为基础，借助电动汽车等移动储能装置，使电能共享及储能电池共享成为可能
广东	《广东省新能源汽车动力蓄电池回收利用试点实施方案》	鼓励梯次利用企业发展“以租代售”商业模式

福建省、湖南省和海南省发布的地方政策都重点把互联网技术与废旧动力电池梯次利用相结合，发挥出互联网实时传递信息和资源共享的优势，福建省发布的梯次利用政策主要是通过建立交易和回收平台，利用互联网与客户进行线上交易和交流，为客户的需求带来了便利；而湖南省和海南省发布的梯次利用政策则主要是构建产业回收网络体系信息数据库，以实现动力电池产品的来源及去向追踪，一旦车辆的蓄电池出现异常，电池监控系统就会及时监测出来，可以从远端追踪使用该电池的车辆信息，提升了退役动力蓄电池梯次利用的监控性能[25,26]。

京津冀地区、四川省和广东省政策主要强调了加快梯次利用的关键技术研发，为推广动力电池梯次利用体系建设一系列示范项目。这一方案的实施大力推进电池模块的快速检测、分选技术的研究，加大对退役电池状态的跟踪和预测研究；同时也激励了企业、事业单位根据自身的研究技术现状，加快研制循环梯次回收标准体系，加强成果的转化。推广项目的建立也是国家在退役动力电池梯次利用领域对企业的一种激励方式，让其他相关企业看到本领域产生的环境保护和经济效益，激发企业对本领域的热情和信心[27]。

然而，退役电池梯次利用的相关企业需要回收梯次利用电池产品生产、试验、使用等过程中产生的废旧动力蓄电池，集中储存并移交至再生利用企业，这一系列的流程需要相应的标准来对此进行制约，从而确保梯次利用动力蓄电池的后期安装及使用的安全性。为了更好地开展动力电池退役后梯次利用，需要建设几套完整的技术标准体系或规范来引领梯次电池产业的健康发展[28]。

2.3.2　国内退役动力电池利用企业政策及试点应用

总结来说，我国退役动力电池回收利用的政策发展历程可分为三个阶段：在2012-2016 年，动力蓄电池回收利用只是作为推广应用新能源汽车政策文件的部分条款出现；在 2016-2018 年，国家发展改革委、工信部和环保部等国家相关部门开始陆续出台专门针对动力电池的相关政策；2018 年至今，退役动力电池回收政策密集出台，进入试点实施阶段，行业规范化进程明显加快。2015-2020 年期间，国务院、国家发展改革委、工信部等陆续发布《生产者责任延伸制度推行方案》《电动汽车动力蓄电池回收利用技术政策（2015 年版）》《新能源汽车动力蓄电池回收利用管理暂行办法》《新能源汽车蓄电池回收利用溯源管理暂行规定》等指导性政策，这些政策的发布以及落实为退役电池梯次利用技术的发展指明了方向，同时推动了退役电池回收价值的更好转化，梳理了电池回收产业链上下游的责任分摊，为实现退役电池梯次回收商业化奠定了坚实的基础，为国内退役动力电池利用示范工程落地提供了政策保障[29]。

在河北保定市开展了梯次回收行动，并且着手建立针对蓄电池回收的企业试点工程。同时，河北政府还发布了关于蓄电池生产企业报名建设废铅蓄电池回收体系试点单位的公告。公告中提出，对于生产铅酸蓄电池的企业，凡达到省内规模以上，需着手建立追踪电池生命周期的跟踪系统。同时，生产铅酸蓄电池的企业应通过自主回收、联合回收或委托回收方式，在各企业自有的销售渠道或专业企业在消费末端建立的网络中回收利用铅酸蓄电池。此外，公告还强调，今后的废蓄电池收集站将依据是否属于生产性分为两类废蓄电池收集站。四川遂宁市印发《遂宁市支持锂电产业发展的若干政策》，政策提出将对第一次把储能电池运用在铁塔、电信、移动、联通公司及国家电网采购体系的锂离子电池企业给予奖励，由市财政一次性奖励10万元[30]。可以看出四川政府对于储能电池发展的支持力度之大。此外，四川遂宁政府还出台六大方面共计21条奖补措施，分别涉及锂电企业的投资建设、锂电企业的品牌化、锂电企业的创新发展、锂电服务平台的建设等方面，该倾斜式的政策旨在推进四川遂宁“中国锂电之都”建设，从而打造垂直分工、合理布局的千亿级锂电材料及其应用产业的集群聚集区。此外，南方电网雄安公司筹备组对外明确发布了其在储能领域的规划：初步规划每个区、县、小城镇均配置1个储能电站，每个储能电站规模在10MW/40MW·h左右，总体规模在500MW/2000MW·h左右。近2GW·h的调峰调频电站规划，全部采用电动汽车退役梯次电池。雄安新区的储能电站规划，则是目前为止规划规模最大的以退役电池为主的电网侧储能电站项目[31]。与雄安新区发布储能电站招标的同一时间，北汽集团旗下的北汽鹏龙动力电池梯次利用项目奠基仪式在河北沧州市举行。

如此密集的企业规划已显示出梯次利用在储能领域尤其是在电池储能电站所发挥出的价值，对退役电池梯次利用不仅可以降低储能电站的投资建设成本，同时使得电池利用效益最大化，对减少环境污染具有极大意义。而这些示范工程的探索也为实现规模化利用退役电池、最大化电池经济效益提供了现实基础，这些行动计划的落地更为之后电池储能电站商业化奠定了工程基础。

2.4 小结

本章主要讨论了我国退役电池梯次利用的政策体系，在退役动力电池政策及法规发展上，讨论了退役动力电池回收体系建设及发展趋势，退役动力电池回收体系发展与新能源产业发展密切关联，其发展趋势很大程度上受新能源产业发展趋势影响。以梯次利用为主要方向，并向着大市场规模、高增长趋势、多应用场景、强技术支撑不断发展延伸。此外，退役动力电池的利用对电力市场来说具有重要意义。本章介绍了企事业单位在储能产业、电力市场等领域中退役动力电池试点项目布局规划，同时结合地方相关政策内容分析了退役动力电池利用在我国各地的商业化发展情况。尤其是针对新能源汽车生产商以及致力于梯次利用的相关企业，这些企业可以通过在其新能源汽车销售和退役电池梯次利用的应用区域内建立服务站点，以更好地掌握对退役电池的追踪管理；强调完善梯次回收安全性保障的必要性，保障退役梯次产品的安全规范回收，还提到了对退役车用电池进行重组和加大其在基站备电、储能、换电等领域的应用率以提升综合利用的收益的方案。总结来说，政策体系的建立完善有助于规范和推动退役动力电池行业的良性发展，保护环境、提高资源利用效率并确保公众安全。

参 考 文 献

[1] 赵小羽，黄祖朋，胡慧婧. 动力电池梯次利用可行性及其应用场景 [J]. 汽车实用技术，2019，(12)：25-26+36.

[2] 刘文婷. 退役电池梯次利用须把好安全关 [J]. 新能源汽车报，2019 (20)：004.

[3] 2025 年新能源汽车销量占比将达 20%以上 [J]. 石油化工应用，2017，36 (02)：124.

[4] 黄学杰，赵文武，邵志刚，等. 我国新型能源材料发展战略研究 [J]. 中国工程科学，2020，22 (05)：60-67.

[5] 邢佳韵，陈其慎，张艳飞，等. 新能源汽车发展下锂钴镍等矿产资源需求展望 [J]. 中国矿业，2019，28 (12)：67-71.

[6] 李浩强，范茂松，何鹏琛，等. 退役三元动力电池回收利用进展 [J]. 化学通报，2020，83 (3)：226-231.

[7] U Breddemann. I Krossing. Review on Synthesis，Characterization，and Electrochemical Properties of Fluorinated Nickel-Cobalt-Manganese Cathode Active Materials for Lithium-Ion Batteries [J]. Chemelectrochem，2020，7 (6)：1389-1430.

[8] 佟丽珠，朱泳逾，李文娜. 新能源汽车动力电池回收的相关问题分析 [J]. 内燃机与配件，2018，(11)：43-44.

[9] 刘光富，林锦灿，田婷婷. 新能源汽车动力电池报废量估算和资源潜力分析 [J]. 中国资源综合利用，2020，38 (01)：96-99.

[10] 韩路，贺狄龙，刘爱菊，等. 动力电池梯次利用研究进展 [J]. 电源技术，2014，3：548-550.

[11] 李敬，杜刚，殷娟娟. 退役电池回收产业现状及经济性分析 [J]. 化工学报，2020，71 (S1)，494-500.

[12] 刘超，邱显扬，刘勇，等. 废锂离子电池物理分选技术研究现状及展望 [J]. 稀有金属，2019.

[13] 王景辉. 锂电池自燃原因及处置对策 [J]. 现代工业经济和信息化，2020，10 (02)：106-107.

[14] 李建林，李雅欣，周喜超，等. 储能商业化应用政策解析 [J]. 电力系统保护与控制，2020，48 (19)：168-178.

[15] 刘颖琦，李苏秀，张雷，等. 梯次利用动力电池储能的特点及应用展望 [J]. 科技管

理研究，2017（1）：59-65.
［16］ 政经要闻［J］. 中国石油企业，2019（5）：8-9.
［17］ HE Yuqing，CHEN Yuehui，YANG Zhiqiang，et al. A review on the influence of intelligent power consumption technologies on the utilization rate of distribution network equipment［J］. Protection and Control of Modern Power Systems，2018，3（3）：183-193.
［18］ 黎静华，汪赛. 兼顾技术性和经济性的储能辅助调峰组合方案优化［J］. 电力系统自动化，2017，41（9）：44-50，150.
［19］ ESSAYEH C，FENNI M R E，DAHMOUNI H. Optimization of energy exchange in microgrid networks：a coalition formation approach［J］. Protection and Control of Modern Power Systems，2019，4（4）：296-305.
［20］ 国家发展改革委. 国家发展改革委关于完善光伏发电上网电价机制有关问题的通知［J］. 太阳能，2019（5）：5-5.
［21］ 丁怡婷. 确保工商业平均电价只降不升［N］. 人民日报，2019-10-29（2）.
［22］ 孙冰莹，杨水丽，刘宗歧，等. 国内外兆瓦级储能调频示范应用现状分析与启示［J］. 电力系统自动化，2017，41（11）：8-16，38.
［23］ 顾阳. 燃煤发电将告别“标杆价”［N］. 经济日报，2019-10-25（5）.
［24］ 潘寻，赵静，蒋京呈. 中国新能源汽车动力电池回收政策解读及建议［J］. 世界环境，2020（03）：33-36.
［25］ 孙铭爽，贾祺，张善峰，等. 面向机电暂态分析的光伏发电参与电网频率调节控制策略［J］. 电力系统保护与控制，2019，47（18）：28-37.
［26］ 李建林，王上行，袁晓冬，等. 江苏电网侧电池储能电站建设运行的启示［J］. 电力系统自动化，2018，42（21）：1-9，103.
［27］ 张东辉，徐文辉，门锟，等. 储能技术应用场景和发展关键问题［J］. 南方能源建设，2019，6（3）：1-5.
［28］ 王斐，梁涛. 储能系统辅助火电机组联合 AGC 调频技术的应用［J］. 电工电气，2018（9）：34-37.
［29］ FENG Lin，ZHANG Jingning，LI Guojie，et al. Cost reduction of a hybrid energy storage system considering correlation between wind and PV power［J］. Protection and Control of Modern Power Systems，2016，1（2）：86-94.
［30］ 李建林，李雅欣，吕超，等. 退役动力电池梯次利用关键技术及现状分析［J］. 电力系统自动化，2020，44（13）：172-184.
［31］ 韩华春，史明明，袁晓冬. 动力电池梯次利用研究概况［J］. 电源技术. 2019，43（12）：2070-2073.

第3章 退役动力电池标准体系

3

3.1 退役电池标准建设意义

从规范角度来看，为加强退役动力电池梯次利用管理，引导产业转型升级，大力培育战略性新兴产业，推动退役动力电池健康发展，我国也在积极构建动力电池全生命周期梯次利用的国家标准体系，加快标准研制进程。在国家顶层设计外，深圳、海南、湖南、福建等地区也相继发布了新能源汽车动力蓄电池相关管理政策，均涉及梯次利用管理内容，相关协会也制定了标准，旨在为处理退役电池梯次利用的关键步骤提供技术依据[1,2]。目前，在基础通用、梯次利用、回收利用、管理规范等方面已发布相关标准20余项[3]，具体内容如图3-1所示，其中《企业安全生产通用要求》等7项已发布具体实施方案。

为加强退役动力电池梯次利用管理，引导产业转型升级，大力培育战略性新兴产业，推动退役动力电池健康发展，国家针对退役动力电池制定了有关标准，部分标准如表3-1所示。

表3-1 退役动力电池梯次利用相关标准

序号	标准号（项目号）	标准名称
1	GB/T 34015.2—2020	车用动力电池回收利用　梯次利用　第2部分：拆卸要求
2	GB/T 34015.4—2021	车用动力电池回收利用　梯次利用　第4部分：梯次利用产品标识
3	T/ATCRR 09—2019	梯次利用锂离子电池　电动自行车用蓄电池
4	GB/T 34015—2017	车用动力电池回收利用　余能检测
5	GB/T 34014—2017	汽车动力蓄电池编码规则
6	GB/T 33598—2017	车用动力电池回收利用　拆解规范
7	GB/T 34013—2017	电动汽车用动力蓄电池产品规格尺寸
8	GB/T 34015.3—2021	车用动力电池回收利用　梯次利用　第3部分：梯次利用要求

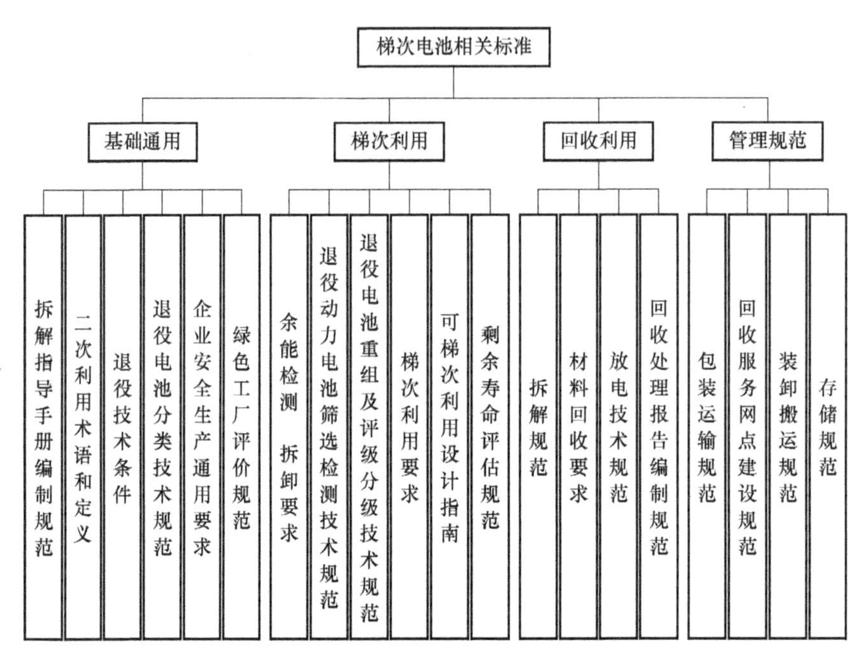

图 3-1 退役电池梯次利用相关标准

退役电池梯次利用的标准体系建设，旨在针对退役动力蓄电池梯次利用过程中的检测、初筛、筛选、重组、评价各环节明确规范[4-7]，建立相关的评价分组的基本测试要求、性能要求、试验方法和运行维护要求。对于梯次利用退役动力电池快速分选所用的电池参量，目前有标准针对梯次利用退役动力电池的快速分选方法，并以此用于开发梯次利用退役动力电池快速分选装置，电池模块分选速度≤15min/个[8-12]。除此之外，有标准在明确梯次利用退役动力电池差异性与可用容量的关联关系做出要求，建立兼顾差异性和可用容量最大化的梯次利用退役动力电池重组策略[13,14]。因此，完成退役动力电池梯次利用标准需求分析，明确退役动力电池梯次利用标准涵盖范围，制定梯次利用退役电池标准体系框架，对高效利用退役电池梯次利用意义重大。通过标准制定，相关测试设备及项目落地实施，将为开展梯次利用退役动力电池规模化工程应用提供理论指导和技术支撑，促进梯次利用退役动力电池在储能领域的健康发展[15-17]。

在《车用动力电池回收利用　梯次利用》系列标准中，从外部条件和人员限制入手，为退役动力电池梯次利用在整包电池开包拆解过程中提供了良好的外部工作条件，增加了退役电池在拆解时的管理和安全性能，使得电池能够按部就班地拆解，为后续退役电池的配组环节提供保障[18]。在 GB/T 34015. 4—2021 标准中具体要求了将过程中的检测、分类、拆解和重组部分标识区分，对每一个处于不同情况和流程的梯次利用单体电池进行标记，将代表梯次利用退役电池的标识规范化，与之前没有规范化标识的情况相比能更便利、清晰地辨识产品所处环节，避免将电池重新进行已经操作过的步骤或跳过未操作的步骤，方便梯次利用退役电池的管理延伸到电池的生产厂家[19]。《退役动力电池成组及评价分级技术规范》中科学实用地明确了退役动力电池分选规则以及评价分组的基本测试要求、性能要求、试验方法和运行维护要求，着重分析退役电池分级和配组的原则，结合新建和已投运的储能项目的设计方案和实际运行状况，定义退役电池评价分级及成组测试方法，退役动力蓄电池梯次利用厂家、相关设备生产厂家、储能项目开发设计人员等可参照该技术规范进行电池选型。

这些退役动力电池相关标准的出台促进了退役动力电池行业的健康发展和市场的良性循环，便于国家对退役动力电池进行大规模管理，有利于维护废旧电池市场秩序[20]。

3.2 国内现有动力电池标准体系

3.2.1 标准体系总体现状

退役动力电池梯次利用过程包含拆解、性能检测、安全检测、分选重组、消防和再退役等步骤，只有对每一个步骤都进行标准规范，构建完整的标准体系，梯次利用才能规模化发展[21,22]。目前，很多梯次利用退役电池的检测还在沿用动力电池的标准，原因是针对梯次利用退役动力电池的标准还很少。现行退役动力电池梯次利用的相关国家标准仅有GB/T 33598—2017《车用动力电池回收利用　拆解规范》、GB/T 34015—2017《车用动力电池回收利用　余能检测》、GB/T 34015.2—2020《车用动力电池回收利用　梯次利用　第2部分：拆卸要求》和GB/T 8698.1—2020《车用动力电池回收利用　管理规范　第1部分：包装运输》等[1]，分别对应梯次利用过程中的拆解、性能检测、拆卸和包装运输等部分。GB/T 33598—2017规范了从废旧车用退役动力电池包组拆解成动力电池单体过程中的总体要求、安全要求、作业程序及存储和管理要求，保证动力电池拆解环节安全、环保、高效，是后续开展梯次利用退役电池测试评估、分选重组工作的前提。GB/T 33598—2017规定的拆解流程如图3-2所示。

图3-2　车用动力电池回收利用拆解流程

GB/T 34015—2017 规范了退役动力电池外观检查、极性检测、电压判别和充放电电流判别等初筛过程，规定以不高于 0.2C 小电流（I_5）对单体或模块进行充放电测试，为车用退役动力电池的余能检测提供了评价依据。此标准只有测试方法而无要求，未规定产品可用性或安全性的标准阈值，且依据该测试方法确定电池余能耗时较长，约 10h，不利于大规模工程应用。GB/T 34015—2017 规定的检测流程如图 3-3 所示。

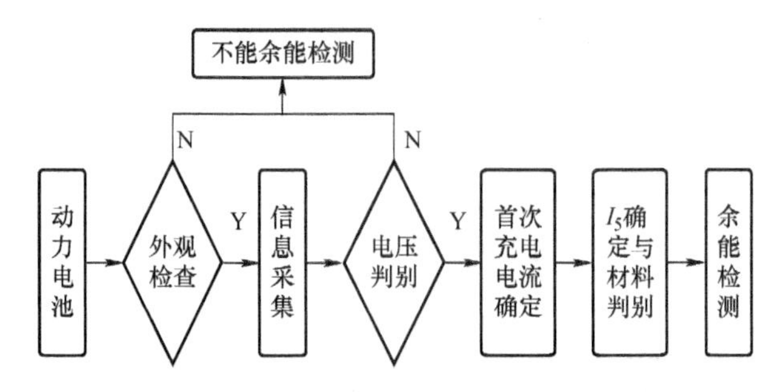

图 3-3　退役车用动力电池回收利用余能检测流程

GB/T 34015.2—2020 规范了将退役动力电池包从电动汽车上分离移出的操作环节。与 GB/T 33598—2017 类似，均为电池样品拆解规范，规定了电池包或模块的拆卸过程中的场地、设施、人员及作业等要求。

GB/T 8698.1—2020 规范了退役车用动力电池回收利用包装运输环节。退役车用电池首先依据绝缘、外观等外在指标进行初步安全判定和预处理，分为 3 个等级，再依据 HJ 2025—2012《危险废物收集、贮存、运输技术规范》和 JT/T 617—2018《危险货物道路运输规则》等相关标准，按不同危险等级来包装，并规定按不同等级要求运输，以保证安全性。

从以上标准的操作流程可知，对废旧电池的预处理和信息采集是开展工作的前提，归根结底是电池的溯源问题。GB/T 34014—2017《汽车动力蓄电池编码规则》规定了退役动力电池编码的基本原则、编码对象、代码结构和数据载体。该规则可用于退役动力电池生产管理、维护和溯源及电动汽车关键参数监控，特别是在回收利用环节，凭借可追溯性和唯一性，能更加准确地确定退役动力电池回收责任主体。此外，产品规格尺寸不统一也是影响废旧电池回收利用效率和门槛的主要难题，基于此制定的 GB/T 34013—2017《电动汽车用动力蓄电池产品规格尺寸》明确规定了电动汽车用动力电池的单体、模块和标准箱尺寸规格要求。该标准可较好地解决退役动力电池因尺寸不一，难以匹配储能电站或家用储能设备结构的难题，也降低了退役动力电池梯次利用的门槛。无论是规格尺寸的标准化还是编码的统一化，都极大地完善了退役动力电池梯次利用标准体系框架，推进了退役电池梯次利用产业的发展。梯次利用退役电池现有国家标准只涵盖了退役电池前期处理阶段，还未涉及对电池电性能、安全性能判别、分选重组和再退役等后期阶段。虽然中国电子节能技术协会等机构相继发布了多项电池回收利用团体标准，但约束力度不及国家标准[23-25]。综上所述，针对梯次利用退役电池实际应用场景，目前还没有形成统一的规范，梯次利用退役电池有独特的性能特点及应用场景，直接使用动力电池国家标准，存在局限性。

3.2.2　退役电池梯次利用标准存在的问题

国内早期与退役动力电池相关的标准仅有行业标准 QC/T 743—2006《电动汽车用锂离子蓄电池》，缺乏权威性及广泛性，行业监管的门槛不清晰。为了满足电动汽车生产企业、零部件企业、检测及认证机构等各方面的需求，建立体系完整、水平适中、利于产业的国家标准势在必行[26]。围绕电动汽车产业，国家质量监督检验检疫总局和中国国家标准化管理委员会于 2015 年 5 月 15 日联合发布了 6 项国家标准，在 2016 年全面实施，具体内容如表 3-2 所示[27,28]。

表 3-2　2015 年发布的电动汽车动力电池国家标准

标准号	标准名称	适用范围
GB/T 31484—2015	电动汽车用动力蓄电池循环寿命要求及试验方法	单体/模块
GB/T 31485—2015	电动汽车用动力蓄电池安全要求及试验方法	单体/模块
GB/T 31486—2015	电动汽车用动力蓄电池电性能要求及试验方法	单体/模块
CB/T 31467. 1—2015	电动汽车用锂离子动力蓄电池包和系统　第 1 部分：高功率应用测试规程	电池包/电池系统
GB/T 31467. 2—2015	电动汽车用锂离子动力蓄电池包和系统　第 2 部分：高能量应用测试规程	电池包/电池系统
GB/T 31467. 3—2015	电动汽车用锂离子动力蓄电池包和系统　第 3 部分：安全性要求与测试方法	电池包/电池系统

2020 年 5 月 12 日发布的 GB 38031—2020《电动汽车用动力蓄电池安全要求》于 2021 年 1 月 1 日实施，替代 GB/T 31485—2015《电动汽车用动力蓄电池安全要求及试验方法》和 GB/T 31467. 3—2015《电动汽车用锂离子动力蓄电池包和系统　第 3 部分：安全性要求与测试方法》，成为我国电动汽车领域首批强制性国家标准。该标准涵盖了从单体到系统的热安全、机械安全、电气安全和功能安全等要求。

目前制定的一系列电动汽车动力电池标准，覆盖了电性能测试、安全测试和寿命测试（退役标准）等步骤的规范，内容涵盖较为全面，已基本形成较为完善的标准体系。相较于新电池，梯次利用电池具有以下特点：长期使用后，电芯内部正负极材料、电解液和隔膜等出现不同程度的分解损耗，导致电池性能降低，可能会产生锂枝晶等危险因素，造成安全性降低；电池衰减情况不同，一致性变差；应用环境更为温和、稳定，使用强度更低；对梯次利用前期测试方法的快速性、经济性和便捷性等有一定要求[29]。有鉴于此，退役动力电池国家标准在应用于梯次利用时，还存在一定的局限性。

在电性能方面，现有退役动力电池标准体系涵盖了容量、内阻、功率、能量效率、高低温充放电和自放电率等测试项目[30]，且具备科学合理的测试方法及要求。梯次利用退役动力电池也可以使用此标准，但如果完全采用这些标准，会导致测试成本高、周期长，增加梯次利用的成本，影响经济效益。

在安全性能方面，GB 38031—2020 等规定了电动汽车和电力储能等应用场景下对新电池安全性能的检测方法及要求，内容包括过充电、过放电、短路、跌落、振动、加热、挤压、针刺、海水浸泡、温度循环和低气压等测试项目，测试方法几乎模拟了各种可能导致新电池安全风险的因素。车用动力电池安全性测试，针对突发事件或滥用情况下电池存在的安全问题，以及锂离子电池自身特点决定的安全性问题，给出了合理统一的标准。梯次利用退役电池应用工况场景不同，应用环境和使用强度更温和，使用条件更单一，造成很多测试项目失去测试的必要性，或者可以降低要求；此外，退役电池本身经过长期使用，内部热失控温度降低，温升加快，且一致性变差，对测试样品的选择和测试标准的制定都提出了要求。综上所述，需要从实际应用需求、退役电池特性、经济效益和安全性等多方面考虑，结合现有动力电池国家标准，制定适用于梯次利用退役电池的标准体系。

3.2.3 退役电池梯次利用标准体系建设前景

退役电池在梯次利用前，需进行状态评估、安全隐患识别及分选重组，在此基础上，制定相应的电热安全管理策略，进行系统集成，在运行、维护过程中需满足梯次利用退役电池再退役标准和消防标准等。要满足梯次利用退役动力电池的规模化工程应用，需对各个应用技术节点进行技术标准制定。梯次利用标准目前存在几个亟需完善的方向[31]。

1. 安全性能要求及测试方法

退役电池的安全性一直都是工程应用中的首要关注点，但梯次利用退役电池安全标准在国际上还处于空白阶段。需要基于梯次利用退役动力电池的特点，结合锂离子电池本身电化学性能及大批量电池实际投运情况，设计安全性评价方法标准。

参考车用退役电池标准体系，通过电、热等外特性测试反映电池内部安全性的方法，可实现无损、可靠和科学的安全性能测试。应排除高风险电池，以降低测试成本，如增加外观检查、容量及容量保持率、内阻及内阻增长率、充放电产热等外特性测试，并根据锂离子电池的特性设置阈值；通过部分符合应用场景的破坏性滥用试验，验证同批次电池的安全性，提高测试的可靠性。如针对储能应用场景，排除部分模拟突发外部事件的安全测试项目（针刺、挤压和高温等），保留过充过放等。以上二者结合，可构成安全标准体系。外观、容量、内阻和温升等可较直接地反映锂离子电池当前的状态，可通过这些快速、经济、方便的测试方法，剔除高风险电池。梯次利用退役电池内部条件很复杂，基于外特性的安全测试，即便通过，也不能断定一定安全可靠。此时，可辅以适当的破坏性安全试验，安排合理的抽样比例，进一步测试安全性能。建立两种测试相结合的安全测试标准体系，可降低测试成本、提升测试效率。

2. 电性能要求及测试方法

电性能是决定电池是否有应用价值的根本指标，制定适用于梯次利用退役电池电性能的标准很有必要。标准制定需根据梯次利用的应用场景，如储能或小型代步车，规定不同的测试项目及要求，开发对应的低成本快速测试方法及要求。在满足使用需求的前提下，尽量降低成本、提升经济效益。

3. 状态评估和分选重组的要求及测试方法

状态评估、分选重组是梯次利用前的最后准备步骤，此部分内容也是亟待突破的技术难点，对测试的快速性、经济性和准确性有较高要求。建议打通数据链条，以便根据历史数据，对电池性能进行评估。目前的评估技术还不成熟，技术路线众多，暂时较难形成统一的技术标准。

4. 退役电池的可梯次利用设计指南

要求从电池的设计开发之初，即考虑到退役后的梯次利用场景，规划好电池从出厂应用到退役后梯次利用，再到回收的整个过程，实现资源有效利用的最大化，减少中间过程产生的成本。这一设想，需要国家推动，打通上下游产业资源交换、需求交流的渠道。

5. 梯次利用电池再退役标准

梯次利用退役电池本身属于退役电池，在梯次利用过程中，性能不断衰减，到一定程度后，不能满足梯次利用场景的需求，且伴随着热失控温度降低、温升加快等因素导致的安全风险。需要综合考虑，制定再退役标准，及时将不能满足要求的退役电池进行二次退役。

6. 梯次利用电池消防安全标准

退役电池经过长期使用，安全隐患比新电池大，内部可能存在锂枝晶、材料结晶化等现象，热失控温度比新电池低，更易起火，并且反应的剧烈程度、燃烧产物等与新电池存在差别，需改进灭火剂、复燃抑制剂的用量，以及喷灭时间等指标，制定更合理的消防标准，减少产生安全问题时的损失。

以上均是梯次利用标准目前的完善方向，其中安全性标准的制定是重中之重，也是梯次利用退役电池产业发展的前提。

3.3 国内现有动力电池标准解读

我国早在2003年就发布了针对废电池分类、收集、运输、综合利用、储存和处理处置等全过程的《废电池污染防治技术政策》，重点控制含汞废电池、镉镍废电池和废铅酸电池等的污染。2016年12月发布的修订版技术政策，将国内常用的锂离子电池纳入文件中，也对废旧电池的收集、运输、储存、利用与处置过程中的污染防治给出了指导性意见。2006年，为了推动国内汽车产品报废回收制度的建立，开展汽车产品的设计、制造和报废、回收、再利用等工作，国家发展改革委、科技部和原国家环保总局联合发布《汽车产品回收利用技术政策》，规定由整车厂负责回收、处理销售的动力电池。2016年1月，国家发展改革委等五部委发布《电动汽车动力蓄电池回收利用技术政策》，针对回收利用环节的收集、转移、储存、运输、拆卸、放电、拆解、热解、破碎分选和冶炼等提出规范要求，指出相关责任主体要分别承担回收责任[4]。

2018年1月，工信部联合多部委印发《新能源汽车动力蓄电池回收利用管理暂行办法》，鼓励企业遵照“先梯次、后再生”的原则，对废旧动力电池开展多层次、多用途的利用。

要保障国家政策的落地实施，需配套标准的政策支撑。为此，工信部近年来陆续发布新能源汽车标准化工作要点，明确加强动力电池回收利用相关标准的研制工作。

国内标准体系解读

1. 标准体系

车回收利用系列标准由全国汽车标准化技术委员会（SAC/TC 114）归口，由“车用动力电池回收利用标准工作组”研制。该系列标准包括通用要求、管理规范、梯次利用、再生利用、温室气体、绿色生产和安全生产等。

截至2021年底，已发布标准9项，在研标准2项，标准清单见表3-3。

表3-3 发布和在研的车用动力电池回收利用标准清单[5]

发布号或计划号	标准名称	立项或实施时间
20213562-T-339	车用动力电池回收利用　通用要求[16]	2021-08-24
GB/T 38698.1—2020	车用动力电池回收利用　管理规范　第1部分：包装运输[17]	2023-09-7

（续）

发布号或计划号	标准名称	立项或实施时间
GB/T 38698. 2—2023	车用动力电池回收利用　管理规范　第 2 部分：回收服务网点[18]	2020-12-24
GB/T 34015—2017	车用动力电池回收利用　余能检测[19]	2017-07-12
GB/T 34015. 2—2020	车用动力电池回收利用　梯次利用　第 2 部分：拆卸要求[20]	2020-03-31
GB/T 34015. 3—2021	车用动力电池回收利用　梯次利用　第 3 部分：梯次利用要求[21]	2021-08-20
GB/T 34015. 4—2021	车用动力电池回收利用　梯次利用　第 4 部分：梯次利用产品标识[22]	2021-08-20
GB/T 33598—2017	车用动力电池回收利用　拆解规范[23]	2017-05-12
GB/T 33598. 2—2020	车用动力电池回收利用　再生利用　第 2 部分：材料回收要求[24]	2020-03-31
GB/T 33598. 3—2021	车用动力电池回收利用　再生利用　第 3 部分：放电规范[25]	2021-10-11
QC/T 1156—2021	车用动力电池回收利用　单体拆解技术规范[26]	2021-08-21

2. 车用动力电池回收利用流程

新能源汽车的废旧动力电池按 GB/ T 34015. 2—2020 的要求进行拆卸，遵照 2018 年工信部发布的《新能源汽车动力蓄电池回收利用溯源管理暂行规定》，采集废旧动力电池的相关信息，录入“新能源汽车国家监测与动力蓄电池回收利用溯源综合管理”平台。在保证安全的前提下，退役动力电池优先开展梯次利用，不能梯次利用的退役动力电池或废旧动力电池以及梯次利用产品报废后的电池，进行资源再生利用。

废旧动力电池回收利用流程如图 3-4 所示。

3. 再生利用环节标准技术要求

（1）GB/T 33598. 3—2021 解读

进入再生利用环节的废旧动力电池可以是包、模块或单体形态，报废的状态各不相同，有破损或弯曲、膨胀的可能。废旧动力电池的形态、状态将决定放电工艺的选择。GB/ T 33598. 3—2021 规定了放电前，通过外观、电压和绝缘电阻的检测结果，评估选用外接电路放电法或浸泡放电法的标准[6]。

外接电路放电法工艺环保、无污染，但只有符合特定条件的废旧动力电池适用。特定条件包括外部结构完整、功能完好，无冒烟、过火、漏电、漏液、浸水、短路现象，绝缘良好，能连接放电设备，可读取或检测到标称电压和电容等[7-9]。

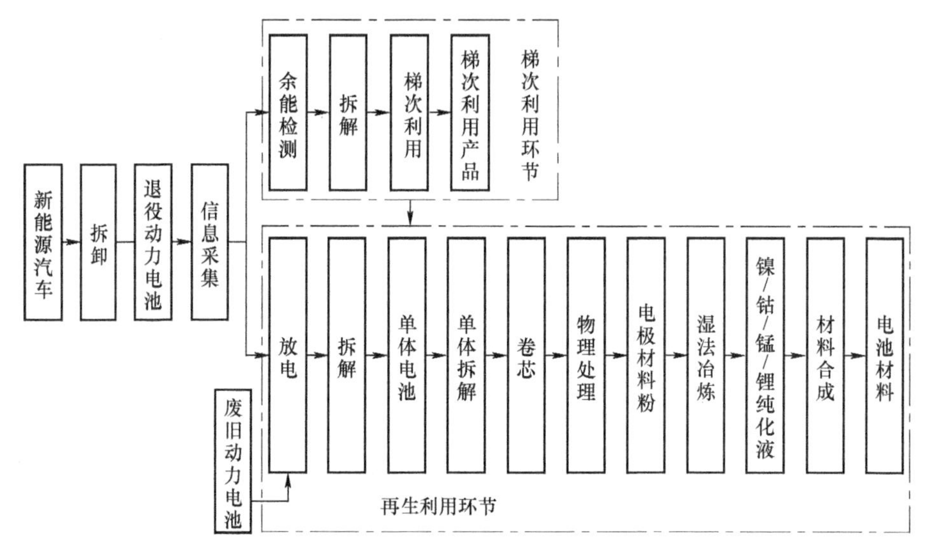

图 3-4 废旧动力电池回收利用流程图

浸泡放电法的优点是适用于任何状态的废旧动力电池。缺点是放电时间长，放电过程会产生废水和废气，存在环境污染的风险。由于浸泡放电法的原理是利用溶液导电消耗剩余电量，放电过程中，溶液会对金属外壳或金属零部件造成腐蚀。建议电池包、模块优先按照 GB/T 33598—2017 的要求拆解成单体，再进行放电[10]。

（2）GB/T 33598—2017 解读

当废旧动力电池的剩余电压在安全范围内时，电池包和模块按照 GB/T 33598—2017 规定的要求进行拆解，针对不同形态的废旧动力电池，拆解要求存在差异。

相同点：电池包和模块的拆解需要采用专业起吊工具和设备，在专用的工装台上进行拆解作业。拆解的第一步都是对外壳进行拆除，外壳的组合方式目前均为螺栓式组合连接、金属焊接或塑封式连接、嵌入式连接，外壳拆除后再进行内部件的拆解。为防止短路起火，在拆解过程中均要做好绝缘防护，避免金属部件与高低压连接插件接触。

不同点：电池包由不同的模块或单体及电池管理系统、高压安全盒等功能部件组合形成，为防止位置偏移，会使用托架、隔板等辅助固定部件。外壳拆除后，首先要拆除辅助固定部件，再拆除功能部件，最后移出模块或者单体。模块由单体、导线等连接部件组成，因此拆除模块外壳后，优先分离连接部件，再分离出单体[11]。

（3）QC/T 1156—2021 解读

单体电池的拆解可按照企业实际工艺情况，制定拆解作业指导书进行，也可参照 QC/T 1156—2021 规定的要求和流程进行。选择单体拆解工艺的关键是在保证安全性、环保性的基础上，提高资源回收效率。

安全性：若拆解企业具备带电处理技术，可在保证安全的前提下不放电拆解；不具备带电处理技术或带电处理技术不成熟的企业，在拆解前一定要进行电压测试，不在安全电压范围内的单体电池需进行放电处理，直到符合拆解条件为止。

环保性：单体电池拆解过程中会产生废气和电解液、固体废物，如隔膜、外壳、正负极集流体等。为防止二次污染，要做好“三废”的搜集和固体废物的储存。

资源回收效率：确保单体拆解的效率和资源回收情况，提出多项可量化指标，如卷芯脱出率不低于 97%，电极材料粉料中正极活性物质的综合回收率不低于 98%，杂质（Cu+Al）的质量分数不高于 1%[12]。

（4）GB/T 33598. 2—2020 解读

单体拆解所得的含有正极活性物质的电极材料，按 GB/T 33598. 2—2020 的要求添加至浸出溶液（一般为硫酸+双氧水）中，通过控制固液比、反应温度等条件，在搅拌中充分反应，最大限度地提高有价金属离子镍、钴、锰和锂的浸出率。在不引入多余杂质和尽可能降低镍、钴、锰及锂元素损失的基础上，利用沉淀、萃取除杂相结合的方法去除杂质，得到含镍、钴和锰的纯化液及锂纯化液。GB/T 33598. 2—2020 提出镍、钴和锰的综合回收率不低于 98%、锂回收率不低于 85%等量化指标，用以衡量企业湿法冶炼工艺的成熟度[13,14]。

可通过调节金属配比，制备镍钴锰氢氧化物；锂纯化液经沉淀、结晶等工序，可制备锂盐（如碳酸锂、氢氧化锂）；高温烧结镍钴锰氢氧化物与锂盐，可制备动力电池正极材料。再生利用环节生产的产品质量可根据类型，参照国家/行业标准执行，如 YS/T582—2013《电池级碳酸锂》、GB/T 26008—2020《电池级单水氢氧化锂》、GB/T 26300—2020《镍钴锰三元素复合氢氧化物》、YS/T 1087—2015《掺杂型镍钴锰三元素复合氢氧化物》、YS/T 798—2012《镍钴锰酸锂》和 YS/T 1448—2021《包覆型镍钴锰酸锂》等[15]。

4. 梯次利用环节标准技术要求

退役动力电池梯次利用评估标准 UL1974 2018 版解读：UL 1974 适用于退役后再利用在能源存储系统或其他应用场景的电池包、模组和电芯的分类和分级过程，最初配置是用于电动汽车或其他应用。需要注意的是，该标准不适用于翻新电池，不包括翻新电池的过程。该标准概述原本用于电动汽车或其他应用的电池包、模组和电芯如何进行分类和分级，如何识别电池的健康状况，以及如何评估退役电池梯次利用的可行性。通过分类和分级过程，确保梯次利用电池的性能，从而保证梯次利用电池的安全性和可靠性。这样，退役电池回收后既可以作为备用能源，又能存储清洁可持续能源。

针对退役电池的合理再利用，该标准对分级进行了如下规定：分级是由梯次利用企业根据指标对电池包、模组和电芯进行评估，以确定是否可以直接梯次利用，或根据健康状况和剩余容量分类为若干等级，以确定最终用途的过程。

该标准指出，梯次利用企业需建立相应的筛选分级机制和测试程序，并建议筛选分级过程控制遵照 6σ 法则。梯次利用企业应制定比新电池规格值下调的标准对退役电池进行分级，如开路电压（OCV）、容量、内阻、质量和尺寸等[27]。

梯次利用退役电池需要符合与最终梯次应用场景匹配的标准所规范的相关要求，最终用途适用的标准要求见表 3-4。

表 3-4　适用标准要求

最终用途	适用标准
应用在轻型电动车（LEV）的电池	UL 2271
应用在电动车（EV）的电池	UL 2580
应用在固定电源、车辆辅助电源和轻轨（LER）的电池	UL 1973

根据退役电池性能衰退程度，梯次应用在低速车上应满足 UL 2271《轻型电动车用电池》或 UL 2580《电动汽车用电池》；应用在固定式储能（备电）中需满足 UL 1973《固定式、车辆辅助动力和轻轨（LER）用电池》，UL 1973 还适用于应用在休闲车中的辅助电源以及可移动但用作固定能量存储在临时能量存储系统中的电池。

5. 梯次利用电池技术要求

标准提出，应提供原厂文件，通过审查文档确定电芯是否合格，以确保符合相关的安全测试程序。如果电芯从模组中不容易拆卸下来，则可采取模组测试确定合规性。梯次利用电芯符合性要求应按表 3-5 涉及的标准进行安全测试。

表 3-5　测试梯次利用电芯符合性的安全标准

电池种类	安全测试要求
锂离子电池	UL 2580、UL 2271、UL 1973、UL 1642《锂电池安全标准》[10]、UL 62133《含碱性或其他非酸性电解质的二次电池和电池组的安全标准-便携式密封二次电池和由其制成的电池组的安全要求》[11]、IEC 62133-2《含碱性或其他非酸性电解质的二次电池和电池组-便携式密封二次电池和由其制成的电池组的安全要求-第 2 部分：锂电池》[12]、IEC 62619《二次电池和包含碱性或其他非酸性电解质的电池-工业二次锂电池和电池的安全要求》[13]、IEC 62660-3《电动道路车辆推进用二次锂离子电池-第 3 部分：安全要求》[14]

（续）

电池种类	安全测试要求
非锂离子电池	UL 2580、UL 2271、UL 1973、UL 2054《家用和商用电池安全标准》[15]、UL 62133、IEC 61982-4《电动道路车辆推进用二次电池（锂除外）-第 4 部分：镍金属氢化物电池和组件的安全要求》[16]、IEC 62133-1《含碱性或其他非酸性电解质的二次电池和电池组-便携式密封二次电池和由其制成的电池组的安全要求-第 1 部分：镍系统》[17]

该标准明确了退役电池梯次利用需要按照最终用途适用的标准要求进行组件检查和安全测试，具体项目见表 3-6。

表 3-6　组件检查和安全测试项目

检验项目	组件检查	安全测试
1	结构要求	电池保护功能测试
2	材料选择	绝缘性能测试
3	外壳设计	温升测试
4	导线和连接端子	加热/冷却系统故障模拟
5	绝缘设计	力学性能测试
6	电池管理系统（BMS）设计	环境测试
7	—	抗燃烧特性

外壳设计检查内容包括强度和材料两个方面；BMS 设计是从保护功能、保护冗余和保护可靠性/功能安全进行检查。在电池保护功能测试项目中，需要考核过充、过放、短路和不均衡充电；绝缘性能测试项目要考核绝缘强度和绝缘电阻；环境测试项目包括温度循环和防水；抗燃烧特性考核需进行外部火烧和单体电芯失效模拟项目[28]。

6. 梯次利用企业的技术要求

该标准指出，再利用工厂要建立各级程序文件和长期数据分析机制，信息收集和审查是初始分类程序的一部分。梯次利用企业应收集并查看电池（包）、模组和单体电芯上的可用信息，了解设计及健康状况。收集的主要信息内容见表 3-7。

表 3-7　信息收集的主要内容

收集对象	信息内容
电池	标识、原理图、规格、构造和配置、系统组件数据、退役的原因和日期、BMS 数据、存储和处理历史数据

（续）

收集对象	信息内容
模组	标识、规格、配置和构造
电芯	生产时间、化学物质、质量、尺寸、制造商和零件号、规格表、测试验证数据/报告、失效周期

BMS 和辅助系统也必须收集和审查。BMS 需收集：有关电流、电压和温度保护相关的零件编号、制造日期、制造商和 BMS 规范；通信协议；软件更新版本；示意图、电路板布局、算法、标识及 BMS 使用、安装、操作、编程和维护相关的信息。

冷却系统应收集：与温度和控制相关的制造商、零件编号和规格；冷却剂和冷却系统零件清单；有关安装、故障排除、操作和维护等信息。其他系统主要收集：制造商、零件编号和规格；有关安装、故障排除、操作和维护等信息。

梯次利用企业对退役电池进行筛选的关键要素主要考核以下两个方面：电芯/电池组及相关配件的履历、异常电池需列入不合格品/拒收范围。电芯/电池组及相关配件的履历主要参考上面收集的信息进行审查评估；需列入不合格品/拒收范围的情况包括超期服役，过充/过放，经历滥用，经受极高温/低温，经历水浸、火灾、碰撞等。

梯次利用企业可通过以下方法对退役电池进行筛选：外观的人工/自动检测、筛选分级机制、BMS 数据分析、电池非破坏性拆解分析、追踪存储状态和补电信息。

在分级过程中进行评估时，除了检查整个电池及辅助系统是否有明显的损坏迹象（如裂纹、膨胀、明显的气味、变色或烧伤痕迹），还须执行以下测试程序：①电芯/电池模组 OCV 测量；②电池组高压隔离有效性确认；③容量检测；④直流内阻检测；⑤BMS 控制和保护组件检测；⑥充放电单次循环测试（监测电芯和模组的温度、电压和电流）；⑦自放电率。执行测试程序时，③、④、⑥和⑦应在整个电池包/系统及梯次利用的最小拆解单元上进行，若最小拆卸单元是模组，在整个电池包/系统及梯次利用的模组上进行；若最小拆卸单元是电芯，在整个电池包/系统及梯次利用的电芯上进行[29,30]。

如果梯次利用企业仅打算再利用模组或电芯，则电池包/系统上只需要进行①和②的测试。如果不改变电池包/系统的应用场景，仅对拆卸后的模组或电芯进行再利用到其他场景，则电池包/系统不需要进行③和⑦的测试。

上述测试过程中的所有数据都应该记录下来，以便进行分类和跟踪，该标准提出梯次利用企业要建立长期数据分析机制，需要对电芯关键参数进行分析优化：自放电率、常温及低温的充放电性能、健康状态（SOH）、耐受异常情况的能力。

被筛选评估可进行再利用的退役电池包、模组和电芯，还应该按照 UN 38.3《联合国危险物品运输试验和标准手册》进行安全运输测试。

7. 梯次利用电池的有效识别

梯次利用退役电池的标识应该是永久性且清晰可见的。梯次利用过程中应该去除原始制造商的所有标记，例如，外部和内部电池模组和电芯的铭牌、型号和商标。梯次利用电池包、模组和电芯都应带有铭牌标识，以便进行有效识别[31]。

8. 可行性分析

退役动力电池的来源和最终梯次应用场景不确定，因此除了产品本身外，标准还要考虑来源和用途。拿到样品后，要考虑如何确定梯次应用场景；怎样按最终用途进行组件检查和安全测试；怎样进行信息收集和审查；收集信息后如何筛选；在分级过程中进行评估的检测项目有哪些；以及如何进行安全运输测试。该标准对以上流程如何通过标准来评估、如何规范化进行了明确。通过标准来评估在梯次利用过程中，整个流程的程序是否都能完成，在技术上是可行和可操作的。

3.4 小结

本章主要针对标准颁布现状、国内现有动力电池标准体系等方面进行了详细的分析，我国政府出台了一系列针对退役动力电池的政策法规，包括《新能源电动汽车动力蓄电池回收利用管理办法》等。这些法规明确了动力电池回收利用的管理要求和流程，鼓励企业参与回收利用工作。国内相关标准化机构和行业组织积极参与制定了关于退役动力电池的行业标准。这些标准主要涵盖了电池评估方法、分类标准、回收处理技术等方面，为相关企业和机构提供了操作指南。尽管国家标准是行业的基础性文件，但在梯次利用方面仍存在一定的局限性。为了克服这些局限性，需要进一步加强标准的修订、技术研发和创新推广，同时鼓励企业和机构开展多样化的实践与探索。这样才能有效推动动力电池的梯次利用，实现资源的最大化价值和环境的可持续发展。未来，随着技术的进步和政策的支持，退役动力电池的评估、分类和处理将更加科学化和高效化。

参考文献

［1］ 肖武坤，张辉. 中国废旧车用锂离子电池回收利用概况［J］. 电源技术，2020，44（8）：1217-1222.

［2］ 王彩娟，朱相欢. 车用动力电池回收利用国家标准解读［J］. 电池工业，2020，24

(04)：211-215.

[3] 王萍，刘波，高二平，等. 车用动力电池回收利用标准的现状及建议［J］. 电池，2020，50（03）：280-283.

[4] 谭震，范茂松，赵光金，等. 动力电池梯次利用国家标准体系分析［J］. 电池，2022，52（04）：443-446.

[5] 周媛，王锋，信天，等. 退役动力电池梯次利用评估标准 UL1974：2018 解读［J］. 电池，2021，51（04）：404-406.

[6] 张学梅，吴奔奔，明帮来，等. 退役动力电池回收再生技术系列标准解读［J］. 电池，2022，52（05）：569-573.

[7] 李娜，白恺，王开让，等. 电动车退役电池梯次利用之储能性能及预测［J］. 电源技术，2019，43（03）：445-449.

[8] 李敬，杜刚，殷娟娟. 退役电池回收产业现状及经济性分析［J］. 化工学报，2020，71（S1）：494-500.

[9] 陈吉清，翁楚滨，兰凤崇，等. 政策影响下的动力电池产业发展现状与趋势［J］. 科技管理研究，2019，9：148-157.

[10] 潘寻，赵静，蒋京呈. 中国新能源汽车动力电池回收政策解读及建议［J］. 世界环境，2020，(03)：33-36.

[11] 周航，马玉骁. 新能源汽车动力电池回收利用工作进展及标准解析［J］. 中国质量与标准导报，2019（7）：37-43.

[12] 李建林，王上行，袁晓冬，等. 江苏电网侧电池储能电站建设运行的启示［J］. 电力系统自动化，2018，42（21）：1-9，103.

[13] 郑旭，林知微，郭汾，等. 动力电池梯次利用研究［J］. 电源技术，2019，43（04）：702-705.

[14] 伍德佑，刘志强，饶帅，等. 废旧磷酸铁锂电池正极材料回收利用技术的研究进展［J］. 有色金属（冶炼部分），2020，(10)，70-78.

[15] LI Pengwei，LUO Shaohua，WANG Yafeng，et al. Cleaner and effective recovery of metals and synthetic lithium-ion batteries from extracted vanadium residue through selective leaching［J］. International Journal of Minerals，Metallurgy and Materials，2021，482.

[16] 刘超，邱显扬，刘勇，等. 废锂离子电池物理分选技术研究现状及展望［J］. 稀有金属，2019.

[17] 锂电池回收利用政策利好梯次利用已形成示范效应［J］. 资源再生，2019（2）：24-26.

[18] 来小康. 关于动力电池梯次利用的一些思考［J］. 储能科学与技术，2020，9（02）：598-602.

[19] 刘颖琦，李苏秀，张雷，等. 梯次利用动力电池储能的特点及应用展望［J］. 科技管理研究，2017（1）：59-65.

[20] 夏重凯. 动力电池梯次利用现状及政策分析［J］. 汽车与配件，2016，(38)：42-45.

[21] HE Yuqing，CHEN Yuehui，YANG Zhiqiang，et al. A review on the influence of intelligent power consumption technologies on the utilization rate of distribution network equipment［J］.

Protection and Control of Modern Power Systems，2018，3（3）：183-193.
［22］ 徐懋，刘东，王德钊. 退役磷酸铁锂动力电池梯次利用分析［J］. 电源技术，2020，44（8）：1227-1230.
［23］ 贾晓峰，冯乾隆，陶志军，等. 动力电池梯次利用场景与回收技术经济性研究［J］. 汽车工程师，2018，（06）：14-19.
［24］ LI Gengyin，LI Guodong，ZHOU Ming. Comprehensive evaluation model of wind power accommodation ability based on macroscopic and microscopic indicators［J］. Protection and Control of Modern Power Systems，2019，4（4）：215-226.
［25］ 陈吉清，翁楚滨，兰凤崇，等. 政策影响下的动力电池产业发展现状与趋势［J］. 科技管理研究，2019，9：148-157.
［26］ 王震坡，孙逢春，林程. 不一致性对动力电池组使用寿命影响的分析［J］. 北京理工大学学报，2006（07）：577-580.
［27］ 马彦，陈阳，张帆，等. 基于扩展 H_∞ 粒子滤波算法的动力电池寿命预测方法［J］. 机械工程学报，2019，55（20）：36-43.
［28］ ESSAYEH C，FENNI M R E，DAHMOUNI H. Optimization of energy exchange in microgrid networks：a coalition formation approach［J］. Protection and Control of Modern Power Systems，2019，4（4）：296-305.
［29］ 赵煜娟，夏明华，于洋，等. 失效动力锂离子电池再利用和有用金属回收技术研究［J］. 再生资源与循环经济，2014，7（7）：27-31.
［30］ 李建林，李雅欣，吕超，等. 退役动力电池梯次利用关键技术及现状分析［J］. 电力系统自动化，2020，44（13）：172-184.
［31］ 韩华春，史明明，袁晓冬. 动力电池梯次利用研究概况［J］. 电源技术. 2019，43（12）：2070-2073.

第4章 退役电池状态估计研究

4

4.1 退役电池健康状态映射关联关系

电池健康状态（SOH）是评估电池老化程度的重要性指标，其表征当前电池相对于新电池存储电能的能力，表征了电池的健康程度。电池 SOH 受电池荷电状态（SOC）、内阻、截止电压等多种因素影响。电池 SOH 作为电池的内特性不可直接测量获得，只能通过电压、内阻、温度等一些直接测量的外特性参数估计获得。电池 SOH 是电池管理系统中最重要的参数之一，精确掌握电池组 SOH 可以为其自身的检测与诊断提供依据，有助于及时了解电池组各单体电池的健康状态，及时更换老化的单体电池，提高电池组的整体寿命，进一步提高电动车的动力性能。

4.1.1 关联度分析

为研究退役电池间的不一致性，需要研究从电池到模块的健康状态映射关联方法。结合试验数据，修正模型明确健康因子耦合关系，得出退役电池健康状态评估算法。目前，有关退役电池健康状态与特征参量关联关系的研究主要依据以下步骤展开。首先是确定健康状态的评估因子，根据提取的健康因子评估其与电池状态之间的关系。主要采用交流阻抗谱测量、等效电路拟合及解析元件分析方法，辅以传统电热外特性参量测试评估，进行内外特性参量耦合比对，进行关联度分析，上述过程中健康因子提取流程图如图 4-1 所示。

在模型建立方面，主要通过频点参量多级迭代优化算法、大数据统计规律融合等方法，建立理论模型。并辅以对电池和模块的电热性能参数的实测数据对比，构建残值评估模型和电池与模块的映射关系、退役电池健康状态与对应交流阻抗谱间的关联关系，揭示梯次利用阶段退役电池衰退过程中阻抗响应演变规律，明确能够表征退役电池健康状态的阻抗特征频率点。

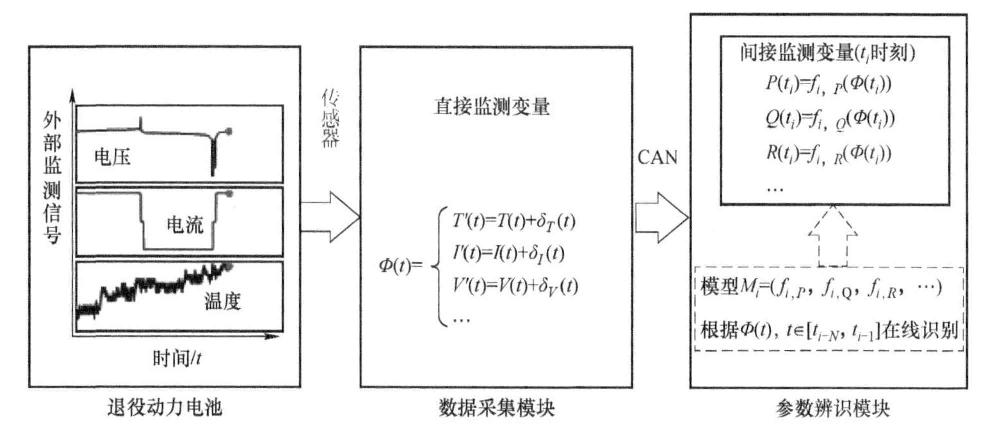

图4-1 健康因子提取流程图

在退役电池健康状态与交流阻抗谱的关联关系方面，主要从退役电池在典型储能运行工况下与性能衰退同步的交流阻抗谱演变特征来考虑。分析与退役电池性能衰退相关的电池内部电化学、物理化学衍变机制，建立退役电池与不同衰退状态相匹配的阻抗等效电路，定期采集电池和缺陷电池的交流阻抗谱，分析阻抗谱演变的趋势和阻抗参量的变化幅值。对不同衰退状态电池及缺陷电池进行拆解，通过微观理化分析手段，结合经验模型，建立退役电池健康状态与交流阻抗谱的关联关系。

4.1.2 评估方法

针对不同退役条件的电池需采用不同的研究路线进行分析。对于信息不完备的黑箱电池，采用以机理模型为主的数模结合方式，对其进行健康状态评估。主要通过对电池内部物理化学过程的分析与数值化，研究基于特征频率点的等效电路拟合方法。对于信息相对完备的黑箱电池，则采用以数据驱动为主的数模结合方式，研究等效电路中各元件参量与电池健康状态的定量关系，明确关键因子耦合关系，基于电池健康状态建模算法，建立电池健康状态评估模型。

目前，针对退役电池健康状态评估方法主要体现在两个方面。

1）对电池内部物理化学过程的分析与数值化，建立基于机理模型的健康状态评估模型；利用电池的衰减数据进行衰减机理的分解分析，建立残值评估模型；基于健康状态评估和残值评估模型，提取能够表征黑箱电池状态的参数集，为之后退役动力电池的快速分选提供科学的特征参量。采用以模型为主的数模结合的方式，对黑箱电池进行评价。

2）在电池电性能、安全性、一致性等方面，开展工况实验研究。基于实验测试数据利用相适应的深度学习方式确定健康状态的评估因子，研究其与电池状态之间的关系，构建表征典型白箱电池健康状态的指标体系；基于加速实验，结合衰减因素及衰减机理，采用以数据驱动为主的数模结合方式构建典型白箱电池的评价方法。

综上，依据电池衰退机理，对退役电池单体、模组的健康状态进行评估。目前，在识别短板电池的退役健康状态评估方面，主要采用最小二乘法分析阻抗谱特征频段与全谱拟合重叠，通过特征频段等效电路转化解析元件，分析其衰退过程中的变化率与离散度，提取组成特征频段的便于快速在线测量的特征频点，建立健康状态快速评估方法。利用电池的衰减数据进行衰减机理的分解分析，建立残值评估模型。

4.2 退役电池电量与健康状态估计方法

4.2.1 退役电池电量状态估计方法

1. 基于电化学内部机理的电站状态估计技术

对电池内部微观的物理及电化学过程进行分析，主要侧重对退役电池衰老过程的分析。寻找恰当的老化程度表征参数，并建立这些参数和电池老化程度之间的对应关系，进而获得老化机理模型，该方法示意图如图 4-2 所示。此方法估算准确度差一些，但工作量较小，是目前主流发展方向之一，技术难点是特征参数的定位与获取。

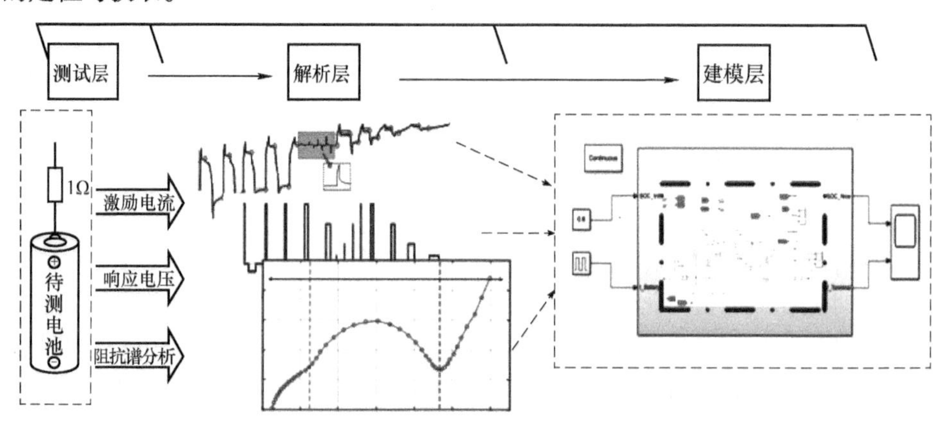

图 4-2　基于电化学内部机理的退役电池状态估计技术示意图

目前，电池测试数据的模型解析主要分为两方面。一方面，在经典复杂电化学性能仿真模型的基础上，可研究数学变换、模型降阶和近似等效方法的模型简化、参数约减方法，进一步探讨不同电池电压成分与模型内部不同动力学过程的关联关系，从而实现电化学模型参数的解耦辨识。这种方法中常用概率模型法，将电池等效电路模型与概率分析方法（如贝叶斯回归及分类算法）相结合来描述电池的老化及容量衰减过程，并通过实验对模型进行验证。除此之外，还有利用阿伦尼斯模型关注温度对电池耐久性的影响；逆幂律模型通过电压击穿等电应力研究电池失效机理；使用机械应力（SOC 增量与 SOC 均值的乘积）表征电池实时状态。

另一方面，针对阻抗谱数据构建分数阶等效电路模型并辨识其参数，重点研究基于阻抗谱形貌特征和电池机理分析的模型参数初值选取方法，保证参数辨识结果的稳定性，进一步通过时频域变换将频域阻抗模型转换为时域等效电路模型。通过上述两个方面的研究，对外部可观测电压、电流数据进行模型解析，可实现电池包内最小可分辨单元（电压、电流可测的单体或者最小模组）物性参数的解耦辨识。

对于单体电池状态检测场景，由于其数量较大，且考虑检测时间问题。

2. 基于特征工程的电站状态估计技术

目前，电化学储能电站多为锂电池单体通过集成方式组合而成，考虑到退役电池分析技术成熟度有待进一步提升，且锂电池老化机理分析复杂，通过观察能够表征电池退化机理的外部数据后经过一系列处理获得整个电站的能量状态转变成一种较为新兴的电站状态估计技术，即基于特征工程的电站状态估计技术，此类技术示意图如图 4-3 所示。

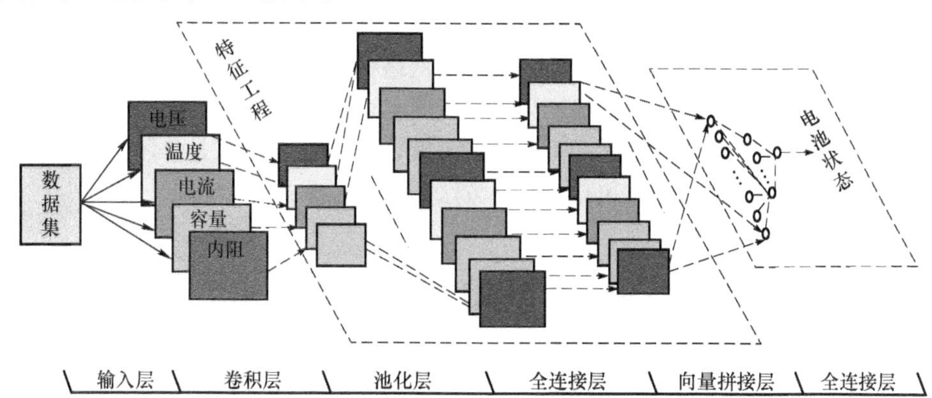

图 4-3　基于特征工程的电站状态估计技术示意图

特征工程主要分为特征选择和特征提取。特征选择在数据集合中发现并挑选出最能够反映电站能量状态的几个参数；特征提取在已选出的几个重要性参数数据中找出反映电站能量状态变化趋势的某个特征数值。

将特征工程筛选出的数据带入到机器学习模型中训练状态估计模型，再将实时数据导入至此模型中即可获得电站内部单体级、模组级甚至各簇级电池的能量状态。若考虑成本问题，常采用传统经验法作为特征选择方法，特征提取方法通常运用像非线性最小二乘法等步骤、操作简单的算法实现；若考虑准确度问题，常采用随机森林、灰色关联对数据进行特征选择，利用 IC 或 CV 曲线提取数据特征，实现电站的状态估计。根据已获得的电站内部各电池簇状态信息，进而对其进行功率分配。

4.2.2 退役电池健康状态估计方法

作为一种解决电池老化等越来越凸显的问题，电池的寿命预测得到了广泛的关注，众多学者将寿命预测的思想移植到电池研究领域中，进而实现电池的寿命预测。目前通用的基于数据驱动的电池寿命预测方法主要分为两类，分别是控制理论法和监督学习法。

传统基于监督学习的方法存在着一些缺陷，监督学习结构中的起始预设权值和阈值不能准确地表达预测结构，主要表现为误差的随机性过多，而对方法中的某个参数进行优化可提高方法的准确性和可靠性。

传统的基于控制理论方法是根据状态变化而建立的模型，利用最优化方法对信号真值进行估计，能够建立实时的动态模型，可适用于短期的电池寿命预测，但需要用到大量的数据。

传统控制理论法在电池寿命预测领域中引入控制思想，通过状态量估计和校正的不停迭代来实现电池寿命的追踪，但某些参数随机设置引起了一定的预测误差；传统监督学习法通过将实际测量且含有重要相关参数的数据集分为训练集和测试集，训练集训练出符合数据之间规律的网络模型，再将待测数据导入测试集中，进而预测 LIB 寿命，但步骤较为繁琐，不太适宜应用；融合法综合利用控制理论和监督学习的优势，既提高了预测准确度，又在一定程度上增强了普适性。

综上，传统的控制理论和监督学习方法需要加以改进。

4.3 退役动力电池状态估计算法研究

4.3.1 基于改进支持向量机的退役动力电池剩余电量状态估计方法

1. 联合支持向量回归机（SVR）和粒子群算法（PSO）

（1）支持向量回归机模型

支持向量回归机基本思想是通过之前已确定的非线性映射将输入向量映射到

一个高维特征空间中，然后在这个高维空间中再次进行线性回归，即构建输入数据与输出数据之间的非线性函数关系，从而获得非线性特征空间跟踪或预测的效果。根据学习数据集合的预测方法，通过结构化最小准则应用，可保证 SVR 算法具有较好的学习性和泛化性。本章将关联度高的 3 种电池特性（SOC、充放电倍率和截止电压）设定为电池充放电状态估计指标，采用 SVR 算法估计电池充放电状态。

对于数据集(x_i,y_i),$i=1,2,\cdots,n$,输入量为$x_i \in R^n$,输出量为$y_i \in R$。首先将输入量x通过映射$\phi:R^n \to H$映射到高维特征空间H中,将函数$f(x)=\omega \cdot \phi(x)+b$拟合数据$(x_i,y_i)$，$i=1,2,\cdots,n$。支持向量机采用$\varepsilon$-误差系数，即假定在准确度$\varepsilon$下所有训练数据可以用线性函数拟合。

$$\begin{cases} y_i-f(x_i) \leqslant \varepsilon+\xi_i \\ f(x_i)-y_i \leqslant \varepsilon+\xi_i^* \quad i=1,2,\cdots,n \\ \xi_i,\xi_i^* \geqslant 0 \end{cases} \tag{4-1}$$

式中，ξ_i、ξ_i^*是松弛因子，拟合有误差时ξ、ξ_i^*均大于 0，误差不存在为 0 现象。因此该问题转化为求优化目标函数最小化问题。

$$R(\omega,\xi,\xi^*) = \frac{1}{2}\|\omega\|^2 + C\sum_{i=1}^{n}(\xi_i + \xi_i^*) \tag{4-2}$$

式（4-2）中常数$C>0$，其代表超出误差ε的样本的惩罚程度，用于调节信号范围和经验风险值间的权重。C过高会引发“过学习”状态，使得 SVR 泛化能力下降。反之会引起“欠学习”现象。在式（4-1）和式（4-2）中引入 Lagrange 函数，得

$$L = \frac{1}{2}\|\omega\|^2 + C\sum_{i=1}^{n}(\xi_i + \xi_i^*) - \sum_{i=1}^{n}\alpha_i[\xi_i + \varepsilon - y_i + f(x_i)] - \sum_{i=1}^{n}\alpha_i^*[\xi_i^* + \varepsilon - y_i + f(x_i)] - \sum_{i=1}^{n}(\xi_i\gamma_i + \xi_i^*\gamma_i^*) \tag{4-3}$$

式中，α、$\alpha_i^* \geqslant 0$，γ_i、$\gamma_i^* \geqslant 0$，为 Lagrange 乘数，$i=1,2,\cdots,n$。求函数L对ω、ξ_i、ξ_i^*的最小化，对α_i、α_i^*、γ_i、γ_i^*的最大化，代入 Lagrange 函数得到对偶形式，最大化函数如式（4-4）所示：

$$W(\alpha,\alpha^*) = -\frac{1}{2}\sum_{i=1,j=1}^{n}(\alpha_i - \alpha_i^*)(\alpha_j - \alpha_j^*)\cdot(\Phi(x_i))\cdot(\Phi(x_j)) + \sum_{i=1}^{n}(\alpha_i - \alpha_i^*)y_i - \sum_{i=1}^{n}(\alpha_i + \alpha_i^*)\varepsilon \tag{4-4}$$

式（4-4）中，$(\alpha,\alpha^* i) \geqslant 0$，为 Lagrange 乘数。$\Phi(x_i) \cdot \Phi(x_j)$为高维特征空间点积运算，且函数$\Phi$是未知高维函数。高维特征空间的点积运算$K(x_i,x_j)=\Phi(x_i) \cdot \Phi(x_j)$被称为核函数，常用的核函数为退役电池 F 核，见式（4-5）。

$$k(x,x')=\exp\left(-\frac{\|x-x'\|}{2\sigma^2}\right) \tag{4-5}$$

式（4-5）转换成

$$\begin{aligned}W(\alpha,\alpha^*)=&-\frac{1}{2}\sum_{i=1,j=1}^{n}(\alpha_i-\alpha_i^*)(\alpha_j-\alpha_j^*)\cdot K(x\cdot x_i)+\\&\sum_{i=1}^{n}(\alpha_i-\alpha_i^*)y_i-\sum_{i=1}^{n}(\alpha_i+\alpha_i^*)\varepsilon\end{aligned} \tag{4-6}$$

非线性拟合函数可表示为

$$f(x)=\sum_{i=1}^{n}(\alpha_i-\alpha_i^*)K(x\cdot x_i)+b \tag{4-7}$$

式中，σ 为核函数宽度参数，若 σ 过小，其学习能力较差；若 σ 增加，变成支持向量的样本越多，SVM 回归预测效果越好。若 σ 太大，可能会产生过拟合现象，降低对新样本的拟合能力。惩罚参数 C 和参数 σ 是 SVR 算法中关键参数，可进行优化调节。

（2）粒子群算法（PSO）

假定在某状态空间中有一群随机粒子，经过位置和速度两个维度的参数来寻求最优解[62,63]。粒子每次迭代都会不断更新两个极值来优化自己；粒子本身所寻求的最优解叫做个体极值；整个种群当前寻求的最优解叫做全局极值。如果粒子的“邻居”为粒子群中的一部分，那么在所有“邻居”当中产生的极值就是局部极值。

假定在一个 D 维状态空间中，有一个由 N 个粒子组成一个群落，第 i 个粒子表征成一个 D 维向量。

$$X_i=(x_{i1},x_{i2},\cdots,x_{iD}),i=1,2,\cdots,N \tag{4-8}$$

第 i 个粒子的“飞行”速度也是一个 D 维的向量，记为

$$V_i=(v_{i1},v_{i2},\cdots,v_{iD}),i=1,2,\cdots,N \tag{4-9}$$

第 i 个粒子在当前搜索到的最优位置称为个体极值，记为

$$p_{\text{best}}=(p_{i1},p_{i2},\cdots,p_{iD}),i=1,2,\cdots,N \tag{4-10}$$

全局极值为粒子群当前找到的最优位置，记为

$$g_{\text{best}}=(p_{g1},p_{g2},\cdots,p_{gD}),i=1,2,\cdots,N \tag{4-11}$$

粒子根据式（4-12）和式（4-13）更新自身位置和速度：

$$x_{id}^*=x_{id}+v_{id}^* \tag{4-12}$$

$$v_{id}^*=w^*v_{id}+c_1r_1(p_{id}-x_{id})+c_2r_2(p_{gd}-x_{id}) \tag{4-13}$$

式中，r_1 和 r_2 为［0,1］范围内的随机数，通常取 0.5，c_1 和 c_2 为粒子的学习因子。通过不断迭代，式（4-12）和式（4-13）表示粒子在渐渐向自身历史最佳位置移动；同时反映粒子间共享位置的信息状态。适应度设定为 PSO 算法评价解优劣的一组函数值。

（3）PSO 算法优化的 SVR 模型

根据电池电压、电流等实时数据估算可求得电池可充放电量状态，数据间呈多维非线性映射关系。用 SVR-PSO 模型估算电池可放电量状态的具体步骤如下：

给定训练集：

$$T=\{(x_1,y_1),\cdots,(x_n,y_n)\}\in(R\times y)^n$$

其中，$x_i\in R^n,y_i\in y=R,i=1,\cdots,n$。

1）SVR 模型训练：对于数据集 T，x_i 为输入量，y_i 为输出量，首先给定准确度 ε、惩罚参数 C 和核函数参数 σ 满足条件的初值，以 SVR 模型输出的可放电量状态为适应度，应用 PSO 算法优化 C 和 σ，优化值代入 SVR 模型中建立出训练模型。

2）估算单体电池可放电量状态：根据电池管理系统实时采集的电压、电流数据集，应用训练模型实时估算出电池的可放电量状态，记为 Q_r。

3）电池模块内单体电池可放电量状态的离散性分析。

按式（4-14）计算出单体电池的可放电量状态离散性。

$$U=\frac{Q_{r_{\max}}-Q_{r_{\min}}}{\overline{Q_r}} \tag{4-14}$$

PSO-SVR 预估电池可放电量的具体流程如图 4-4 所示。

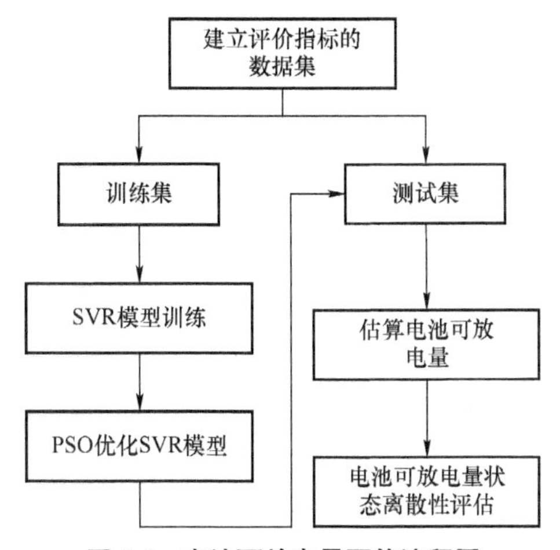

图 4-4　电池可放电量预估流程图

2. 实验验证分析

SVR 模型训练集为电池模块进行不同电流充放电的数据集，充放电循环电流分别为 100A、77A、50A、15A 和开路-脉冲。将电流转换为倍率，选取等间隔点的电压、倍率、可充放电量状态组成训练集 $\boldsymbol{T}$，其中可充放电量状态以 SOH 与 SOC 乘积表示，$\boldsymbol{T}$ 为 189×3 型矩阵。

$$\boldsymbol{T}=\begin{pmatrix}100 & 2.432 & 0\\ \vdots & \vdots & \vdots\\ 100 & 3.671 & 0.7904\\ 77 & 2.443 & 0\\ \vdots & \vdots & \vdots\\ 0 & 2.598 & 0\\ 0 & 3.448 & 0.7820\\ \vdots & \vdots & \vdots\\ 100 & 3.575 & 0.7856\end{pmatrix} \tag{4-15}$$

核函数选用退役电池 F 核函数，准确度 $\varepsilon=0.01$，惩罚参数 C 和核函数参数 σ 用 PSO 算法进行优化，最优值为 $C=2.032$，$\sigma=15.928$。在 MATLAB 环境中应用 SVM 工具箱进行仿真，得到原始数据与回归模型预测数据对比，如图 4-5 所示。

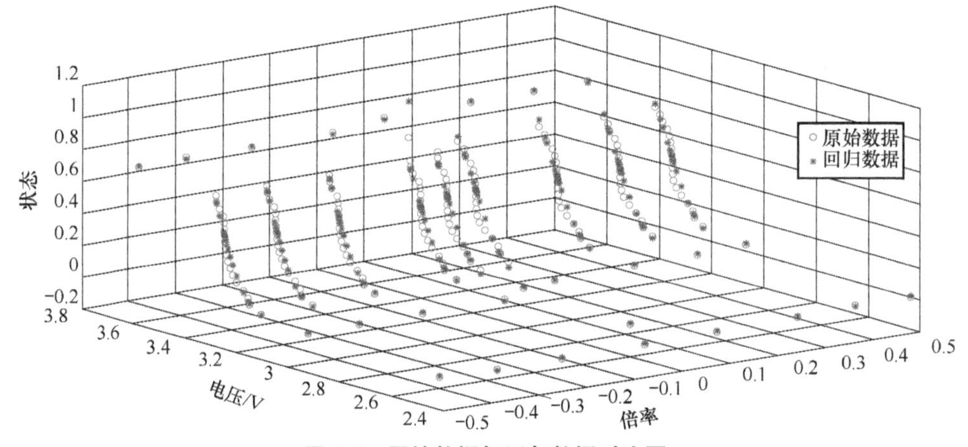

图 4-5　原始数据与回归数据对比图

验证充放电状态的预测数据集为 $\boldsymbol{P}$，包含充电、放电、开路时单体电池的电流和电压数据，为 36×2 型矩阵。

$$\boldsymbol{P}=\begin{pmatrix}0 & 3.139\\ \vdots & \vdots\\ 0 & 2.556\\ -40 & 3.297\\ \vdots & \vdots\\ -40 & 3.266\\ 40 & 3.419\\ \vdots & \vdots\\ 40 & 3.385\end{pmatrix} \tag{4-16}$$

应用 SVR 模型估算得到电池可充放电量状态参数值及离散性 U，如表 4-1 所示：

表 4-1　单体充电数据汇总表

电池序号	开路状态	放电	充电
1	0.0373	0.7923	0.8157
2	0.0000	0.6180	0.7416
3	0.0528	0.7401	0.7641
4	0.0000	0.6117	0.7729
5	0.0000	0.5930	0.6330
6	0.0246	0.6055	0.6427
7	0.0399	0.7792	0.8115
8	0.0914	0.8248	0.8115
9	0.0103	0.5992	0.6185
10	0.0426	0.6561	0.7370
11	0.0072	0.5992	0.6953
12	0.0050	0.5930	0.6620
U	3.5256	0.3472	0.2718

U 阈值 U_{limit} 设定为 0.05，估算状态参数值与实际测量值的误差在 3.6%以内，证明了该实验的准确性。

4.3.2　基于随机权重粒子群算法优化极限学习机的电池健康状态估计

1. 极限学习机（Extreme Learning Machine，ELM）

传统应用广泛的神经网络是梯度下降算法，但其存在着下降速度较慢、易陷入局部最优的问题，为了优化 BP 算法，简化参数设定和提高神经网络的运行效率，南洋理工大学的黄广斌等人提出了极限学习机算法，避免了不断进行更新权重和阈值的复杂过程，且相对于 BP 神经网络有着学习速度快、泛化性好等优点。标准 ELM 采用单层前馈神经网络结构，其组成含有输入层、隐含层和输出层，可随机设置的参数有输入层权重、输入层偏置量和隐含层阈值。含有一个隐含层的网络结构图如图 4-6 所示。

假设含有一个隐含层的 ELM 网络的训练样本集中含有 L 个样本，输入样本为 x_t，输出样本为 h_t，激励函数为 $H(\beta)$，则该 ELM 网络的模型可表示为

$$\sum_{i=1}^{L}\beta_i \cdot S(\omega_i \cdot x_t + b_i) = h_t, t = 1,\cdots,N \tag{4-17}$$

式中，β_i为输出权重；S 函数为 ELM 的激励函数；ω_i为输入权重；x_t为样本值；

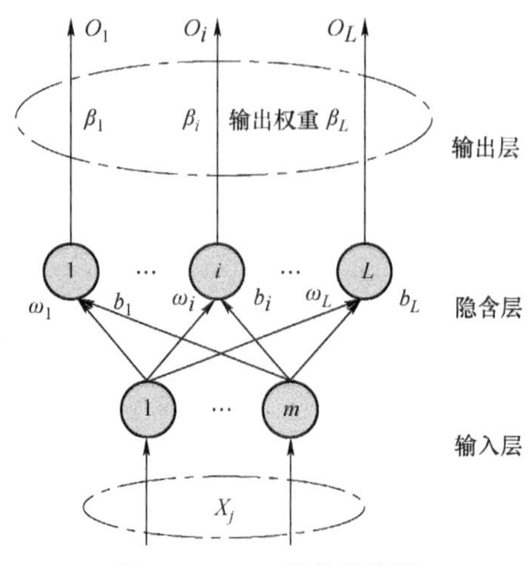

图 4-6　ELM 网络结构图

b_i为输入偏置量；h_t为输出值。

上式可以用矩阵表示为

$$\boldsymbol{S\beta}=\boldsymbol{H} \tag{4-18}$$

ELM 算法的运算过程就是使得最优解损失函数最小的过程，用公式表达这一过程如式（4-19）所示：

$$\|h_t-\boldsymbol{O}_t\|=0 \tag{4-19}$$

式中，$\boldsymbol{O}_t$为期望值。

根据输出值和激励函数可求得 ELM 模型中的输出权重，再将待测数据带入模型当中即可求得预测结果。极限学习机将给定样本分别训练集和测试集，利用训练集训练好 ELM 网络模型后，再将测试集数据带入训练好的网络模型中，从而实现电池健康状态的预测。

2. 随机权重粒子群（Particle Swarm Optimization，PSO）

极限学习机不需要复杂的内部建模，只需要大量的测试数据即可获取结果，而且获得的结果能够很直观地反映出电池的性能衰退情况，受到众多学者和研究人员的青睐。但因为其参数中存在随机设置的问题，导致得出的结果具有一定的误差，而粒子群算法能够对极限学习机参数进行完善，提高预测准确度，且其方法简单、计算方便。粒子群理论来源于鸟群觅食过程，在某个状态空间里只有一块食物，且空间中的鸟不清楚食物在哪个地方，但它们清楚当前所在位置距离事物有多远，通过多次迭代寻找距离事物最近的鸟的附近区域找到那一块食物。将鸟比作“粒子”，事物比作“目标函数”，上述过程可描述为粒子在每次迭代时通过更新自己的速度和位置来寻找目标函数的最优值，从而实现寻优的目的，如图 4-7 所示。

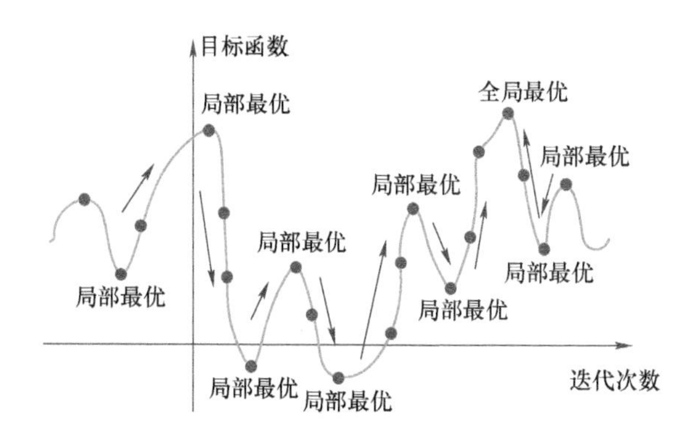

图 4-7　粒子群理论分析图

粒子群中的每个粒子都是求解 ELM 输入层到隐含层权重的一个可行解，通过式（4-18）和式（4-19）迭代可追寻最优解，即粒子群中各粒子通过多次迭代不断更新自身位置和速度来寻找目标函数的最优值。该算法首先要初始化参数，包括目标函数、粒子初始速度、初始位置、迭代次数和初始解。通过以往经验，粒子的两个学习因子都设置为 2，粒子每次的飞行速度在［0,1］时寻优效果最佳。

$$v_{id}^{t+1}=\omega v_{id}^{t}+c_1r_1(pb_{id}^{t}-x_{id}^{t})+c_2r_2(gb_{id}^{t}-x_{id}^{t}) \tag{4-20}$$

$$x_{id}^{t+1}=x_{id}^{t}+v_{id}^{t+1} \tag{4-21}$$

式中，v_{id}^{t}代表了粒子 i 在第 t 次迭代中的速度；x_{id}^{t}代表粒子 i 在第 t 次迭代中的位置；ω 为惯性权重因子；pb_{id}^{t}为粒子 i 的个体极值点位置；gb_{id}^{t}为整个种群的全局极值点位置；c_1、c_2为学习因子；r_1、r_2为［0,1］之间的随机数。

$$\omega=\mu+\sigma N(0,1) \tag{4-22}$$

$$\mu=\mu_{\min}+(\mu_{\max}-\mu_{\min})\cdot \mathrm{rand}(0,1) \tag{4-23}$$

式中，μ 为随机权重平均值；$\mu_{\max}$、$\mu_{\min}$ 分别为随机权重平均最大值和最小值；σ 为随机权重平均值的方差。

在执行初始化步骤后，将初始解带入目标函数中形成当前函数值，这样每个粒子就得到了当前的位置和对应的适应度值，与历史数据作比较找出每个粒子的最佳位置和适应度值，再通过每个粒子找出的最佳适应度更新种群最优粒子位置和对应的适应度值，直至循环结束，可得出循环最优解。需要强调的是，由于在粒子群算法当中引入随机赋权思想，使得更新粒子速度时粒子的历史速度会对当前速度产生随机影响，在求解多峰值函数问题上极大可能地避免求解过程中陷入局部最优，粒子的惯性权重赋值过程如式（4-22）和式（4-23）所示。图 4-8 为算法的具体实施流程。

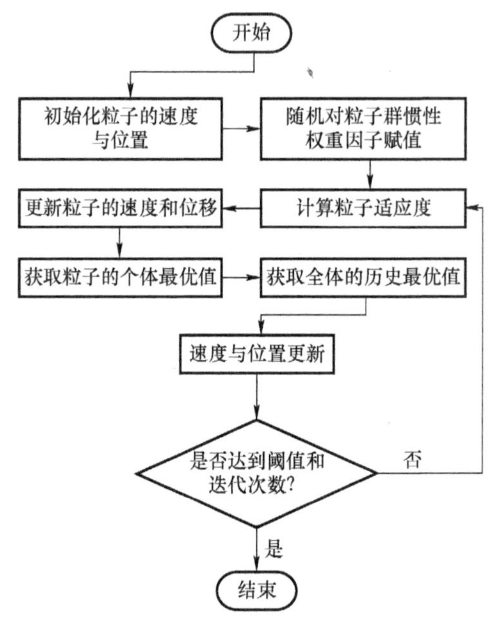

图 4-8　粒子群流程图

粒子群算法最大的优点就是概念简单、实现容易，而且由于初始解是随机选取的，在迭代次数足够高的情况下此方法具有很好的鲁棒性，再加上粒子的速度和位置受到随机影响，迭代次数越高，获得的最优解越可靠。下面将改进版 PSO 算法用于优化 ELM 中的输入层到隐含层的权重值 ω，从而提高电池状态估计的准确性。

3. ELM-改进 PSO 算法分析

基于 ELM-改进 PSO 的退役电池健康状态估计优化算法，首先通过极限学习机中观测模型得到电池健康状态的后验概率分布，通过不断地迭代更新权值来逐渐逼近参数的真实值，即利用基于随机赋权的粒子群算法对极限学习机中输入层到隐含层的权重值进行改进，在更新权重值后，使得粒子快速寻优，提高运算效率，避免某个个体缺乏和其他个体的信息交流从而陷入局部最优。改进算法的具体流程如图 4-9 所示。

下面以某电池厂商的电池数据为测试对象来评估这些方法的准确性。该电池电芯额定电压值为 3.1V，额定容量为 8A · h，以下分别以极限学习机和基于随机赋权粒子群优化极限学习机两种预测方法分析电池的健康状态，并通过实际数据验证两种方法预测的有效性。

(1) 极限学习机预测分析

实验数据包括 BMS 随机采集的 100 个单体电池内阻和电压数据，将这些数据作为训练集，在训练集中提取特征后通过 ELM 算法求得较为精确的 ELM 模

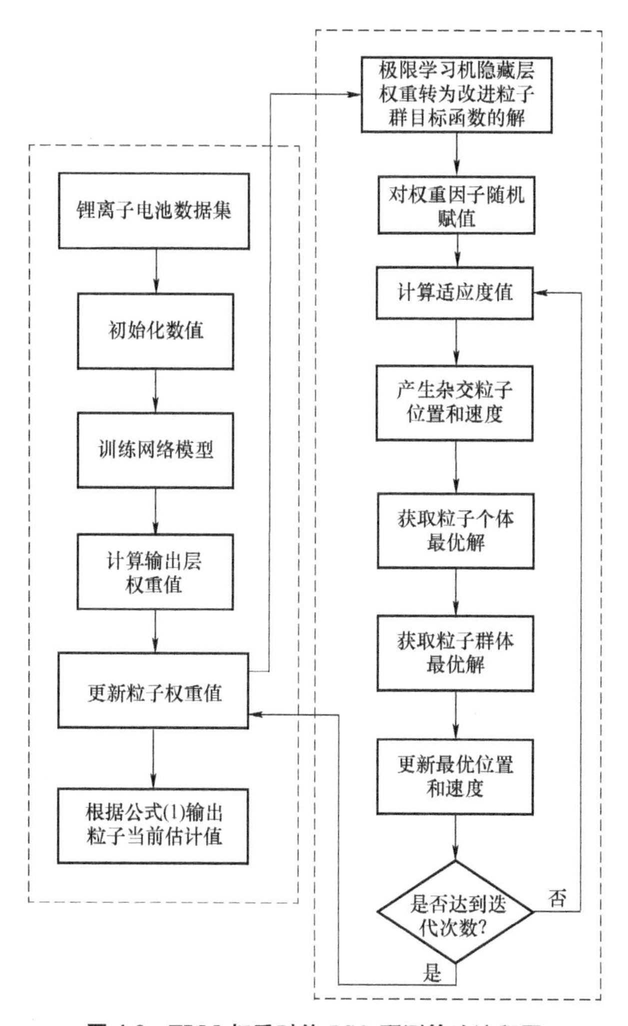

图 4-9　ELM-权重赋值 PSO 预测算法流程图

型，再将待测的 10 个单体电池内阻和电压数据导入 ELM 模型中，得出 10 个单体电池的健康状态估计值，算法中设置迭代次数为 200 次，并在 matlab 环境中将实际 SOH 值与预测的结果进行对比，为便于观察，现分别将 10 个真实值和 10 个预测值绘制成曲线图，其对比结果如图 4-10 所示。

由图可知，单采用极限学习机算法预测电池的 SOH 均方误差为 2.93%，需要进一步优化。

（2）极限学习机-随机赋权粒子群算法分析

为了尽可能地减少 ELM 的预测误差，将其引入基于随机赋权粒子群思想，根据 BMS 中随机选取的 100 个电池内阻、电压数据中提取的特征训练 ELM-改进

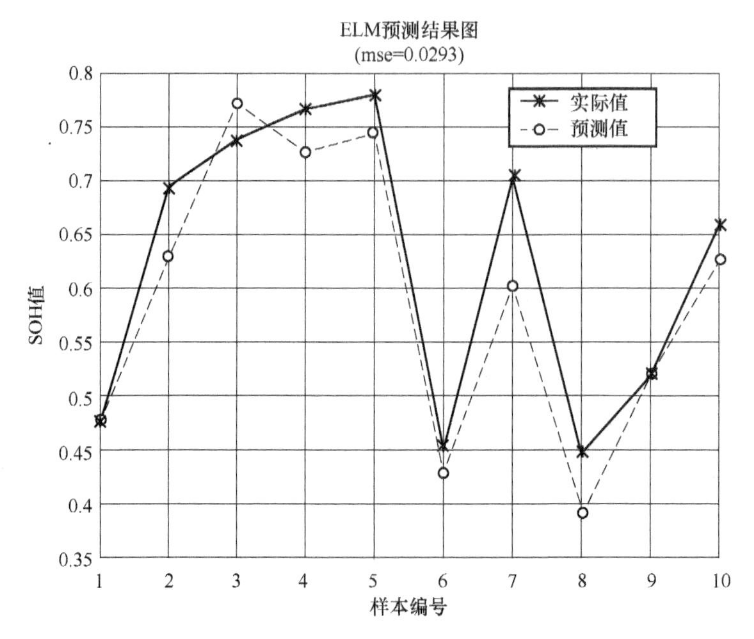

图 4-10　粒子滤波预测与实际计算对比结果图

PSO 模型，再带入 10 个待测单体电池内阻和电压数据计算出健康状态样本预测值，BMS 数据通过电池模块进行不同充放电获取，在 matlab 环境中进行优化算法的预测值与 BMS 采集到待测电池的真实 SOH 值的对比，如图 4-11 所示。

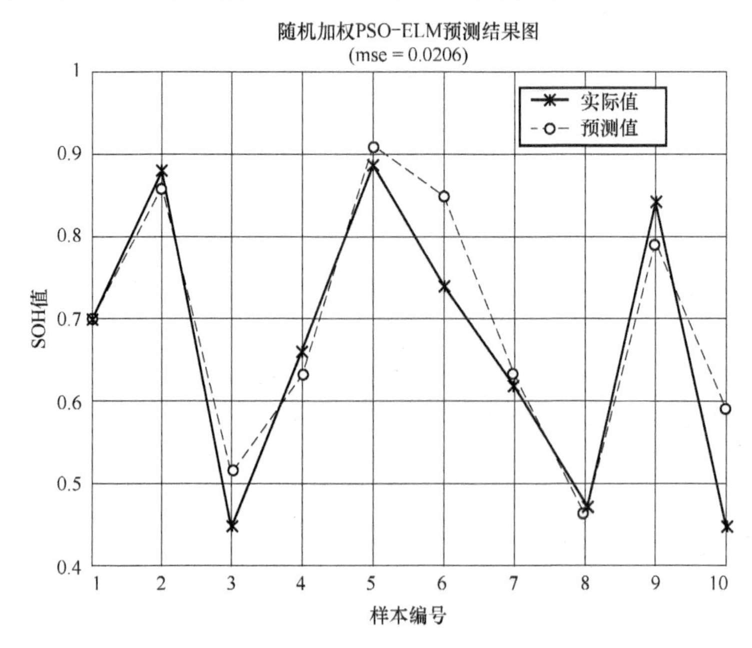

图 4-11　改进 PSO-ELM 预测结果与真实值对比图

ELM 与改进 PSO 的运算迭代次数均设置为 200 次，其中粒子群中的粒子数设置为 200，改进 PSO 中学习因子均设置为 2，随机权重平均值的方差设置为 0.2。经试验表明，经改进后的预测算法估算状态值与实际测量值的均方误差为 2.06%，均方误差降低了 0.87%，由此证明该算法预测 SOH 的准确度优于 ELM。

4.4 退役动力电池的寿命预测

作为储能系统的核心部件，电池老化会影响整个系统的正常运行，甚至会引发严重的安全事故和经济损失。工程上应用的电池 SOH 预测方法大致有基于退化特征和数据驱动两种。基于退化特征的预测方法利用电池老化过程中所表现出来的特征参数的演变（如容量衰减、内阻增大等），建立特征量与电池寿命之间的对应关系，进而用于寿命预测中。基于扩展卡尔曼滤波的 SOH 预测方法，非常依赖于系统的非线性程度，电池工作时属于非线性系统，对于此系统很可能得不到收敛的结果，所以需要采用精准的预测方法在使用卡尔曼滤波之前对电池 SOC 和 SOH 初值进行预估，以提高此方法的可靠性。

1. 基于数据驱动的电池寿命预测传统方法

基于数据驱动的电池寿命预测的传统方法主要有曲线拟合法、卡尔曼滤波、粒子滤波和神经网络，本章详细阐述了这 4 种方法中的具体算法及优缺点分析，早期的电池寿命预测由于对电池健康度的研究较少，均采用影响电池的主要参数（如电池容量等）来表征电池的剩余寿命。

（1）曲线拟合法

由于每个电池寿命的长短不一，属于随机变量，通过数理统计方法分析出容量的概率分布后可使用最小二乘法[1-2]将概率分布曲线拟合，再通过容量和寿命之间的耦合关系进行计算，从而实现电池剩余寿命的预测。

电池剩余容量与寿命之间的推导表达式为

$$R=t_0-\frac{1}{\lambda}Lna \tag{4-24}$$

式中，t_0 为电池从开始到充满容量所需时间；λ 为剩余容量服从分布的参数；a 为基于经验设定的具体数值。

大量的实验结果表明电池的容量是呈指数形式衰减的，如图 4-12 所示。

由图 4-12 可知，电池容量的衰减呈指数分布，将该分布拟合成相应的数学表达式：

$$P_m(x)=b_0+b_1\cdot x^1+b_2\cdot x^2+\cdots+b_n\cdot x^k \tag{4-25}$$

计算曲线中某一节点的线差为

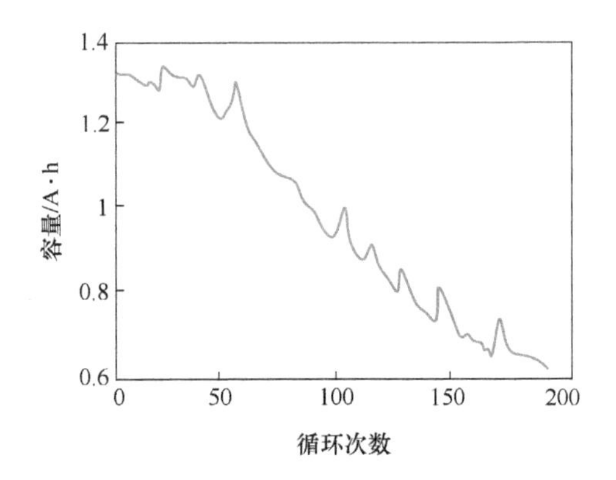

图 4-12　剩余容量衰减曲线

$$D=P_{\mathrm{m}}(x_i)-Z_i \tag{4-26}$$

式中，$P_{\_m}(x_{\_i})$ 为曲线 $x_{\_i}$ 点对应的剩余容量拟合值；$Z_{\_i}$ 为曲线 $x_{\_i}$ 点对应的剩余容量真实值。

为了实现线差最小，可令分别对线差的二次方和求偏导并令偏导数得零，如式（4-27）：

$$\frac{\partial Y}{\partial b_i}=0 \tag{4-27}$$

式中，Y 代表线差的二次方和；$b_{\_i}$ 代表容量衰减曲线多项式的第 i 个系数。解出此线性方程组即可得出多项式系数，进而得出电池寿命预测的推导公式。

利用曲线拟合法可以简便地获得预测结果，但此类方法不能用于数据矩阵不可逆的情况，因此存在一定的局限性。

（2）卡尔曼滤波

卡尔曼滤波[3-4]是通过线性状态方程通过观测数据来实现下一刻状态的最优估计。它利用已知的动态信息，设法去掉噪声对信息的影响，使噪声受到最大抑制，将系统状态变化达到最小方差，做出最优估计。该方法的操作步骤如图 4-13 所示。

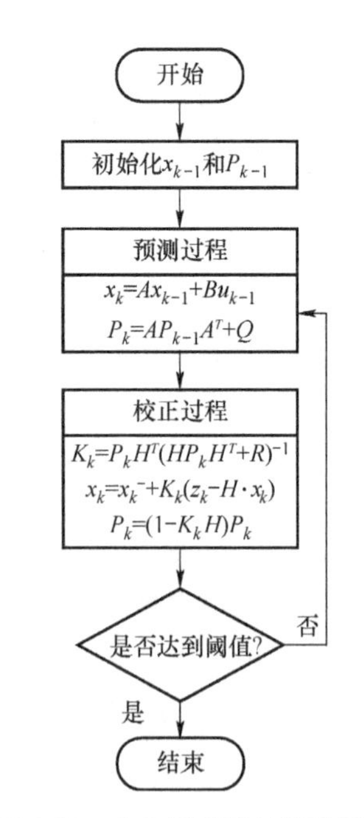

图 4-13　卡尔曼滤波计算步骤图

为了解决电动汽车中剩余电量的精确测量问题，参考文献［5］运用卡尔曼滤波算法对电池的 SOC 进行了估计，将电池的电流、内阻和剩余容量等参数作为卡尔曼滤波的输入，输出为电池工作电压，SOC 估计值包含在系统的状态量中，预测结果显示可以进行实时的有效估计，但在系统模型和噪声存在不确定性的条件下会受到限制，且不适用于解决非线性问题；由于卡尔曼估计存在一定的缺陷，参考文献［6］改用扩展卡尔曼对电池 SOC 进行了预测，解决了非线性的问题，验证了扩展卡尔曼预测明显优于卡尔曼算法但如果测量误差较大会导致结果发散；参考文献［7］提出了一种能量-卡尔曼滤波算法，在引入能量补偿系数的预测方法中引入卡尔曼滤波，利用卡尔曼滤波修正能量预测方法的估计结果，提高了预测下一时刻电池状态准确度，但不能处理非线性问题；为了更好地验证扩展卡尔曼滤波的准确度程度，参考文献［8］分别采用曲线拟合、灰色模型和拓展卡尔曼滤波 3 种不同算法预测电池剩余寿命，通过实验验证了拓展卡尔曼滤波的短期预测准确度较高，但对于长期预测会出现过拟合问题。

卡尔曼滤波虽然在某种条件下可以实现电池寿命预测，但主要存在着不适用解决非线性问题的难题，且不能长期预测，不适宜用于实际工程中。

（3）粒子滤波

粒子滤波[9-11]算法是通过概率的思想，对训练样本随机采样后再进行重要性重采样，从而来处理未来一段时间的预测问题，这种方法首先根据要预测某一时刻状态的上一时刻状态和该状态服从的概率分布进行大量的采样，形成的采样点就叫做粒子。然后在状态转移变化过程中施加相应的控制量，得到每个粒子变化后的预测粒子，之后再计算真实状态中取得某个预测粒子能得到观测值的概率，概率作为每个预测粒子在状态转移方程中的权重，概率越大，这个预测粒子越接近要得到的真实预测值，最后为了解决粒子匮乏现象，采用重采样去除权值较低的预测粒子，将去除后剩余的预测粒子通过状态转移方程进行运算，可得出预测某一时刻的真实状态，其计算步骤如图 4-14 所示。

对于预测电池的寿命，可将电池寿命随时间序列的状态用状态方程表达出来，对电池寿命的状态以及相应概率分布采样，在所有预测数据中筛选出最接近真实值的一组数据，从而计算出预测电池寿命在下一时刻的具体数值。参考文献［12］在电池寿命预测领域中引入了粒子滤波算法，利用容量衰减模型中测量的容量值，以 SOH 为目标进行预测，仿真结果表明预测效果较好，但由于粒子滤波本身存在的粒子退化和粒子匮乏问题，预测还是存在一定的误差；参考文献［13］为了解决粒子匮乏问题采用了人工免疫算法改进粒子滤波，提高粒子滤波的估计能力；参考文献［14］用内阻作为电池健康状态的评价指标，即用内阻建立的状态模型跟踪电池组的健康状态。在遗传算法优化粒子滤波的采样工作后，使用粒子滤波算法和电池组等效电路相结合的思想对电池内阻进行估计，有效防止滤波的发散现象，解决了粒子退化问题，提高了预测准确度。

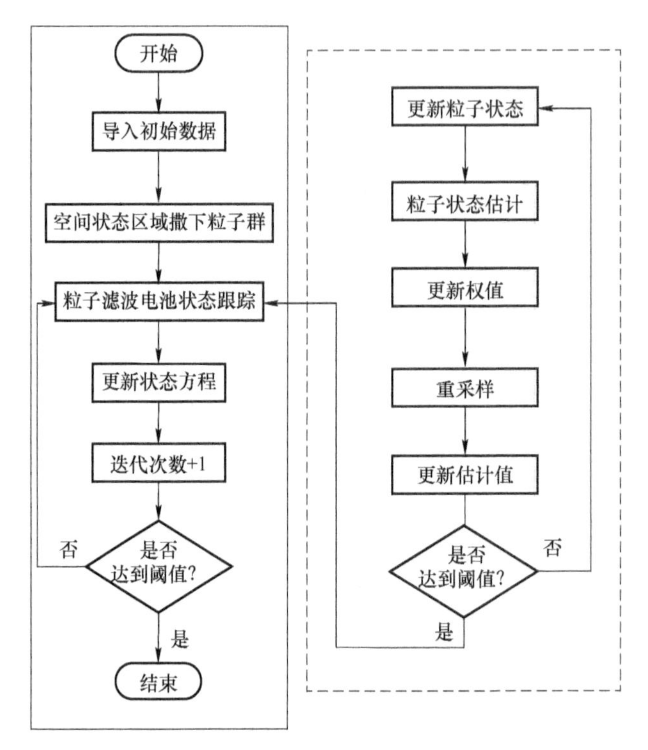

图 4-14　粒子滤波计算电池寿命步骤图

（4）神经网络

神经网络[15]有很多种类型，如图 4-15 左图所示，该典型网络是众多种神经网络的基础。典型的神经网络由输入层、隐含层和输出层三层网络结构构成，其中隐含层可由多个隐含分层构成，中间涉及到各个层之间的权重值及阈值，是将信号由输入层—隐含层—输出层方向传递，在输出层计算出误差后再反向传播，反向传播时会不断调整层与层之间的权重和阈值，如此循环，直至误差控制在预设阈值之内。如图 4-15 右图所示，该神经网络带有 4 层的隐含层，相比典型神经网络运算的准确度更高。在利用神经网络对电池进行寿命预测时，将电压、充

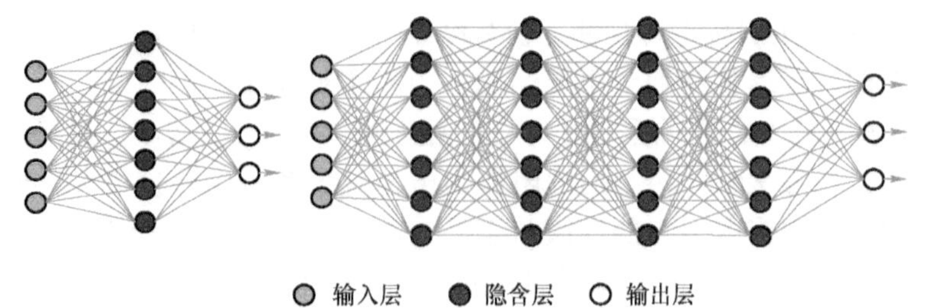

图 4-15　典型神经网络结构图

放电倍率和温度等数据作为神经网络的输入，通过对这些数据进行一系列训练，不断修正网络中的权值和阈值，使误差函数沿负梯度方向下降，使输出尽可能地逼近期望预测真实寿命值。

神经网络具有非常强的非线性映射能力，不需要对电池内部的机理进行了解，它只需足够的训练数据样本，从而解决了基于模型方法的不足，如果单独使用神经网络预测电池寿命，会出现训练时间过长和陷入局部最优等问题，而且这些方法通常过于依赖建立网络结构时使用的测量数据，预测结果不如基于模型的方法准确。

参考文献［16］根据上述问题提出了基于数值优化的神经网络预测方法，通过梯度下降法和牛顿法相结合发挥优势，提高了神经网络的准确度和收敛速度；参考文献［17］也对神经网络做出了改进，将模糊逻辑运用到神经网络中，对于处理数据的模糊性具有很好的效果；参考文献［18］提出了基于小波神经网络的电池寿命预测方法，将神经网络结构替换为小波函数的参量，该方法对于实际值中的激变具有良好的适应性；参考文献［19］根据退役电池 F 神经网络难以确定数据中心的问题将动态最近邻聚类算法引入其中，利用剩余容量表征电池剩余寿命，减少了系统的冗余度。

传统神经网络预测方法虽然能够克服内部机理影响问题，但网络结构如果设置简单不能保证预测准确度，如果设置复杂会大大增加训练时间，且需要大量测试数据进行网络训练，因此要想将神经网络应用于实际还需将其进一步优化。

2. LIB 寿命预测现行方法

作为一种解决电池老化等越来越凸显的问题的手段，电池的寿命预测得到了广泛的关注，众多学者将寿命预测的思想移植到电池研究领域中，进而实现电池的寿命预测。现行基于数据驱动的电池寿命预测方法主要分为三大类，分别是控制理论法、监督学习法和融合法，如图 4-16 所示。

传统控制理论法在电池寿命预测领域中引入控制思想，通过状态量估计和校正的不停迭代来实现电池寿命的追踪，但某些参数随机设置引起了一定的预测误差；传统监督学习法通过将实际测量且含有重要相关参数的数据集分为训练集和测试集，训练集训练出符合数据之间规律的网络模型，再将待测数据导入测试集中，进而预测 LIB 寿命，但步骤较为繁琐，不太适宜应用；融合法综合利用控制理论和监督学习的优势，既提高了预测准确度，又在一定程度上增强了普适性。

综上，传统的控制理论和监督学习方法需要加以改进，本节重点针对监督学习、控制理论的改进方法和融合法的改进预测方法进行论述。

（1）基于监督学习的改进预测方法

传统基于监督学习的方法存在着一些缺陷，监督学习结构中的起始预设权值和阈值不能准确表达预测结构，主要表现为误差的随机性过多，而对方法中的某个参数进行优化可提高方法的准确性和可靠性。针对上述缺陷，归纳了典型监督学习改进方法，如表 4-2 所示。

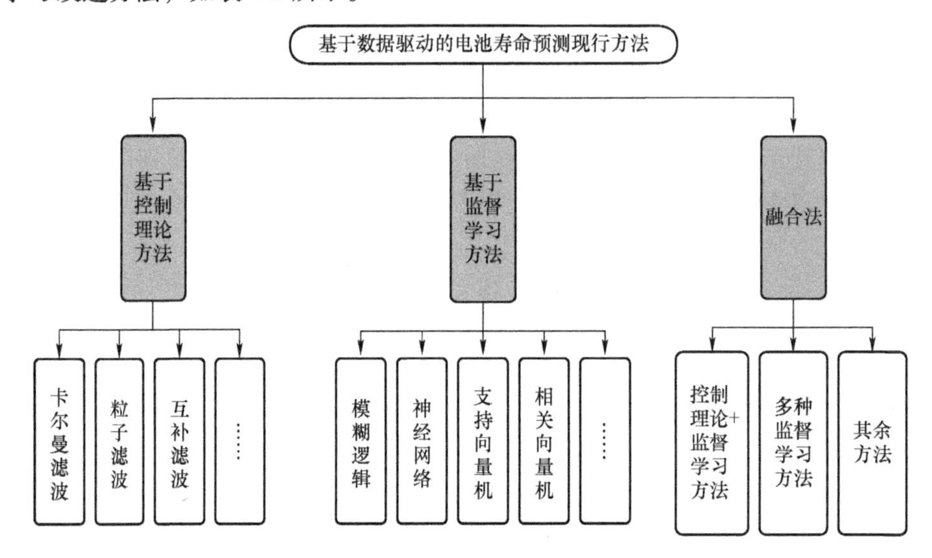

图 4-16 电池寿命预测方法

表 4-2 典型监督学习改进预测方法

所用方法	主要涉及参数	主要研究内容	优缺点分析
自适应遗传算法优化 Elman 预测[20]	平均温度、恒压和等压升充电时长和平均放电电压	利用自适应遗传算法对神经网络初始权重和阈值寻优	可解决非线性问题，误差控制在 1.5%左右，权重和阈值寻优速度较快，操作较为繁琐
基于改进飞蛾扑火算法的 BP 神经网络预测[21]	蓄电池内阻和端电压	利用改进飞蛾扑火算法对神经网络初始权重和阈值寻优	摆脱 BP 神经网络陷入局部最优解问题，误差可控制在 2%以下，但运算时间较长，需要进一步优化算法效率
基于改进长短期记忆神经网络预测[22]	电池剩余容量	利用改进长短期记忆神经网络对网络参数进行调整	可适用于小样本模型训练，但对高维度和复杂结构的数据处理效果有限
基于 IPSO-Elman 预测[23]	电压、电流、温度和 EIS 数据	利用改进粒子群算法对神经网络初始权重和阈值寻优	解决了寻优速度慢的问题，由于优化过程需要反复迭代，使得计算步骤大大增加
基于差分进化算法优化 BP 神经网络预测[24]	电池充放电截止电压和标称电压	利用差分进化算法对神经网络初始权重和阈值寻优	具有较强的优化能力，减少了迭代次数，误差在 1%以内，但计算过程较繁琐
基于 ARIMA 和 BP 神经网络组合预测[25]	电压、电流、温度和 EIS 数据	将数据进行平稳处理后将变量中误差进行回归	运算速度快，但仅适用于短期预测

针对权重和阈值随机导致 Elman 预测结果准确度低的问题，参考文献［20］中引入了自适应遗传算法，利用算法收敛准确度高的优点对 Elman 网络的各个层之间的阈值和权值优化，弥补了 Elman 网络参数的不确定性，实验结果证明此方法预测结果明显优于 Elman 网络，但此容量衰减预测并没有量化到电池的剩余循环使用次数；参考文献［21］中提出了将神经网络正向传播误差作为改进飞蛾扑火算法适应度值，并令适应度值最小为目标函数，修改飞蛾的飞行机制，从而找到最优权值和阈值。将此方法与 BP 神经网络和传统飞蛾扑火算法加 BP 神经网络预测做对比，结果表明，此方法（IMFO-BP）收敛速度最快且误差最小；参考文献［22］中考虑了数据少时存在预测准确度低问题，对长短期记忆神经网络进行了改进，将此方法与 BP 和传统长短期记忆神经网络进行了对比分析，发现改进的长短期记忆神经网络的预测结果误差最小；参考文献［23］根据自适应无迹卡尔曼滤波原理提出了基于改进粒子群的神经网络优化预测，在做优化实验和 BP 以及 Elman 预测实验中发现，该方法的预测误差远小于另外两种方法，但通过试凑法建立的 Elman 网络结构并不适用于其他型号电池的寿命预测；参考文献［24］中借鉴了遗传算法的优化思想，将差分进化算法引入 BP 神经网络中，在实验中验证此算法在同样误差准确度下迭代次数比 BP 算法低；参考文献［25］在训练集中用各个参数时间序列的数据集在 ARIMA 模型中对电池寿命进行预测，将预测值与真实值的误差用 BP 神经网络进行预测，二者预测值的和为电池循环寿命的最终预测值，利用 BP 网络的强泛化能力解决了 ARIMA 模型长期预测误差大的缺陷，但未能解决收敛速度慢的问题。

（2）基于控制理论的改进预测方法

传统的基于控制理论方法是根据状态变化而建立的模型，利用最优化方法对信号真值进行估计，能够建立实时的动态模型，可适用于短期的电池寿命预测，但需要用到大量的数据。针对上述问题，需要对模型加以优化，以下总结了典型建模改进方法，如表 4-3 所示。

表 4-3　典型控制理论改进方法

所用方法	主要涉及参数	主要研究内容	优缺点分析
基于双卡尔曼滤波的电池寿命预测[26]	电流、电压、充放电倍率和衰减容量	利用无迹卡尔曼滤波估计电池 SOC、扩展卡尔曼滤波估计电池 SOH 和循环寿命	误差小，自我调节能力强，可在线估计，但计算过程多、步骤繁琐
基于改进粒子滤波算法的电池寿命预测[27]	电池剩余容量	利用改良权重和重采样策略的粒子滤波建立电池寿命预测模型	预测准确度高、计算效率高，适用性强，但需要大量数据

（续）

所用方法	主要涉及参数	主要研究内容	优缺点分析
基于改进粒子滤波算法的电池寿命预测[28]	电池剩余容量	利用粒子滤波和指数平滑方法纠正参数后在退化模型中预测	样本多样、具有普适性，但只考虑了容量一种参数
基于凸优化平滑处理的电池寿命退化机理模型[29]	电池实际容量、平均充电电压和平均放电截止电压	利用凸优化将数据预处理，建立设计的电池寿命退化模型	模型准确度高、具有普适性，但实时性有待提高
基于扩展 H_∞ 粒子滤波的电池寿命预测[30]	内阻、开路电压、SOC 和 SOH	利用无味粒子滤波算法建立电池的寿命预测模型	样本多样，预测准确度高，但未能考虑温度变化问题
基于马尔科夫模型的电池寿命预测[31]	开路电压和极化电压	利用马尔科夫链建立电池寿命模型	预测准确率上升，但未能考虑内阻和温度等参数对模型的影响

大多数卡尔曼预测寿命都是通过离线进行的，参考文献［26］采用了两个滤波器并联运行，分别估计 SOC 和内阻，用 SOC 修正内阻后再用修正后的内阻修正 SOC，进而通过建立的电池退化模型来计算电池寿命，但未能考虑除 SOC 和内阻外的其他参数；参考文献［27］使用双指数物理模型和贝叶斯理论不断更新粒子滤波的状态模型，又采用 M-H 抽样方法对粒子的预测状态进行重抽样进而实现电池寿命预测，既克服了粒子退化问题，又保持了计算量不那么大的优势；参考文献［28］通过粒子滤波算法估计采样时刻的状态参数值，然后利用指数平滑算法优化历史参数状态参数值，最后带入电池退化模型得出预测结果，预测的稳定性较强，但在处理非线性问题时预测准确度会下降；参考文献［29］将历史数据凸优化平滑处理后带入退化机理模型中，进行参数辨识后输出电池寿命预测值，方法简单，具有良好的通用性，但不能对电池寿命进行实时预测；参考文献［30］采用双指数拟合方法拟合电池退化模型，模型参数由扩展 H_∞ 粒子滤波优化，实验表明预测准确度优于粒子滤波预测；参考文献［31］采用马尔科夫模型伪寿命预测原理，经参数估计后根据伪寿命概率分布预测循环寿命值，但只考虑了放电终止电压，忽略了其他影响寿命衰减的主要因素。

（3）融合改进方法

不论是传统和改进的监督学习方法还是控制理论方法，都还是会存在部分缺点，监督学习方法经过改进后需要大量数据，还会产生过拟合现象，控制理论方法经过改进后仅适用于特定场合的应用，而且过于依赖数据。融合方法能够综合考虑到监督学习和控制理论两种方法的优点，既能对电池进行长期预测，又能准确表达电池内部机理，从而使预测准确度变高，但还存在应用场景受限的问题，以下列举了典型融合改进方法，如表 4-4 所示。

表 4-4　典型融合改进方法

所用方法	主要涉及参数	主要研究内容	优缺点分析
粒子滤波加人工神经网络预测电池寿命[32]	电池剩余容量	以粒子滤波算法为核心，采用人工神经网络作为观测方程来预测电池的使用寿命	适应性强，预测准确度高，但计算过程较为复杂
基于时间递归神经网络和粒子滤波的电池寿命预测[33]	电池容量、充放电电流、充放电电压	利用时间递归神经网络构建电池特征参数和循环寿命关系，通过粒子滤波更新网络参数，从而实现寿命预测	适用范围广且适用于长时间预测，但存在粒子贫化导致预测准确度不高
基于变分自编码器和粒子滤波的电池寿命预测[34]	电池充放电电压、充放电电流和剩余容量	利用变分自编码器对粒子滤波权重优化，从而实现寿命预测	预测准确度较高，适用于长期预测，但耗时且初始参数准确度不能保证
基于贝叶斯模型平均的长短期记忆网络电池寿命预测[35]	电压、电流、温度和剩余容量等	利用贝叶斯模型融合多个长短期记忆网络，从而预测电池寿命	准确度很高，迭代次数少，解决了模型的不确定性问题
基于融合算法的锂离子电池剩余使用寿命预测[36]	电池充放电截止电压和标称电压	利用径向基神经网络修正无迹卡尔曼的状态估计，从而预测电池寿命	预测准确度高，适应性强，但预测过程过于复杂

针对实际应用中存在的非线性系统和非高斯噪声的影响，参考文献［32］利用集成神经网络估计退化模型的噪声方差范围，通过粒子滤波预测每一时刻的噪声方差，进而得到系统状态最优估计，最后预测电池剩余寿命；参考文献［33］利用 TRNN 建立的退化模型，根据 FA-PF 进行状态更新模型参数，通过将不同类型电池数据导入更新好的模型中从而得出寿命预测值，解决了传统及部分现有预测方法不能在线预测的问题；参考文献［34］在数据分析的基础上建立了由双指数函数组成的电池容量退化模型，在模型中利用变分自编码器更新粒子滤波权重值，进而推导电池剩余容量；参考文献［35］将每个长短期记忆网络某时刻容量预测值作为贝叶斯-长短期记忆神经网络融合模型输入，以最优长短期记忆网络模型的后验概率为权重，为每个模型分配权重后计算出融合预测值；参考文献［36］用 K-means 算法确定基函数中心，再用计算出的最优基函数中心建立径向基网络模型，最后利用模型预测无迹卡尔曼的预测残差值进行寿命状态预测，修正了卡尔曼过于依赖模型准确性的问题；面对不同种类的电池和使用工况。

3. 传统和现行基于数据驱动的 LIB 寿命预测对比

传统 LIB 寿命预测方法简单易行，在过去的工程中得到了规模化应用，但这类技术本身预测准确度不高，受环境因素影响较大，且需要大量数据支撑，时间越久，准确度越低。若这类技术继续应用到实际工程项目当中，将会使得应用成本增大，耗费时间，更严重的还可能会给工程的安全性带来很大的问题。

现行 LIB 寿命预测种类较多，对传统算法中的某些参数进行了改进和优化或者根据传统算法的缺陷衍生出基于传统算法的相关方法，使得预测准确度变高，解决了传统算法不能长时间预测的问题，能够满足实际应用对 LIB 寿命预测的需求，在实际工程中得到了较为广泛的应用，但由于每种方法都不能充分考虑到电池所有重要参数、预测准确度、运行时长，导致方法的普适性和鲁棒性不能确定，因此这类方法还有一定的上升空间。

4.5 小结

本章首先对电池的电量和健康状态进行了综述，通过历史数据和特征参量相融合的方式，研究建立退役电池和模块之间的性能映射关系，最大化发挥电池全寿命周期价值，讨论解决实际运行条件下退役电池健康状态估计时存在内部参数难以测量、数学建模困难等问题。以退役电池的可充放电量作为充放电状态估计的指标，综合各方法之间的优劣势提出了基于粒子群算法的支持向量回归机的退役电池电量状态方法和基于随机权重粒子群算法优化极限学习机的电池健康状态估计方法，但基于 ELM 神经网络的电池 SOH 估计算法中仅考虑了内阻对电池 SOH 的影响，后续可以增加容量、温度对 SOH 的影响。本章提出的改进支持向量回归机算法，将传统支持向量机算法的惩罚参数和核函数参数进行优化，试验结果表明，估计值与实际值误差可降低至 3.6%，实现满足退役电池电量估计的结果。提出的改进极限学习机算法，将传统极限学习机算法中输入层到隐含层的权重值进行优化，试验结果表明，估计值与实际值误差可降低至 2.06%，实现满足退役电池健康状态估计的结果。

参 考 文 献

[1] 孙国跃，陈勇. 退役动力电池梯次利用筛选指标的实验研究 [J]. 电源技术，2018，42 (12)：1818-1821.

[2] 郑志坤，赵光金，金阳，等. 基于库仑效率的退役锂离子动力电池储能梯次利用筛选 [J]. 电工技术学报，2019，34 (S1)：388-395.

[3] 孙丙香，姜久春，韩智强，等. 基于不同衰退路径下的锂离子动力电池低温应力差异性

[J]. 电工技术学报，2016，31（10）：159-167.
[4] 李波. 车用动力电池梯次利用的探讨 [J]. 时代汽车，2019（05）：60-61+72.
[5] 周航，马玉骁. 新能源汽车动力电池回收利用工作进展及标准解析 [J]. 中国质量与标准导报，2019（7）：37-43.
[6] 吴鸣，孙丽敬，寇凌峰，等. 考虑需求侧响应的主动配电网电池梯次储能的容量配置方法 [J]. 高电压技术，2020，46（1）：71-79.
[7] 刘仕强，王芳，柳东威，等. 磷酸铁锂动力电池梯次利用可行性分析研究 [J]. 电源技术，2016，40（03）：521-524.
[8] 白恺，李娜，范茂松，等. 大容量梯次利用电池储能系统工程技术路线研究 [J]. 华北电力技术，2017，（03）：39-45.
[9] E L Schneider，C T Oliveira，R M Brito，et al. Classification of discarded NiMH and Li-Ion batteries and reuse of the cells still in operational conditional conditions in prototypes [J]. Journal of Power Sources，2014，262：1-9.
[10] 王帅，尹忠东，郑重，等. 基于电压曲线的退役电池模组筛选方法 [J]. 中国电机工程学报，2020，40（08）：2691-2705.
[11] 郑志坤，赵光金，金阳，等. 基于库仑效率的退役锂离子动力电池储能梯次利用筛选 [J]. 电工技术学报，2019，34（S1）：388-395.
[12] 孙国跃，陈勇. 退役动力电池梯次利用筛选指标的实验研究 [J]. 电源技术，2018，42（12）：1818-1821.
[13] Q. Liao，M. Mu，S. Zhao，et al. Performance assessment and classification of retired，lithium ion battery foem electric vehicles for energy storage [J]. International Journal of Hydrogen Energy，2017，42：18817-18823.
[14] 杨泓奕，陈家辉，汤志明. 基于 K 均值法与遗传算法的退役动力电池筛选 [J]. 电源技术，2019，43（12）：2001-2004.
[15] 何忠霖，周萍. 基于径向基神经网络退役锂电池筛选研究 [J]. 电子科技，2021，34（02）：38-44.
[16] X. Lai，D. Qiao，Y. Zheng，et al. A rapid screening and regrouping approach based on neural networks for large-scale retired lithium-ion cells in second-use applications [J]. Journal of Cleaner Porduction，2019，213：776-791.
[17] Han X J，Wang F，Chen M J. Economic Evaluation of Micro-Grid System in Commercial Parks Based on Echelon Utilization Batteries [J]. IEEE ACCESS，2019，（7）：65624-65634.
[18] 李丹. 模块化独立控制梯次利用电池储能系统 [D]. 北京：北京交通大学，2018.
[19] 李相俊，马锐. 考虑电池组健康状态的储能系统能量管理方法 [J]. 电网技术，44（11）：4210-4217.
[20] 王凯丰，谢丽蓉，乔颖，等. 基于退役电池阈值设定和分级控制的弃风消纳模式 [J]. 电力自动化设备，2020，40（10）：92-98.
[21] Xiong R，Li LL，Tian JP. Towards a smarter battery management system：a critical review on battery state of health monitoring methods [J]. J Power Sources，2018，405：18-29.

[22] 孙丙香，姜久春，韩智强，等. 基于不同衰退路径下的锂离子动力电池低温应力差异性 [J]. 电工技术学报，2016，31 (10)：159-167.
[23] 颜湘武，邓浩然，郭琪，等. 基于自适应无迹卡尔曼滤波的动力电池健康状态检测及梯次利用研究 [J]. 电工技术学报，2019，34 (18)：3937-3948.
[24] 周忠凯. 锂离子动力电池多状态估计及退役筛选方法研究 [D]. 济南：山东大学，2020.
[25] 孙冬，许爽. 梯次利用锂电池健康状态预测 [J]. 电工技术学报，2018，33 (9)：2121-2129.
[26] 康丽霞，麻晨露，刘永忠. 混合供电系统中退役电池的模块化储能操作优化 [J]. 化工学报，2019，70 (02)：599-606.
[27] 胡安平，杨波，潘鹏鹏，等. 基于电力电子接口的储能系统惯性特征研究 [J]. 中国电机工程学报，2018，38 (17)：4999-5008+5297.
[28] Chao Lyu, Junfu Li, Lulu Zhang, et al. State of charge estimation based on a thermal coupling simplified first-principles model for lithium-ion batteries [J]. Journal of Energy Storage, 2019, 25.
[29] 李晓宇，徐佳宁，胡泽徽，等. 磷酸铁锂电池梯次利用健康特征参数提取方法 [J]. 电工技术学报，2018，33 (01)：9-16.
[30] 李建林，修晓青，刘道坦，等. 计及政策激励的退役动力电池储能系统梯次应用研究 [J]. 高电压技术，2015，41 (08)：2562-2568.
[31] 朱运征，李志强，王浩，等. 集装箱式储能系统用梯次利用锂电池组的一致性管理研究 [J]. 电源学报，2018，16 (4)：80-86.
[32] 赵长乐，刘天羽，江秀臣，等. 基于能源局域网的园区型微电网优化规划 [J]. 分布式能源，2019，4 (03)：28-34.
[33] 孙丛丛，王致杰，江秀臣，等. 分时电价环境下计及电动汽车充放电影响的微电网优化控制策略 [J]. 可再生能源，2018，36 (01)：64-71.
[34] 杜丽佳，靳小龙，何伟，等. 考虑电动汽车和虚拟储能系统优化调度的楼宇微网联络线功率平滑控制方法 [J]. 电力建设，2019，40 (08)：26-33.
[35] 米阳，蔡杭谊，袁明瀚，等. 直流微电网分布式储能系统电流负荷动态分配方法 [J]. 电力自动化设备，2019，39 (10)：17-23.
[36] 李军徽，穆钢，崔新振，等. 双锂电池-电容器混合储能系统控制策略设计 [J]. 高电压技术，2015，41 (10)：3224-3232.

第5章

退役电池老化建模及仿真技术

5

5.1 退役电池衰退老化机理

5.1.1 容量衰退规律

通过分析储能工况下电池外特性参数变化趋势，研究衰退过程中内部材料、界面等内部特征的演变规律，可以明确退役电池内外特性耦合关系，从而提高电池特征表达的紧致度。因此，电池的性能衰退规律是对其建模的基本条件。

退役电池衰退机理局限于电动汽车运行阶段衰退特征，退役电池寿命中期和后期的衰退特性差异较大，其衰退机理研究涉及影响退役电池性能衰退的敏感因素。在衰退过程中，研究电池本体的内在演变规律及电池内外特性耦合关系的问题有利于提高退役电池特征参量描述的准确度。通过分析储能工况下电池外特性参数变化趋势，研究衰退过程中内部材料、界面等内部特征的演变规律，可以明确退役电池内外特性耦合关系，从而提高电池特征表达的紧致度。因此，电池的性能衰退规律是对其建模的基本条件。

电池的性能衰退规律是确定其梯次利用的基本条件。如图 5-1 所示，从电池衰退机理来看，电极表面固体电解质由于嵌脱锂的作用被破坏。并且负极会发生副反应，锂离子被消耗掉进而形成锂离子界面，使黏结剂性能下降。由于嵌脱锂作用，导致电极表面固体电解质膜破坏，活性材料量减少。由于负极析锂与电解质发生副反应，活性锂离子被消耗，形成不良界面（由稳定的化合物、产品或任何不适宜的电荷转移结构构成的界面）这会导致黏结剂性能下降，使退役电池性能衰退。退役电池寿命中后期的衰退特性两者之间差异较大，其衰退机理研究涉及影响退役电池性能衰退的敏感因素。在衰退过程中，研究电池本体的内在演变规律及电池内外特性耦合关系的问题有利于提高退役电池特征参量描述的准确度。

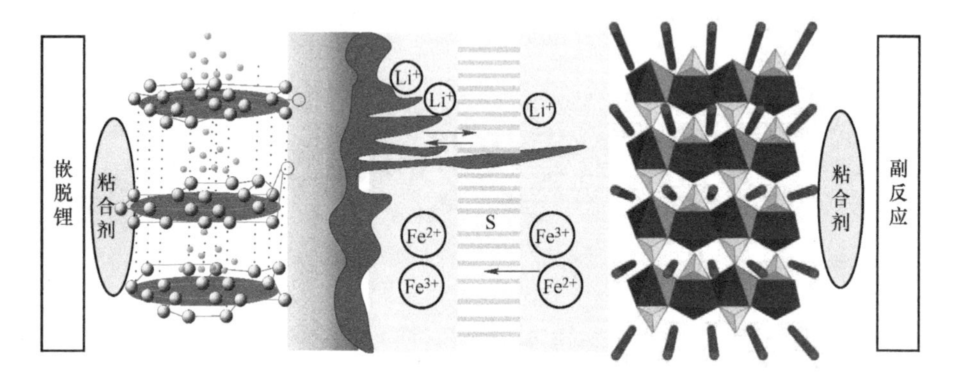

图 5-1　电池衰减机制示意图

现有电池性能衰竭的判定方法主要是基于长循环周期的容量测试，该方法试验周期长且只能在实验室环境下进行。而采用多正弦叠加电流信号作为激励源的手段，能够大幅度降低测量成本、减少测量时间[1-2]。其测试原理如图 5-2 所示。

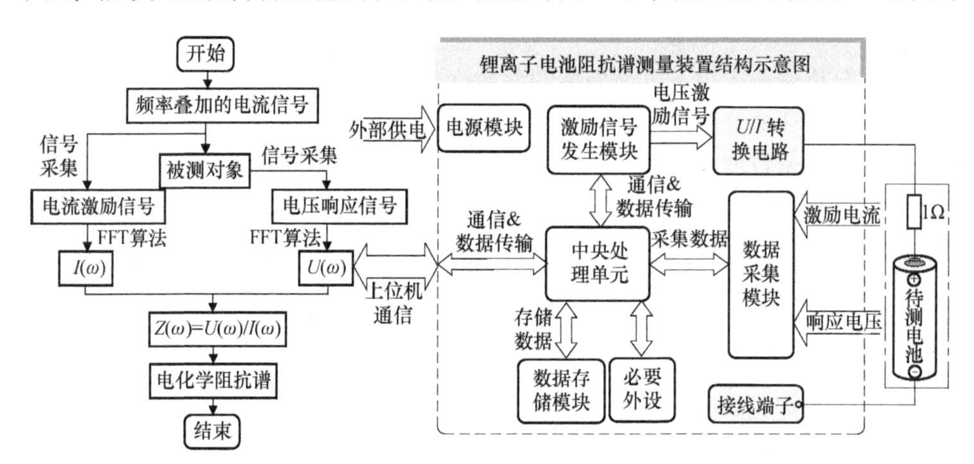

图 5-2　基于多正弦叠加电流激励信号的阻抗谱测量原理

国内在此方面的研究仍处于起步阶段，参考文献［3］提出一种基于库仑效率的退役电池提取方法，该方法从电化学角度出发，分析库伦效率与电池容量衰减之间的内在关系，特别采用对数坐标系来描述库伦效率与循环次数的关系，并以此为指标进行退役电池的筛选，此处的循环次数估计是针对每个电池的快速筛选，与电池抽检过程的循环次数试验不同。参考文献［4］采用温度实验及直流内阻特性实验方法，研究退役电池模块中单体电池直流内阻与温度、荷电状态（State of Charge，SOC）、倍率的关系，评估单体电池的健康状态（State of Health，SOH），并补偿温度、SOC、倍率对 SOH 估计的影响，从而快速、有效地筛选梯次利用退役电池。参考文献［5］提出一种基于罗曼诺夫斯基准则和

CD-OCV 的特征参量的退役电池的筛选方法，该方法能较准确地筛选出性能一致的退役电池单体。

通过深入分析退役电池衰退机理，结合内特性参数，提炼表征电池健康状态的阻抗特征频率点，提出不连续阻抗频率点的阻抗谱反演算法，实现从不连续特征频率点到全频阻抗谱的准确反演。通过表征退役电池衰退过程的不确定性，为选取退役电池准确的特征参量提供技术支撑。

5.1.2　电池老化演变机理

退役电池在性能衰退后期，负极析锂尤为显著，安全隐患增加。随着枝晶生长、固液相界面反应等内在老化缺陷，更加剧了该隐患的隐蔽性与突发性[6]。为了精准描述退役电池老化特性，揭示安全状态演变机理、明确安全临界条件，需探索电池老化对热安全特性的影响[7]。对退役电池来说，电池老化对健康状态评估的影响程度更明显。而电池阻抗响应受特定频段的影响，通过分析特殊频段在梯次利用阶段阻抗响应演化机理，提炼表征电池老化状态的特征，是解决这一问题的有效手段。

目前，常见的测试方法通常采用高温搁置、低温循环等模式进行加速衰退测试。对衰减之后的电池进行绝热热失控测试，分析热失控特征参量的变化情况。通常采用无损分析方法（如容量增量法、微分电压法等），以及 SEM、XRD、电感耦合等离子体光谱仪等对电池材料的微观组织特性进行实验观察[8-10]。

梯次利用电池老化特征演变过程主要包括电池析锂和隔膜老化等阶段，对电池老化规律深入分析，有利于明确电池材料在衰退期的热反应动力学特性以及相应的热失控特征参量[11]。探索退役电池模块间一致性与安全性的相互影响规律以及老化模式、程度对热失控的影响，有利于建立退役电池外部电热特性与内部老化性状的关联关系。参考文献［12］以电池 Thevenin 二阶等效电路模型为基础，运用自适应无迹卡尔曼滤波（AUKF）算法对电池 SOC 和 SOH 进行实时估算，通过对退役电池组中各单体电池及电池组整体健康状态的估算，制定了明确的电动汽车动力锂离子电池组的梯次利用方案。参考文献［13］以青岛薛家岛电动公交车充换电站退役电池为研究对象，抽样测试电池单体性能以及循环性能，并建立电池容量预测模型，对电池的容量衰退机理进行研究，研究成果可用于电动汽车退役电池梯次利用于储能领域的筛选重组、运行参数设定。参考文献［14］以多个电池组构成的退役电池储能系统为对象，考虑容量衰退和初始状态差异的基础上，构建了以年费用最小为目标的优化模型并将该模型用于混合供电系统中，研究表明储能电池系统的操作优化可有效缓解电池容量衰退，与固定比例调度流程相比，该储能电池系统的年总费用更低。参考文献［15］研究了高温搁置等几类老化路径对不同健康状态的电池安全性影响特性，初步建立老化过程对负极析锂的影响规律模型，为精准描述退役电池特性机理的特征参量的选取工作奠定基础。

上述成果表明，对退役电池安全状态演变机理的深入分析意义深远，为精准描述退役电池特性机理的特征参量的选取工作奠定了相应的基础。

5.2 退役电池特征提取方法

5.2.1 数据降维

在提取退役电池特征参量时，实验测试得到的数据通常是高维的，其中包含许多冗余信息，造成退役电池数据维度灾难，不利于对退役电池快速精准的评估分析。退役电池特征降维示意图如图 5-3 所示，测试平台从退役电池 PACK 中以分钟级为采样周期测量，得到了退役电池的充放电电压、电流、温度等数据。这些数据往往包含退役电池冗余信息。因此，需要提取退役电池特征进行数据降维，从而为后续对退役电池聚类分选提供有效特征因子。对退役电池进行特征提取主要是从测试数据中找出描述与 SOH 状态最贴合的有效特征参量，实现对退役电池健康状态的精准评估。依据退役电池工作特性曲线对电池健康状况进行深入的分析，提取关键信息，构建特征向量。结合机器学习中数据降维的处理方法，进一步简化退役电池电池特征提取过程。获得能够全面简洁表征退役电池类别的特征，从而提高退役电池的电池特征的独立性。

针对退役电池维度灾难问题，目前采用特征提取和特征选择两种方式实现数据降维，提高 SOH 评估的速度。特征提取是通过组合现有特征来达到降维的目的；而特征选择是从现有的特征里选择较小的特征来达到降维的目的。其中，对退役电池的特征提取就是将实验测试数据转换为一组具有明显物理意义的参量。例如，开路电压、电流等。该类方法考虑了同类样本的不变性、不同样本的鉴别性以及对噪声的鲁棒性，减少退役电池实验测试特征数据的冗余信息，并且增加梯次数据的维度、减少存储带宽、发现潜在退役电池特征变量，便于更深入地了解其衰退过程[33]。目前，针对退役电池常用的特征提取方法大致可以分为单参数、多参数、曲线特征以及电化学阻抗谱 4 类提取方法，具体分析如表 5-1 所示[16-18]。退役电池外特性是多个特征耦合表征，相较于单参数提取法，多参数提取使用较多，也更成熟。多参数提取退役电池特征方法是依据退役电池单体的多参数变量信息间的相关性进行计算，优势在于参数信息全面，但会忽视退役电池动态变化[19]。曲线特性提取特征需依据退役电池充放电曲线等大量电池特性信息，通过提取测试曲线对应电势差异等完成特征提取，但该方法需要高频采样[20]。

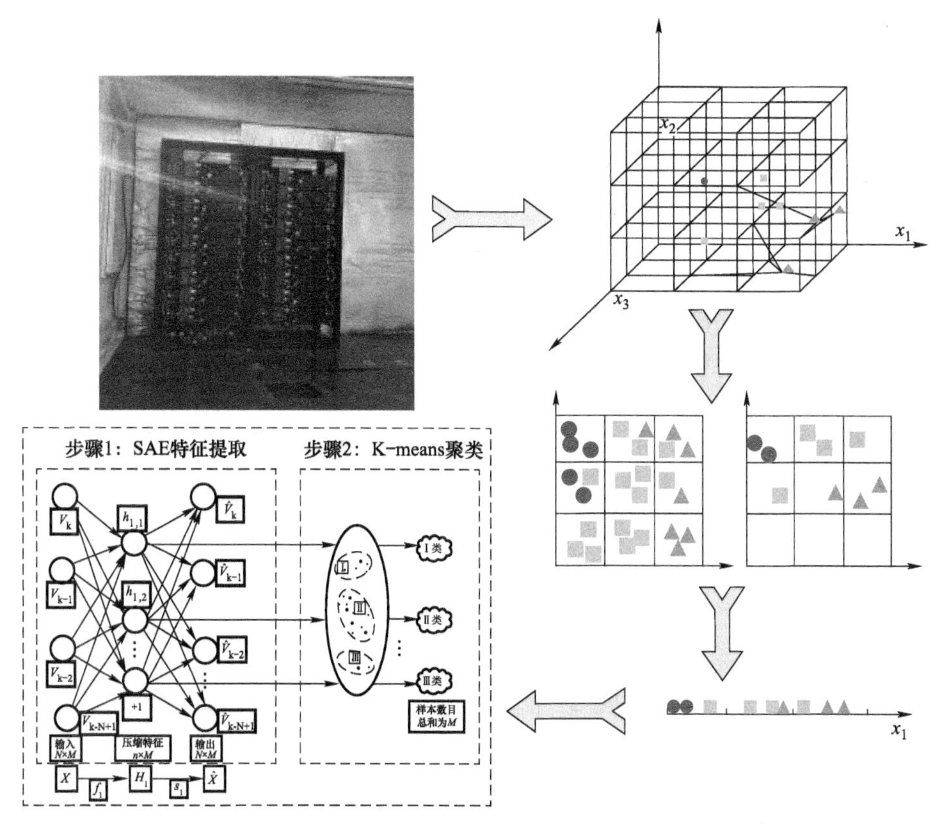

图 5-3　退役电池特征降维示意图

表 5-1　退役电池特征提取方法类型

方法类型	优势	局限性
单参数提取	方法简单、数据量低、提取效率高	信息单一、对使用环境局限性高
多参数提取	参数信息全面、数据处理手段成熟	不能反映动态特性变化，需要进行多次测量
曲线特征提取	反映信息全面	曲线识别数据量大，聚类繁杂，工作量大
电化学族谱	物理意义强	测试设备要求高，条件苛刻，批量检测可操作性差

将退役电池曲线特性提取与多参数提取方法结合，可以实现对退役电池的特征差异全面有效的表征，数据降维是实现这一方法的必要手段。参考文献［21］使用随机指数正则相关分析方法对数据进行降维，从根本上克服了规范相关分析方法的过拟合及数据样本小训练的问题。参考文献［22］利用自动编码器学习非线性映射，在降维后保持高维数据的非线性结构，增强了分类识别能力，有效地完成了对高维数据的分类。参考文献［23］提出了一种基于梯度的降维方法，其贝叶斯信息子空间不依赖于数据且已知子空间可以重用，因此实现了在线-离线计算策略，适用于多个反演问题。参考文献［24］利用改进 SNE 降维可视化

分析方法 Tsne，解决了数据维度高导致的可视化效果不佳、数据结构稳定性差的问题，此方法很好地将高维数据映射至低维空间。参考文献［25］利用 t-SNE 降维算法提取高维运行模拟数据主要特征，基于此建立电力系统运行评估指标，其数据降维较好地提取出退役电池主要特征。

5.2.2 数据驱动的特征提取

基于上节思想，采用退役电池充放电曲线，提取表征电池关键信息的特征量并进行相关性分析，得到互不耦合的新特征量。以此对电池进行聚类，得到分类结果，最后对分类结果在不同工况、不同电流和不同 SOC 条件下进行健康状态评估。

对退役电池的数据驱动主要是通过处理密集的梯次数据，将其组织、形成与 SOH 强相关的信息，并进行整合、提炼。在此基础上经过训练、拟合，形成精准描述电池 SOH 的决策手段[26-27]。常见的梯次数据驱动法主要有主成分分析法、独立成分分析法、支持向量机法、贝叶斯方法、高斯回归、决策树等[28-29]。典型的数据驱动方法如表 5-2 所示[30-34]。

表 5-2 数据驱动方法总结

名称	应用范围	特点
主成分分析法	样本服从高斯分布	使用降维手段，在保留数据特征的前提下，减少数据维度，通常将多个指标缩减精炼为几个综合特征指标
独立成分分析法	样本相互独立且组合是线性的	未知源信号和线性变换，依据观测所得的混合信号，得出数据空间的基本结构
支持向量机法	样本是小规模，非线性，高维数据	利用位于数据集合边缘的特征点形成平面，提取特征使得支持向量与该平面距离最大
贝叶斯方法	样本不同维度之间的相关性较小	以统计数据为基础，利用条件概率公式计算特征样本所属分类的概率并选取概率最大的分类
高斯回归	样本服从高斯分布	在测量值具有不确定性和误差时，通常采用定义核函数拟合数据的方法增加结果的不确定性
决策树	样本密集且需进行归类、理解	切分数据集的特征，通过不断完成切分实现对数据集的划分

深度学习利用实验测试数据进行算法优化，以此分析退役电池性能衰退的敏感因素。考虑与 SOH 的相关度，按激励函数可分为线性模型和非线性模型；按学习准则可分为统计方法和非统计方法。匹配网络卷积方法对比如图 5-4 所示。深度卷积特征点描述符的判别学习通过卷积神经网络（CNN）学习鉴别式补丁表示，特别是训练具有成对相应补丁的 Siamese 网络。核心思想如式（5-1）所示，在训练和测试期间它使用 L2 距离，提出了一种 128-D 描述符，其欧几里德距离反映了补丁相似性，并且可作任何涉及 SIFT 的替代。

$$
l(x_1,x_2)=\begin{cases} \|D(x_1)-D(x_2)\|_2 & p_1=p_2 \\ \max(0,C-\|D(x_1)-D(x_2)\|_2) & p_1\neq p_2 \end{cases} \tag{5-1}
$$

式中，p_1，p_2 分别是投影到 x_1、x_2 的 3D 点索引。它具有三层网络架构，每个卷积层由 4 个子层组成：滤波器层、非线性层、池化层和归一化层。

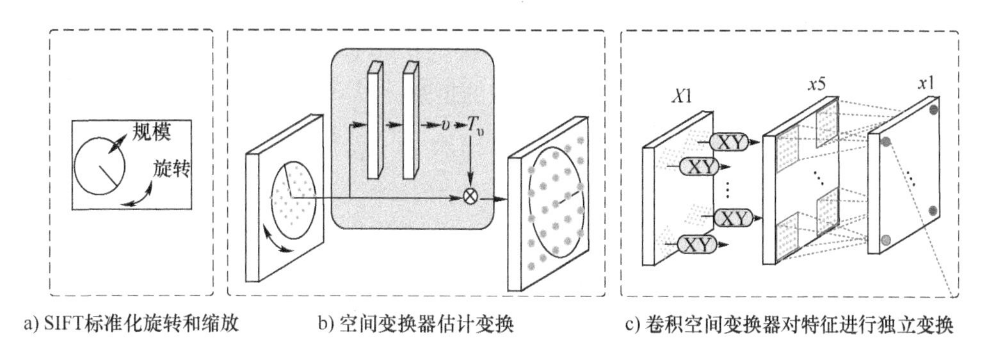

a) SIFT标准化旋转和缩放　　b) 空间变换器估计变换　　c) 卷积空间变换器对特征进行独立变换

图 5-4　匹配网络卷积方法对比

5.2.3　模型驱动的特征提取

1. 基于退役电池测试数据的电化学模型

通过对测试数据的拟合解析来准确反映电池电化学暂态内部材料、界面的理化状态，可建立退役电池数值模型。

首先，基于激励响应分析的电池电压特性对退役电池进行时域解耦。在整包测试时，外部可测量仅为电池最小单元的电压和电流。而电池端电压是内部开路电动势、欧姆过电动势、电化学反应过电动势和浓差过电动势共同作用的结果。如式（5-2）所示：

$$U_{app}(t)=E_{ocv}(t)-U_{con}(t)-U_{act}(t)-U_{ohm}(t) \tag{5-2}$$

式中，U_{app}为电池端电压；E_{ocv}为开路电压；U_{con}为浓差过电动势，由液相扩散和固相扩散共同决定；U_{act}为电化学反应过电动势；U_{ohm}为欧姆过电动势。

为描述电池衰退过程中由电极反应引起的非均匀电位、电流分布、电极粗糙度等特性，需要利用电池内部各阶段在时间尺度上的差异。通过设计充放电电流激励，对电池端电压进行解耦分析。而时间尺度上的差异使得电极表面的非理想状态可以用恒相位元件来描述现引入恒相位原件（Constant Phase Element，CPE）来代替理想电容，其特性介于电阻和电容之间。其频域表达式如式（5-3）所示。

$$Z_{CPE}(j\omega)=\frac{1}{Q(j\omega)^{\alpha}}=\frac{1}{Q\omega^{\alpha}}\left[\cos\left(\frac{\alpha\pi}{2}\right)-j\sin\left(\frac{\alpha\pi}{2}\right)\right] \tag{5-3}$$

退役电池的等效电路模型由于引入了恒相位元件，致使从原来的整数阶的 *RC* 电路模型演变到了含 CPE 的分数阶模型。常用的二阶分数阶模型如图 5-5 所示，其对应的传递函数如式（5-4）所示。

$$H(\omega)=\frac{R_1}{1+R_1Q(\mathrm{j}\omega)^{\alpha}}=\frac{R_1+R_1^2Q\omega^{\alpha}\cos\frac{\alpha\pi}{2}-\mathrm{j}R_1^2Q\omega^{\alpha}\sin\frac{\alpha\pi}{2}}{1+R_1^2Q^2\omega^{2\alpha}+2R_1Q\omega^{\alpha}\cos\frac{\alpha\pi}{2}} \tag{5-4}$$

式中，Q 是等效电容值；α 为恒相位元件的指数，且 $0<\alpha<1$，用于描述恒相位元件偏离电容的程度。当 $\alpha=0$ 时为纯电阻元件，当 $\alpha=1$ 时为纯电容元件。

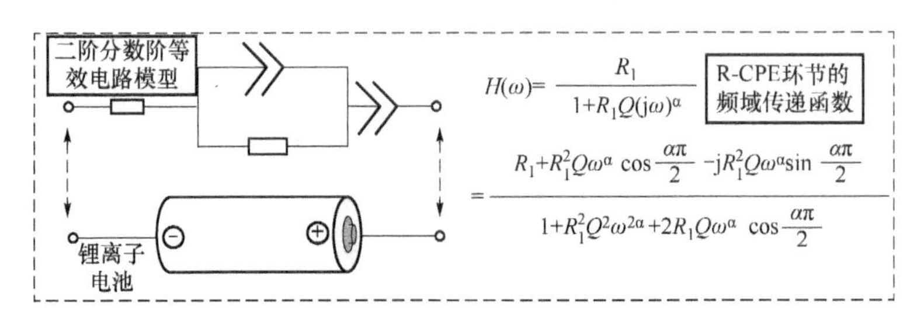

图 5-5　二阶分数阶等效电路模型

该模型主要包含 R-CPE 环节和独立 CPE 环节，电阻 R_0 为实部相对于原点的偏移量。在中高频段，起主要作用的是 R-CPE 环节，低频段起作用的是独立 CPE 环节。

2. 退役电池数模结合经验模型

退役电池经验模型采用实验测试与建模方法相结合，基于对退役电池内部物理化学过程、衰减机理的理解与研究，建立健康状态评估模型、残值评估模型。综合考虑电池不同的退役条件、电池类型，针对信息不完备的黑箱电池和具有较完备信息的白箱电池，采用分立的技术路线实现退役电池的衰退参数提取实验。

通过开展典型模拟工况下的模块寿命试验，分析容量、内阻等模块外特性参数的变化规律。分析充放电功率、温度、充放电深度对模块性能衰退影响，对比分析电池和模块的性能衰退规律。通过数据比对，分析模型误差源及误差传递方式，开展模型修正。根据阻抗谱建立的分数阶模型为频域模型，引入了含有分数阶指数的 CPE，在进行频域/时域转换时借助分数阶微积分工具，将端电压由频域形式转换到时域形式，具备了仿真充放电过程中电池状态变化的能力，退役电池二阶分数阶模型如式（5-5）所示：

$$\begin{cases} U=U_{\mathrm{OCV}}-I\left(R_0+\dfrac{R_1}{1+R_1Q_1s^{\alpha}}+\dfrac{1}{Q_2s^{\beta}}\right) \\ U(k)=U_{\mathrm{OCV}}(k)-I(k)\left(R_0+\dfrac{R_1}{1+R_1Q_1D^{\alpha}}+\dfrac{1}{Q_2D^{\beta}}\right) \\ D^{\alpha}f(t)=\lim\limits_{h\to 0}h^{-\alpha}\sum\limits_{j=0}^{L}(-1)^j\dbinom{\alpha}{j}f(t-jh) \end{cases} \tag{5-5}$$

式中，U、I 分别为电池的端电压和电流；D^{α}、D^{β} 为分数阶微分算子。

通过考察容量、内阻、自放电等电池外特性参数的变化规律，分析充放电功率、温度、充放电深度对电池性能衰退的影响程度，明确退役电池性能衰退的敏感因子。并建立基于工况的退役电池性能衰退经验模型。退役电池衰退等效模型如图 5-6 所示，左侧电路中电流源 I_{batt} 给 $C_{capacity}$ 充/放电；$R_{discharge}$ 为自放电电阻；右侧电路 U_{oc} 为开路电压；R_s 为模拟欧姆内阻；R_{cyc} 表示循环次数造成内阻增量；RC 网络描述阶跃激励短时间常数与长时间常数的响应。左右两侧以 SOC 连接，其定义如式（5-6）所示。

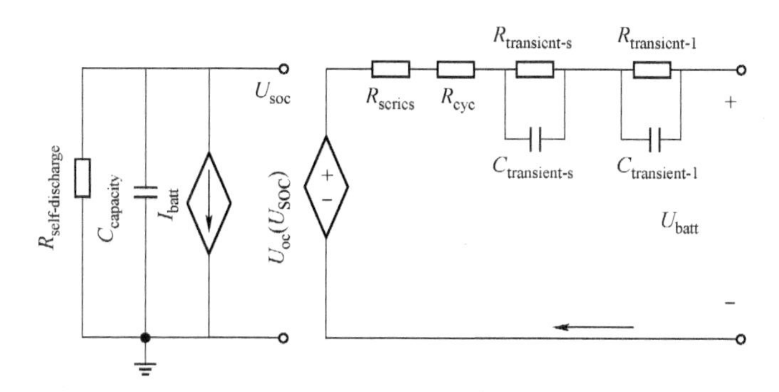

图 5-6　退役电池衰退等效模型

通过提取退役电池性能衰退的敏感因子，建立基于储能运行工况的退役电池性能衰退经验模型。研究退役电池在典型储能运行工况下与性能衰退同步的交流阻抗谱演变特征，分析与退役电池性能衰退相关的电池内部电化学、物理化学衍变机制。并研究退役电池与不同衰退状态相匹配的衰退模型。如式（5-7）所示，SOC_{init} 为初始荷电状态；I_{batt} 为端电流；C_{use} 为可用容量。

$$SOC = SOC_{init} - \int \frac{I_{batt}}{C_{use}} dt \tag{5-6}$$

以 RC 电压作状态量可得电路数学模型。

$$\begin{cases} \dot{U}_{tran-s} = -\dfrac{U_{tran-s}}{R_{tran-s}C_{tran-s}} + \dfrac{I_{batt}}{C_{tran-s}} \\ U_{batt} = U_{oc} - U_{tran-s} - U_{tran-l} - I_{batt}(R_{cyc} + R_{series}) \\ U_{tran-l} = -\dfrac{U_{tran-l}}{R_{tran-l}C_{tran-l}} + \dfrac{I_{batt}}{C_{tran-l}} \end{cases} \tag{5-7}$$

综上，在提取表征电池机理要素时，依据深度学习下的特征提取思想，实现被测电池的模型化、参数化，数模结合方法对比表如表 5-3 所示。

表 5-3　数模结合方法对比表

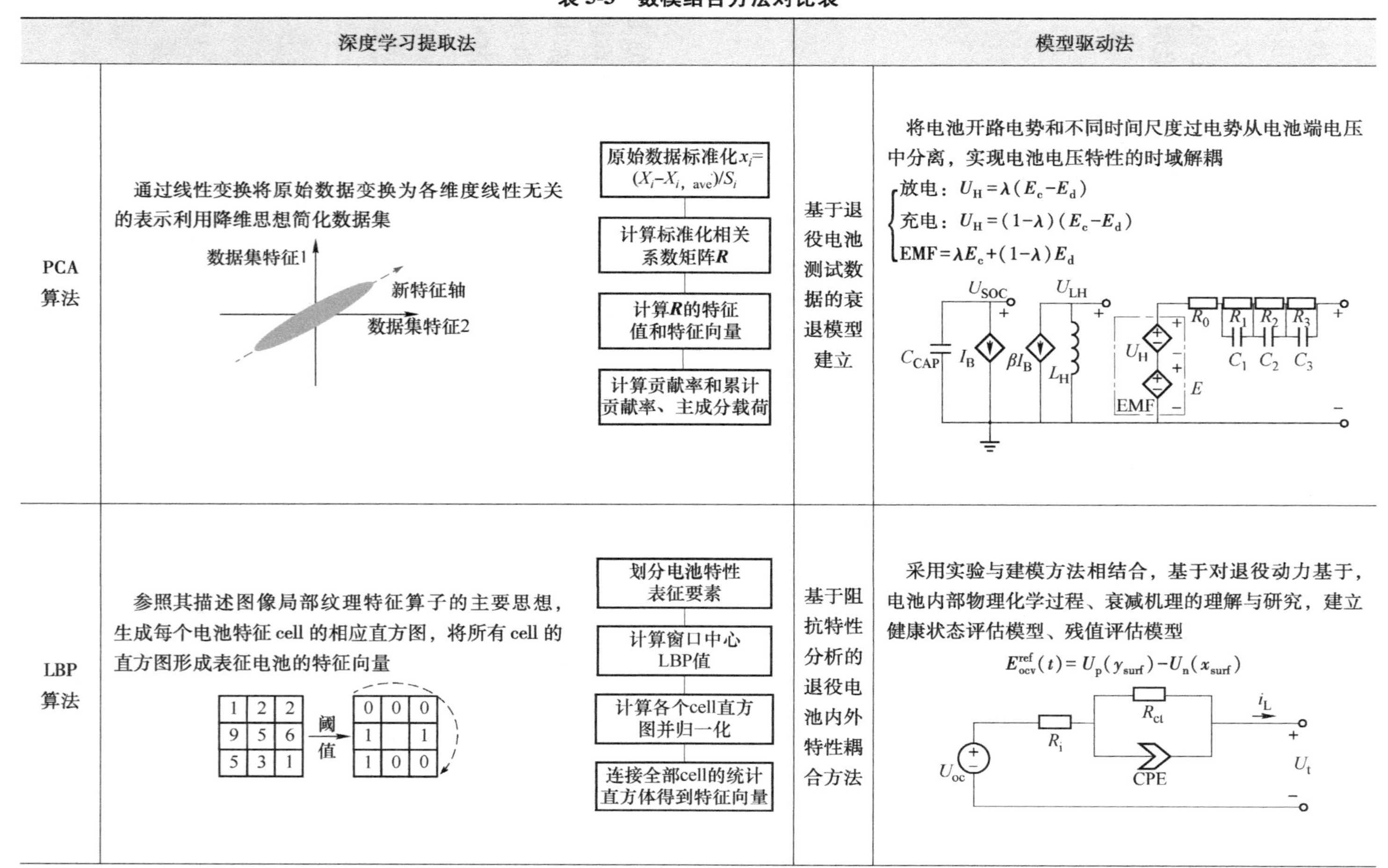

	深度学习提取法		模型驱动法	
PCA算法	通过线性变换将原始数据变换为各维度线性无关的表示利用降维思想简化数据集	原始数据标准化$x_i=(X_i-X_{i,\ ave})/S_i$ → 计算标准化相关系数矩阵$\boldsymbol{R}$ → 计算$\boldsymbol{R}$的特征值和特征向量 → 计算贡献率和累计贡献率、主成分载荷	基于退役电池测试数据的衰退模型建立	将电池开路电势和不同时间尺度过电势从电池端电压中分离，实现电池电压特性的时域解耦 $\begin{cases}放电：U_H=\lambda(E_c-E_d)\\充电：U_H=(1-\lambda)(E_c-E_d)\\EMF=\lambda E_c+(1-\lambda)E_d\end{cases}$
LBP算法	参照其描述图像局部纹理特征算子的主要思想，生成每个电池特征cell的相应直方图，将所有cell的直方图形成表征电池的特征向量	划分电池特性表征要素 → 计算窗口中心LBP值 → 计算各个cell直方图并归一化 → 连接全部cell的统计直方体得到特征向量	基于阻抗特性分析的退役电池内外特性耦合方法	采用实验与建模方法相结合，基于对退役动力基于，电池内部物理化学过程、衰减机理的理解与研究，建立健康状态评估模型、残值评估模型 $E_{ocv}^{ref}(t)=U_p(y_{surf})-U_n(x_{surf})$

（续）

深度学习提取法		模型驱动法	
HOG 算法	电池发生热失控时，其边缘位置因高温发生变形，利用该法中图像形状能够被边缘或梯度的方向密度分布很好地表示，得到用于电池热失控分类的特征向量 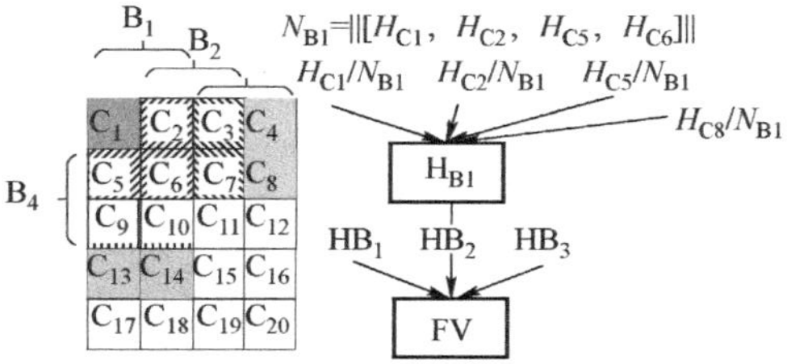 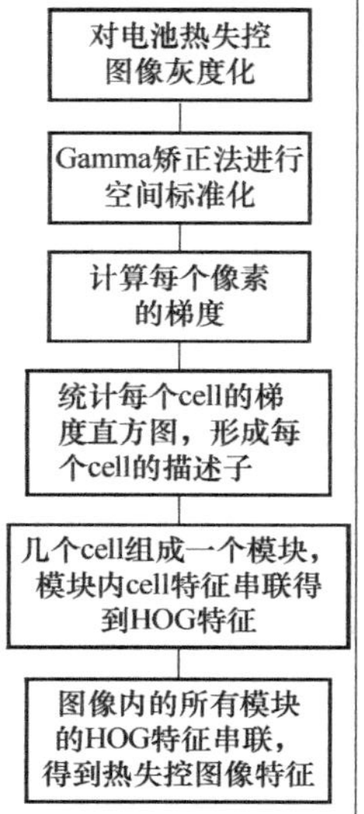 $N_{B1}=\lVert[H_{C1},H_{C2},H_{C5},H_{C6}]\rVert$ H_{C1}/N_{B1}　H_{C2}/N_{B1}　H_{C5}/N_{B1}　H_{C8}/N_{B1}　H_{B1} HB_1　HB_2　HB_3　FV 对电池热失控图像灰度化 → Gamma矫正法进行空间标准化 → 计算每个像素的梯度 → 统计每个cell的梯度直方图，形成每个cell的描述子 → 几个cell组成一个模块，模块内cell特征串联得到HOG特征 → 图像内的所有模块的HOG特征串联，得到热失控图像特征	基于退役电池测试数据的衰退模型建立	基于激励响应分析的电池电压特性时域解耦。在进行整包测试时，外部可测量就只有电池最小单元的电压和电流，而电池端电压是内部开路电动势、欧姆过电动势、电化学反应过电动势和浓差过电动势共同作用的结果 $U_{app}(t)=E_{ocv}(t)-\eta_{con}(t)-\eta_{act}(t)-\eta_{ohm}(t)$ 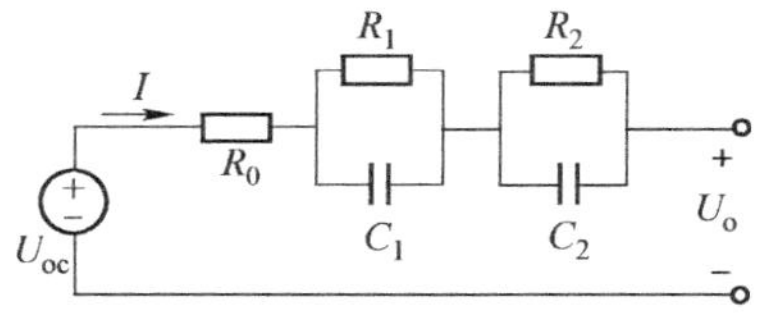 I　R_0　R_1　C_1　R_2　C_2　U_{oc}　U_o

（续）

深度学习提取法		模型驱动法	
SIFT算法	利用其通过特征点确定特征的思想，选定核心既定特征作为电池特征点并进行特征点匹配，采用卷积对比同尺度下的极值点确定电池特征点 发现极值点 卷积高斯核，得到主特征点 → 检测尺度空间极值点，选出尺度特征点 → 去除错误特征点，增强匹配稳定性、抗噪能力 → 指定关键点方向参数使算子旋转不变 → 生成关键点描述子，增强算法抗噪能力及容错性 → 生成电池特征的描述子	退役电池性能衰退经验模型	分析充放电功率、温度、充放电深度对模块性能衰退影响，对比分析电池和模块的性能衰退规律，通过数据比对，分析模型误差源及误差传递方式，开展模型修正 $\begin{cases} U = U_{OCV} - I\left(R_0 + \dfrac{R_1}{1 + R_1 Q_1 s^{\alpha}} + \dfrac{1}{Q_2 s^{\beta}}\right) \\ U(k) = U_{OCV}(k) - I(k)\left(R_0 + \dfrac{R_1}{1 + R_1 Q_1 D^{\alpha}} + \dfrac{1}{Q_2 D^{\beta}}\right) \\ D^{\alpha} f(t) = \lim\limits_{h \to 0} h^{-\alpha} \sum\limits_{j=0}^{L} (-1)^j \dbinom{\alpha}{j} f(t - jh) \end{cases}$ C_{DL}　C_{DL}　R_s　R_{SEI}　R_{CL}　W

5.3 退役动力电池模型建立

5.3.1 常规电池建模

1. 基于等效电路法的电池建模

目前，国内外专家相继开展电池电学行为特征描述和数学建模研究，已有研究方法可分为以下三大类：

1）基于电池衰退机理的电化学建模法，利用电池老化特征演变过程主要包括电池析锂和隔膜老化等阶段，对电池老化规律深入分析，有利于明确电池材料在衰退期的热反应动力学特性以及相应的热失控特征参量。

2）基于电气参数的等效电路建模法，该方法以电池等效二端口网络为基础，利用等效集总电气参数进行评估，根据电气元件差异经典等效电路模型有戴维南（Thevenin）模型、PNGV 模型、DP 模型以及 GNL 模型等。

3）基于数据驱动的抽象模型法，该方法依据海量电池实验测试数据进行建模，提取外部特征参量进行评估，但需要依赖大量的实测电池数据来构建电池测量变量与输出变量的函数映射关系，其中以神经网络应用最为广泛。表 5-4 展示了各种电池建模方法的典型结构以及优缺点对比。

表 5-4　常见电池建模方法对比

建模方法	典型应用模型	技术优势	技术局限性
电化学机理模型	1. 单粒子模型 2. 准二维数学模型 3. 简化准二维模型	1. 物理意义明确 2. 模型准确度较高 3. 适用于理论分析	1. 模型过于复杂 2. 参数整定困难 3. 计算量巨大
集总电气参数等效电路模型	1. Rint 模型 2. Thevenin 模型 3. PNGV 模型 4. GNL 模型	1. 模型简单 2. 可部分反映电池电化学过程 3. 计算量小 4. 参数易于整定	1. 模型准确度与复杂度难以兼顾 2. 无法反映电化学微观过程
基于数据黑箱模型	1. 神经网络模型 2. 支持向量机模型 3. 模糊逻辑模型	1. 避开电池复杂的物理过程 2. 较为简单，易实现	1. 可解释性差 2. 模型准确度受数据质量影响

从表 5-4 可以看出，尽管电池电化学模型可以精准反映出电池内部电化学反应过程，但是模型中众多物性参数难以确定，模型复杂度高造成计算耗时巨大，难以完成电池实时 SOC 估计功能。而基于数据驱动的电池黑箱模型性能完全依赖于数据质量，数据决定了模型准确度上限，同时此类模型完全忽略电池电化学

反应过程，对电池 SOC 的描述不清，难应用在基于模型的电池 SOC 估计之中。

因此本节建立数模结合方式建立常规电池模型。首先依据电池 SOC 准确度和速度要求，科学选择等效阶次，建立电气集总参数的等效模型；在此基础上利用电池测试数据对 SOH 整定，完成 SOC、SOH 估计以及电池系统仿真功能。

本节选取一阶 Thevenin 结构如图 5-7 所示，该电池模型中以一个 *RC* 回路表示电池内部的极化过程，可以简单且准确地表征电池内部动态特性的典型电池等效电路模型。

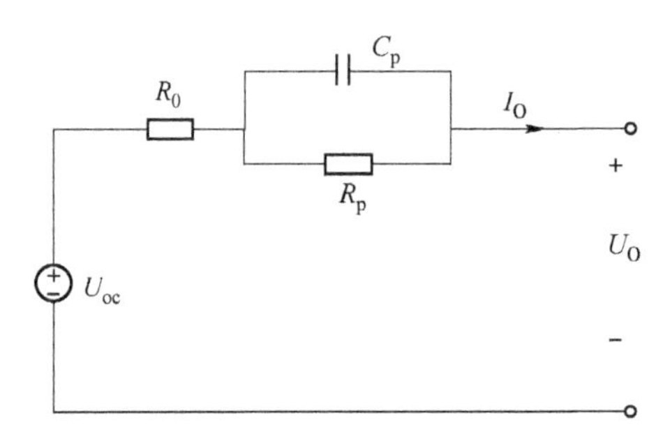

图 5-7　基于 Thevenin 的电池建模

基于电路原理[64]，可以准确地建立电池电气输出特性的状态空间描述，如式（5-8）所示。

$$\begin{cases} U_0(t)=U_{oc}(t)-I_0(t)R_0-U_{C_p}(t) \\ C_p\dfrac{\mathrm{d}U_{C_p}(t)}{\mathrm{d}t}+\dfrac{U_{C_p}(t)}{R_p}=I_0(t) \end{cases} \tag{5-8}$$

式中，U_{oc}表示开路电压；R_0 表示电池内阻；R_p表示极化电阻；C_p表示极化电容；U_0 表示电池端电压。R_0可以反应充放电过程中电池电压的瞬时变化。R_p和C_p可以反映充放电后电池电压的逐渐变化以及电池内部的极化效应。

2. 模型参数整定

利用 Thevenin 可以模拟出电池输出电流与电压之间的关系，形成对于电池外在电气特性以及内在电动势（由开路电压表示）、热特性（由内阻表示）以及极化过程（由并联阻容回路表示）三部分等效。但是，等效电路模型仅描述了电池特性间的函数关系，而其中开路电压、串联电阻、极化电阻以及极化电容参数未知，仍无法量化电池特性。因此，需要对模型参数进行有效整定。

已有研究表明，在电池等效电路中相关电气参数受 SOC、电池温度、电池电流倍率、放电深度等多因素影响，在本章电池建模中仅考虑电池 SOC 的影响。同时，相关文献表明，电池开路电压、串联电阻、极化电阻和极化电容与其 SOC 表现为多项式关系。因此，可以获得相关电气参数的函数表达式，如（5-9）所示：

$$\begin{cases}U_{oc}(t)=a_1+b_1\times SOC(t)+c_1\times SOC^2(t)+d_1\times SOC^3(t)\\R_0(t)=a_2+b_2\times SOC(t)+c_2\times SOC^2(t)+d_2\times SOC^3(t)\\R_p(t)=a_3+b_3\times SOC(t)+c_3\times SOC^2(t)+d_3\times SOC^3(t)\\C_p(t)=a_4+b_4\times SOC(t)+c_4\times SOC^2(t)+d_4\times SOC^3(t)\end{cases} \tag{5-9}$$

基于不同电池 SOC 下的 U_{oc}、R 等测试数据，利用最小二乘法对式（5-9）的未知参数 a_i、b_i、c_i、d_i进行整定。本节以 U_{oc}为例论述参数整定原理与流程。

首先，已知某电池在若干不同 SOC 下的开路电压值（SOC(k)，$U_{oc}(k)$，$k=1,2,\cdots K$)，将已知的 SOC(k) 代入式（5-11）的开路电压 U_{oc}表达式中，可得估计值 $\hat{U}_{oc}(k)$，如式（5-10）所示。

$$\hat{U}_{oc}(k)=a_1+b_1\times SOC(k)+c_1\times SOC^2(k)+d_1\times SOC^3(k) \tag{5-10}$$

然后，计算 K 个实际测量值 $U_{oc}(k)$ 与模型估计值 $\hat{U}_{oc}(k)$ 的误差 J，如式（5-11）所示：

$$\begin{aligned}J&=\frac{1}{K}\sum_{k-1}^{K}(\hat{U}_{oc}(k)-U_{oc}(k))^2\\&=\frac{1}{K}\sum_{k-1}^{K}(a_1+b_1\times SOC(k)+c_1\times SOC^2(k)+d_1\times SOC^3(k)-U_{oc}(k))^2\end{aligned} \tag{5-11}$$

从上式可以看出，误差 J 始终大于零，且式（5-11）中待整定 a_1，b_1，c_1，d_1，并且误差 J 被表示成多个未知数的二次多项式，且为凸函数，其极值点为误差 J 的极小值点。通过联立 $\partial J/\partial a_1=0$、$\partial J/\partial b_1=0$、$\partial J/\partial c_1=0$、$\partial J/\partial d_1=0$ 4 个等式，可求解出未知数 a_1、b_1、c_1、d_1，具体如式（5-12）所示：

$$\begin{cases}\dfrac{\partial J}{\partial a_1}=\dfrac{2(a_1+b_1\times SOC(k)+c_1\times SOC^2(k)+d_1\times SOC^3(k)-U_{oc}(k))}{K}=0\\\dfrac{\partial J}{\partial b_1}=\dfrac{2SOC(k)(a_1+b_1\times SOC(k)+c_1\times SOC^2(k)+d_1\times SOC^3(k)-U_{oc}(k))}{K}=0\\\dfrac{\partial J}{\partial c_1}=\dfrac{2SOC^2(k)(a_1+b_1\times SOC(k)+c_1\times SOC^2(k)+d_1\times SOC^3(k)-U_{oc}(k))}{K}=0\\\dfrac{\partial J}{\partial d_1}=\dfrac{2SOC^3(k)(a_1+b_1\times SOC(k)+c_1\times SOC^2(k)+d_1\times SOC^3(k)-U_{oc}(k))}{K}=0\end{cases} \tag{5-12}$$

根据上述最小二乘法实现过程，可以获得自变量 SOC 与因变量 U_{oc}、串联电阻 R_0、极化电阻 R_p和极化电容 C_p的显式表达式，完成式（5-11）的参数整定。为了实现电池建模，自变量电池 SOC 并不能直接测量得到，本节通过电池 SOC 由 Ah 积分法表示，计算过程如式（5-13）所示：

$$\mathrm{SOC}(t+1)=\mathrm{SOC}(t)-\frac{I_0(t)\times\Delta t\times\eta}{Q_a(k)}(I_0(t)<0)-\frac{I_0(t)\times\Delta t}{Q_a(t)\times\eta}(I_0(t)\geqslant 0) \quad (5\text{-}13)$$

其中，SOC(t)、$I_0(t)$ 以及 $Q_a(t)$ 分别表示电池 t 时刻的荷电状态、输出电流和实际容量，η 和 Δt 表示电池充放电效率和采样时间间隔。值得注意的是，电池实际容量 $Q_a(t)$ 难以准确估计，因此在忽视电池衰退老化过程或对于 SOC 估计准确度要求不高时，可用其标称容量 $Q_n(t)$ 代替实际容量 $Q_a(t)$。

3. 常规电池仿真模型建立

基于一阶 Thevenin 结构、Ah 积分法的电池 SOC 估计以及数据驱动参数整定方法，本节在 Matlab/Simulink 环境下建立如图 5-8 所示常规的电池仿真模型，该仿真包含 SOC 计算模块、电气参数整定模块以及 Thevenin 等效电路模块三部分，分别如图 5-8a～c 所示。

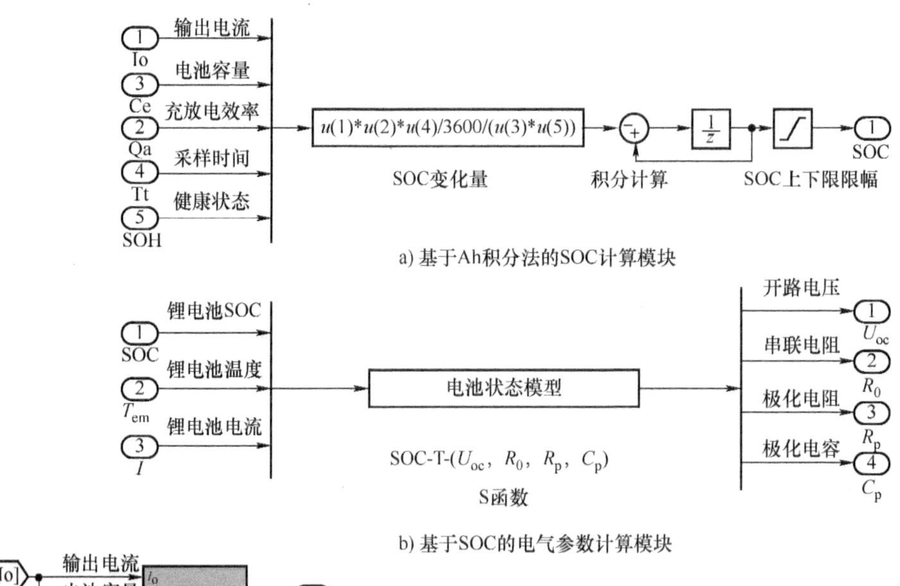

a) 基于Ah积分法的SOC计算模块

b) 基于SOC的电气参数计算模块

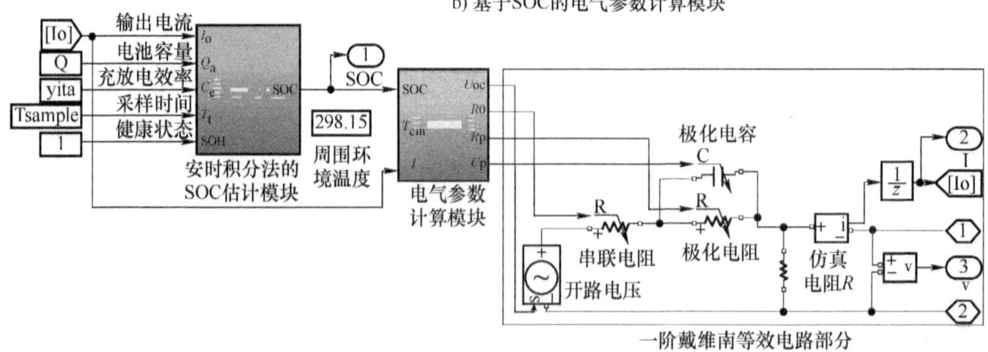

c) 一阶Thevenin等效电路仿真

图 5-8　常规电池仿真建模

5.3.2　退役电池外特性特征工程

对退役电池聚类分选的重要步骤之一是建立合适的特征工程。选取表征退役电池电气性能的特征有助于得到紧致的分选结果。考虑退役电池的荷电状态与剩余容量、内阻以及电压等关键参数之间的关系，本节采用 IC 值对电池充放电曲线进行特征挖掘。将退役电池放电过程中 IC 曲线最大值、曲线最大值对应的电压值以及电池 SOH 作为聚类分选的特征变量，表示如式（5-14）所示的特征 x_1、特征 x_2、特征 x_3。并应用于分选算例中。

$$\begin{cases}[x_1 \quad t_1] = \max\left(\dfrac{\mathrm{d}Q(t)}{\mathrm{d}U(t)}\right) \\ x_2 = U(t_1) \\ x_3 = \mathrm{SOH} = \dfrac{Q_\mathrm{a}}{Q_\mathrm{N}} \times 100\% \end{cases} \tag{5-14}$$

其中，IC 值来表征退役电池插层过程相关的电池内部电化学性质，Q_a 和 Q_N 分别表示电池当前放电容量和标称容量。$Q(t)$、$U(t)$ 和 $I(t)$ 分别表示不同时刻电池的放电容量、输出电压以及输出电流，在恒流放电过程中，IC 值等于放电电流除以电压变化率。x_1 表示 IC 曲线最大 $\mathrm{d}Q/\mathrm{d}V$ 值，且时刻为 t_1，x_2 表示为 t_1 时刻的电压值。

首先将不同 SOH 的电池放电曲线下三个特征进行归一化计算，如式（5-15）所示。

$$z_j(i) = \frac{x_j(i) - \min\limits_i(x_j(i))}{\max\limits_i(x_j(i)) - \min\limits_i(x_j(i))} \times 100\% \tag{5-15}$$

在所提遗传聚类方法属于无监督聚类方法，其特点之一是需要指定电池组聚类分组数。为了最大程度减小主观因素的影响，基于 K-means 算法聚类数量 K 值的选择原则基础上，依据目标函数的定义，利用枚举法得到不同分组数下的类内间距与类间间距的曲线变化过程，如图 5-9 所示。可以看出，随着电池组聚类数增加，类内距逐步下降，下降幅度逐渐减小最终趋近于水平；而类间距逐步上升，上升幅度逐步降低，最终也趋近于水平。说明聚类数的简单线性增加不能大幅提升电池集聚类筛选性能。从量化角度分析，图 5-9 中聚类数由 2 至 3 的过程中，类内距和类间距的变化幅度均超 0.03，为变化幅值最大值。从图 5-9 中可以看出，在电池组聚类为 3 时，是实现类间间距最大与类内间距最小的目标最优聚类数。因此，在本章算例中，将聚类数等于 3 作为电池组筛选簇族数量。

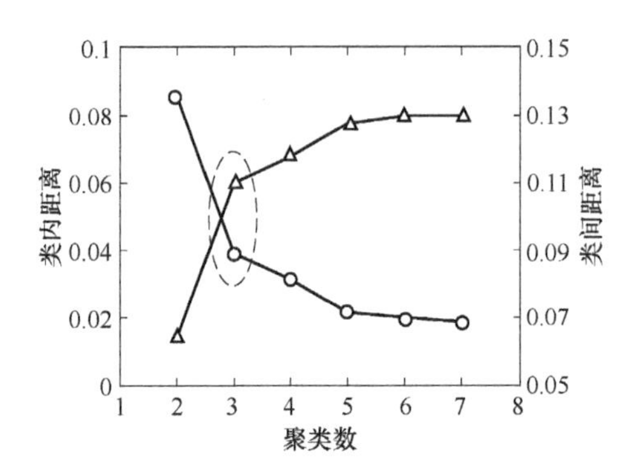

图 5-9　不同 *K* 值下的类内距和类间距变化曲线

5.3.3　退役电池老化过程等效

不同于刚出厂的电池，在长时间使用后，退役电池因为电池内部活性物质减少、杂质增多、晶体结构变化等因素造成电池性能下降，其中最直接的表现是实际容量显著下降和电池内阻增大，其真实的状态与出厂标定存在较大的差异，其差异程度难以估计。而从电池循环寿命指标考虑，随着电池使用，其剩余的循环次数将不断降低，也可以用于表征电池应用过程中的健康状态变化。因此，国内外众多学者从下述 3 个指标变化角度提出 SOH 定义，如式（5-16）~式（5-18）所示：

$$\mathrm{SOH}(t)=\frac{Q_{\mathrm{a}}(t)}{Q_{n}(t)}\times 100\% \tag{5-16}$$

$$\mathrm{SOH}(t)=\frac{R_{\mathrm{EOL}}-R_{\mathrm{a}}(t)}{R_{\mathrm{EOL}}-R_{n}}\times 100\% \tag{5-17}$$

$$\mathrm{SOH}(t)=\frac{N_{\mathrm{EOL}}-N_{\mathrm{E}}(t)}{N_{\mathrm{EOL}}}\times 100\% \tag{5-18}$$

其中，$\mathrm{SOH}(t)$ 表示 t 时刻电池的健康状态，Q_n 和 R_n 分别为电池标称容量和内阻；$Q_{\mathrm{a}}(t)$、$R_{\mathrm{a}}(t)$ 和 $N_{\mathrm{E}}(t)$ 分别为 t 时刻电池的实际容量、内阻以及使用过程的等效使用次数；R_{EOL}和 N_{EOL}分别表示电池寿命结束时的内阻和标准测试条件下的循环使用次数。

根据式（5-16）~式（5-18）定义，本节对衰退老化的退役电池建模进行模拟，从以下 3 个方面开展：

1）在电池容量方面，利用电池 SOH 更新 Ah 积分法下的电池 SOC 计算公式，如式（5-19）所示；

$$\mathrm{SOC}(t+1)=\mathrm{SOC}(t)-\frac{I_0(t)\times\Delta t\times\eta}{Q_a(k)\times\mathrm{SOH}}(I_0(t)<0)-\frac{I_0(t)\times\Delta t}{Q_a(t)\times\eta\times\mathrm{SOH}}(I_0(t)\geqslant 0) \tag{5-19}$$

2）随着电池性能衰退老化，电池的内阻持续增加，本章将电池等效内阻抗视为由 Thevenin 中串联电池 R_0 和老化阻抗 R_{cyc} 组成，其中老化阻抗 R_{cyc} 由电池循环次数表征，其计算式如式（5-20）所示：

$$R_{cyc}(k)=K\times(N_E(k)/N_{EOL})^{0.5}+R_{init} \tag{5-20}$$

式中，R_{init} 表示电池初始时刻的循环电阻，K 为系数。从式（5-20）可以看出，初始电阻和系数 K 可以由实际电池测试数据进行拟合获得，$R_{cyc}(k)$ 和 $N_E(k)$ 表示 k 时刻电池的老化内阻和循环次数，因此，得到含老化阻抗的退役电池的集总参数模型结构，如图 5-10 所示。

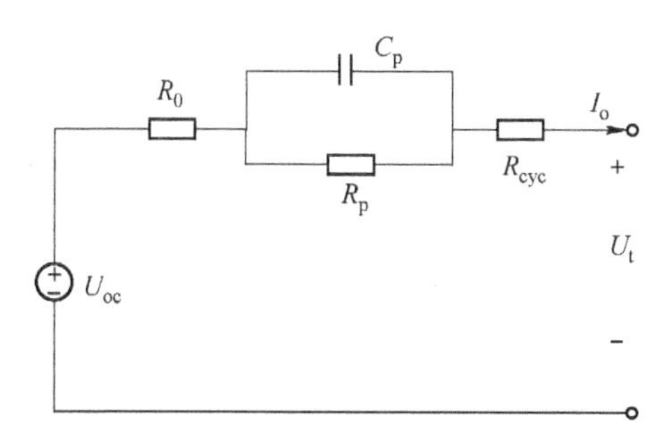

图 5-10　含老化电阻的电池等效电路结构

3）基于上述式（5-18）及式（5-19）对于电池 SOH 值、等效循环次数的需求，结合式（5-20），可以通过计算循环等效次数开展退役电池模型建立的研究。具体表征思路如图 5-11 所示，即对循环次数等效映射后，分别从数据驱动拟合 SOH、老化阻抗计算两个角度实现对退役电池容量衰退、内阻增大的过程表征。

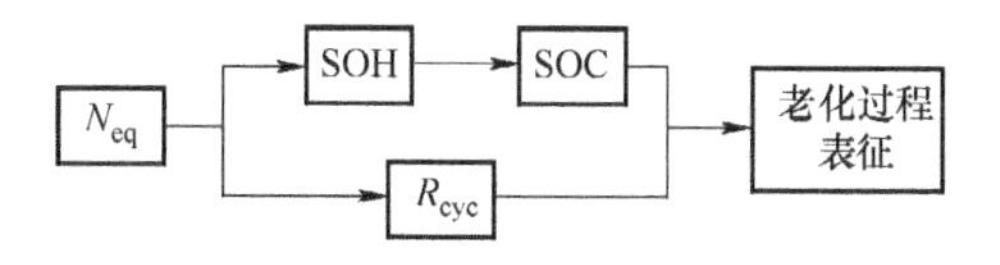

图 5-11　退役电池老化表征思路

从上述分析可以看出，对电池循环次数等效映射是本章建模流程的核心与重点，而对于电池进行多次完整的充放电测试是不实际的。因此，为了实现电池不同运行工况下的有效仿真，本节借鉴 RCA，形成电池等效循环寿命计算。在退役电池应用中，通过将电池 SOC 变化历程分解为多个充放电循环过程，计算各循环过程等效的充放电深度，利用 RCA 应力等效来估算电池循环等效次数，其原理如图 5-12 所示。在退役电池一个循环周期内，RCA 将电池的应变-时间历程等效为多段充放电量相等、充放电深度不同的循环过程，并通过不同 SOC 对各循环过程进行分级响应。

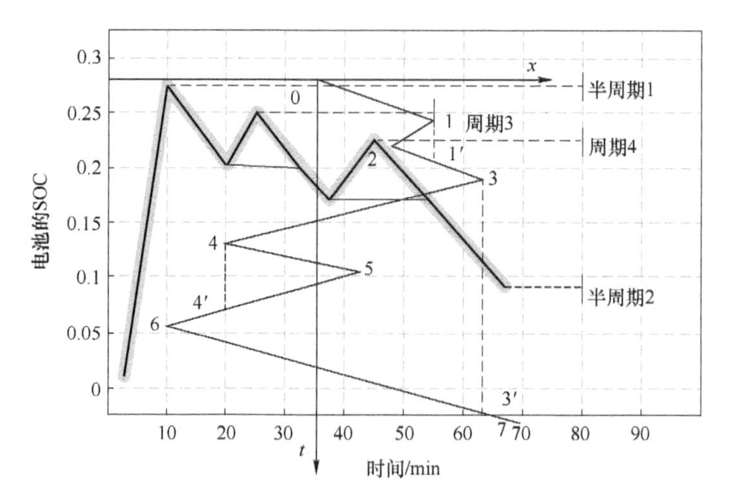

图 5-12　退役电池寿命等效图雨流计数法的实例

如图 5-13 所示，将其 SOC-t 坐标系顺时针旋转 90°后得到经 RCA 等效后应变 x-t 时间坐标轴，其中 x 应变代表相应时间 t 内对应的等效 SOC 的电荷量。等效过程如下：第一个雨流始于 0，0 对应 SOC-t 坐标系中的零点，依据雨流规则沿 SOC 应程内侧流经 1，垂直下滴经 1′最后停至 3；下一个雨流从峰值点 1 出发，停至 2；同理，形成两个半循环 0-1-1′-3 和 3-4-4′-6，形成两个全循环 1-2-1′和 4-5-4′。综上，通过 RCA 实现对不同电池 SOC 下的循环次数等效映射。

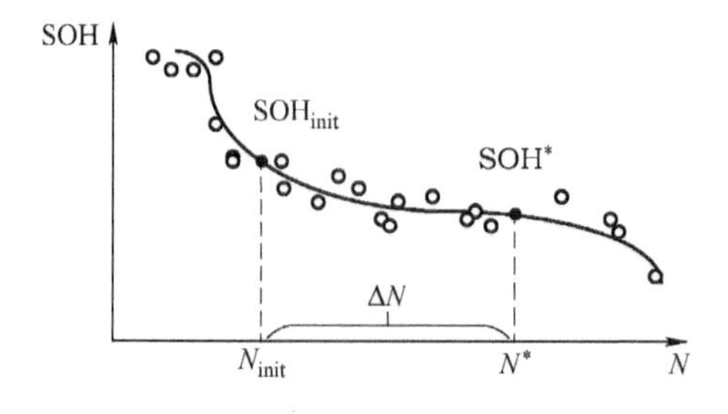

图 5-13　等效循环次数与 SOH 计算过程示意图

因此，为了提高仿真模型的应用能力，需要拟合如图 5-13 所示的电池等效循环次数与 SOH 的函数关系。在拟合函数方法中，神经网络是一类通过多层级、多数量神经元以一定方式连接形成的反映输入至输出映射关系的网络模型，适用于复杂系统建模函数拟合。因此，本文考虑利用 BPNN 进行拟合。采用 BPNN 来描述一定运行时间后等效循环次数与 SOH 的映射关系，其网络结构如图 5-14 所示，数学模型如式（5-21）所示。

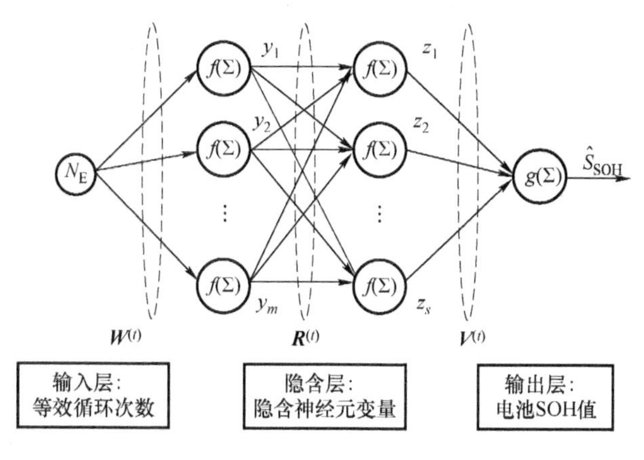

图 5-14　BPNN 神经网络结构

$$\begin{cases} y_j^{(k)} = f(\alpha^{(k)}) = f\left(\sum_{j=1}^{m} W_j^{(t)} N_{\mathrm{E}}^{(k)} + a^{(t)}\right) \\ z_s^{(k)} = f(\beta^{(k)}) = f\left(\sum_{j=1}^{m} R_{j,s}^{(t)} y_j^{(k)} + b_s^{(t)}\right) \\ \hat{S}_{\mathrm{SOH}}^{(k)} = g(\gamma^{(k)}) = g\left(\sum_{j=1}^{s} V_j^{(t)} z_j^{(k)} + c^{(t)}\right) \end{cases} \tag{5-21}$$

式中，$\boldsymbol{W}^{(t)}=\lceil W_i^{(t)} \rceil$，$\boldsymbol{R}^{(t)}=\lceil R_{i,j}^{(t)} \rceil$和$\boldsymbol{V}^{(t)}=\lceil V_s^{(t)} \rceil$为第 t 代权重系数矩阵；$\boldsymbol{a}^{(t)}$，$\boldsymbol{b}^{(t)}=\lceil b_s^{(t)} \rceil$和 $c^{(t)}$ 为第 t 代偏移系数及向量，$f(\cdot)$ 和 $g(\cdot)$ 为激活函数，而 $N_{\mathrm{E}}^{(k)}$ 和 $\hat{S}_{\mathrm{SOH}}^{(k)}$分别表示第 k 个样本下神经网络的输入（即等效循环次数）、输出（即 SOH 估计值），m 和 s 表示隐含层神经元数量，N 表示电池样本数量。

基于退役电池测试数据，本章采用 BPNN 工具箱训练循环次数与 SOH 映射关系模型。其中，BPNN 参数为：网络层数 3，神经元数量（10，5，1），隐含层激活函数为 logsig，输出层为 purelin，模型参数优化算法为随机共轭梯度法，学习率 0.01，最大迭代次数 5000，训练结果如图 5-15 所示。

从图 5-15 中可以看出，神经网络收敛于 3×10^{-5}，这说明神经网络模型训练较好，而从拟合结果可以看出，相比于线性拟合关系，即式（5-18）表征的等效循环次数与 SOH 的关系式，BPNN 可以更好地反映实际数据下循环次数与 SOH 的映射关系。

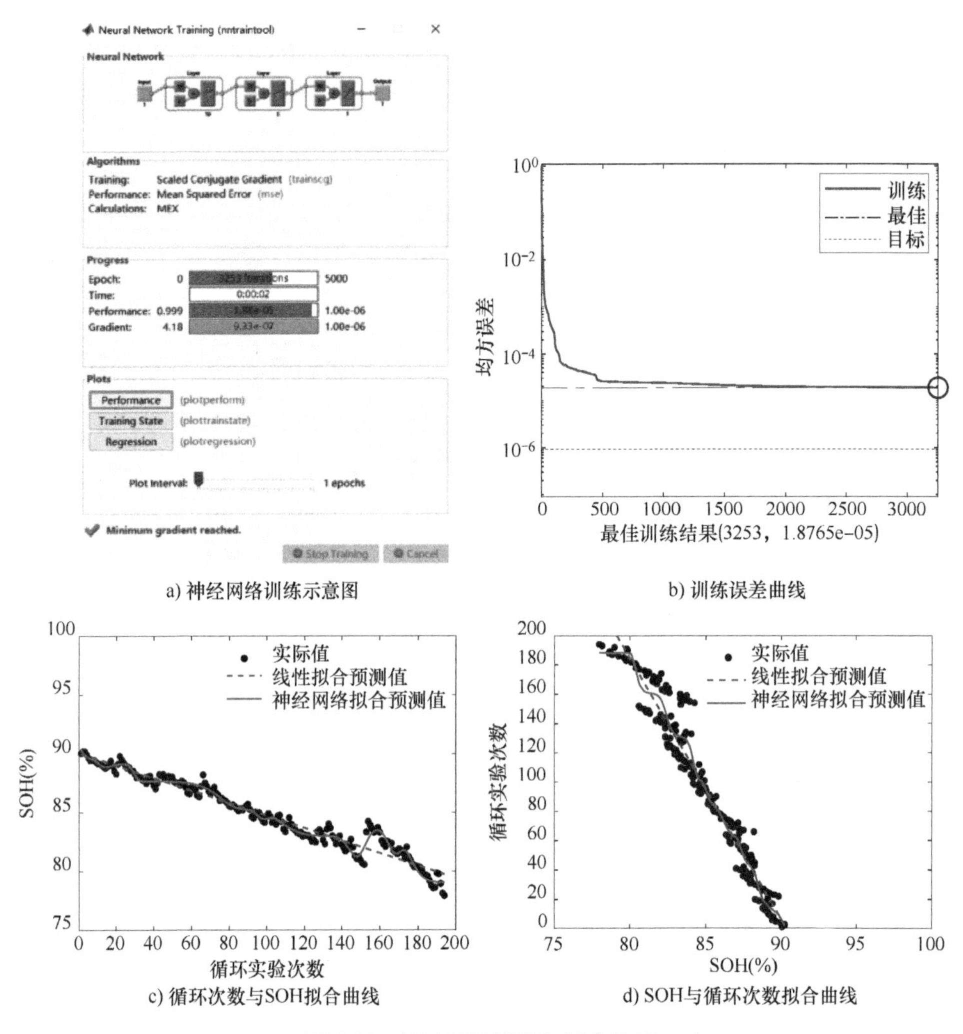

a) 神经网络训练示意图

b) 训练误差曲线

c) 循环次数与SOH拟合曲线

d) SOH与循环次数拟合曲线

图 5-15　神经网络模型与拟合结果

5.3.4　退役电池数学模型设计

在 Matlab/Simulink 环境下建立退役电池仿真模型，如图 5-16c 所示。该模型增加了退役电池等效循环次数计算及其循环老化电阻 2 个计算模块，分别如图 5-16a、b 所示。

在 Simulink 中仿真对比上述搭建含老化过程的退役电池模型和不含老化过程的正常电池模型，仿真运行参数如表 5-5 所示。运行工况为 2 个电池接受一个以 15s 为周期、脉宽为 20%，并具有一定噪声干扰的充放电电流。

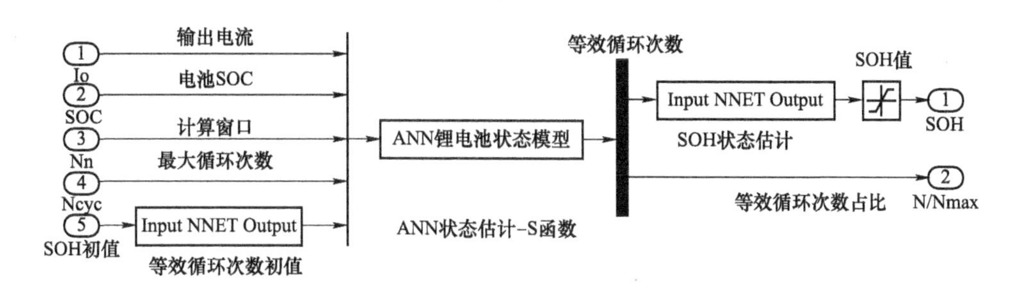

a) 等效循环次数计算模块

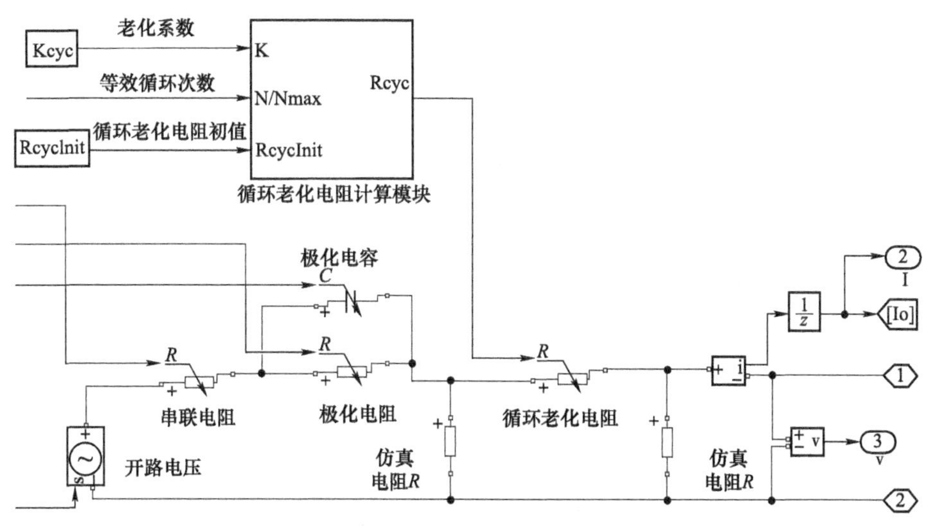

b) 循环老化电阻模块

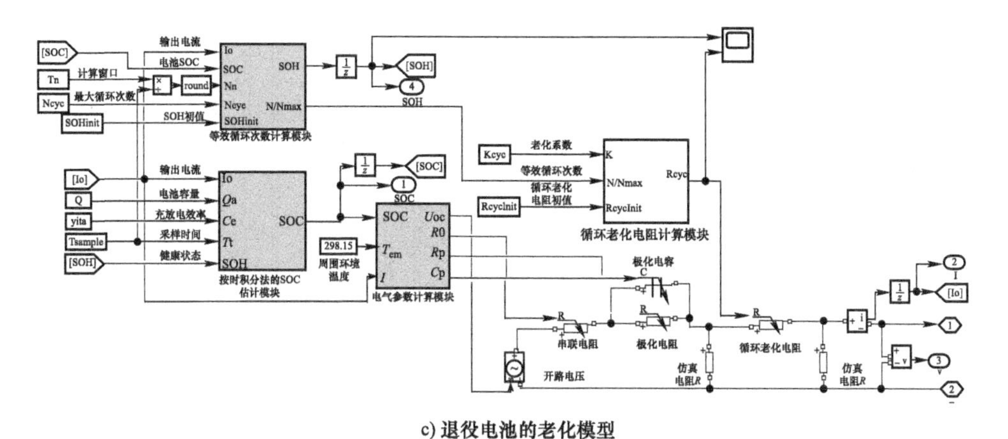

c) 退役电池的老化模型

图 5-16　退役电池老化模型仿真图

表 5-5　仿真参数表

仿真参数名称	正常电池数值	退役电池参数数值
标称容量	280Ah	280Ah
充放电效率	95%	95%
初始 SOC	50%	50%
充电 SOC 上限	5%	5%
放电 SOC 下限	95%	95%
采样时间	0. 01s	0. 01s
运行温度	298. 15K	298. 15K
初始 SOH	—	85%
最大循环次数	—	5000 次
初始循环电阻	—	10~2mΩ
循环电阻增益系数	—	10~3
SOH 估算窗口时长	—	60s

其仿真工况的充放电电流局部波形如图 5-17 所示，其中电流正值表示放电，负值表示充电。

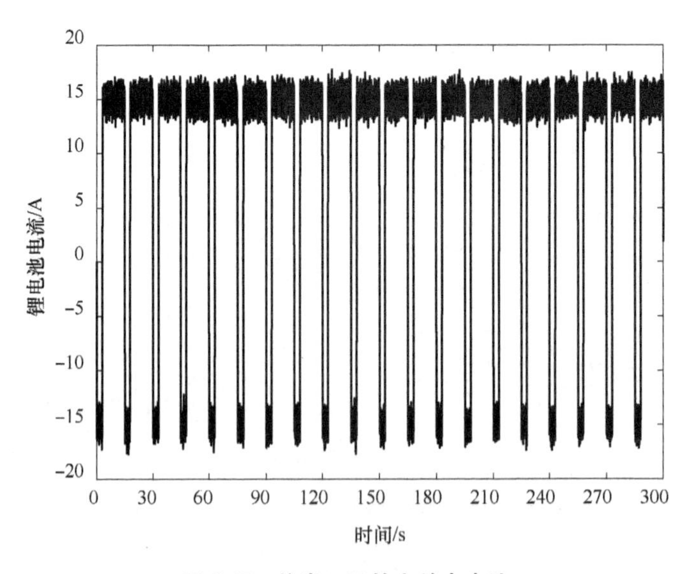

图 5-17　仿真工况的充放电电流

仿真结构如图 5-18 所示，即所建常规电池模型与所建退役电池仿真对比模型。

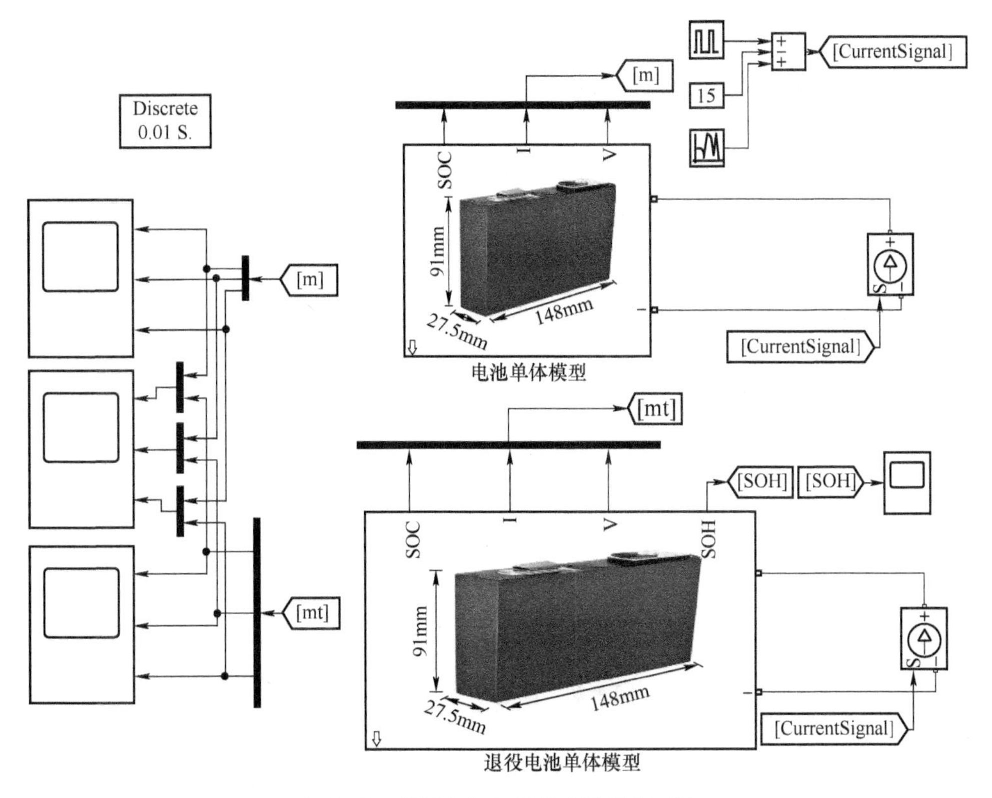

图 5-18　常规电池与退役电池仿真对比

仿真结果对比如图 5-19 所示。

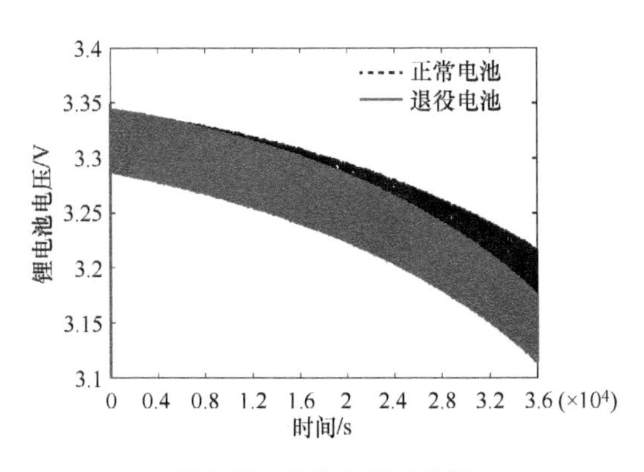

图 5-19　电池电压对比图

图 5-19 为正常电池与退役电池的电压对比。可以看出在 3.6s 的时间内，正常电池电压幅值下降 0.17，退役电池电压幅值由 3.35V 下降至 3.11V，与正常电池相比，退役电池的电压下降幅度更大，并且在下降过程中波动明显，验证了本章提出对退役电池老化过程等效建模方案的有效性。

图 5-20 为正常电池与退役电池的 SOC 对比。可以看出在 3.6s 的时间内，正常电池 SOC 下降 30%，退役电池 SOC 由 50%下降至 15%。与正常电池相比，退役电池 SOH 下降程度更大，贴合退役电池实际运行衰退情况，SOH 变化表明其实际容量不足，验证了本章提出对退役电池老化过程等效建模方案的有效性。

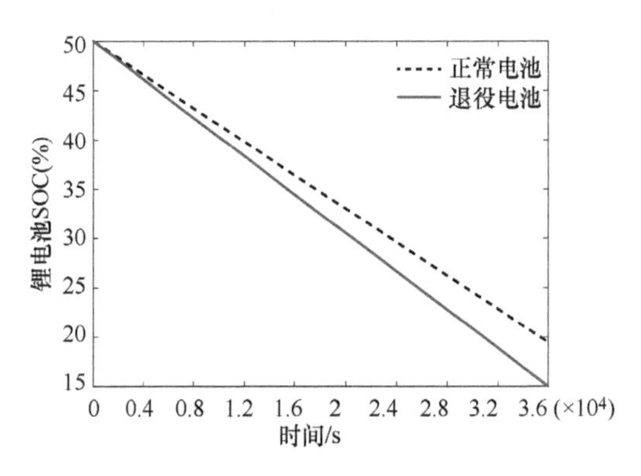

图 5-20　电池 SOC 对比图

图 5-21a、b 分别为退役电池 SOH 及循环老化电阻变化情况。可以看出退役电池 SOH 在 3.6s 内持续下降，而其老化电阻在电池充放电过程中持续上升，符合工况中对应退役电池放电表现，也遵循退役电池的基本电气原理，验证了本章提出对退役电池老化过程等效建模方案的有效性。

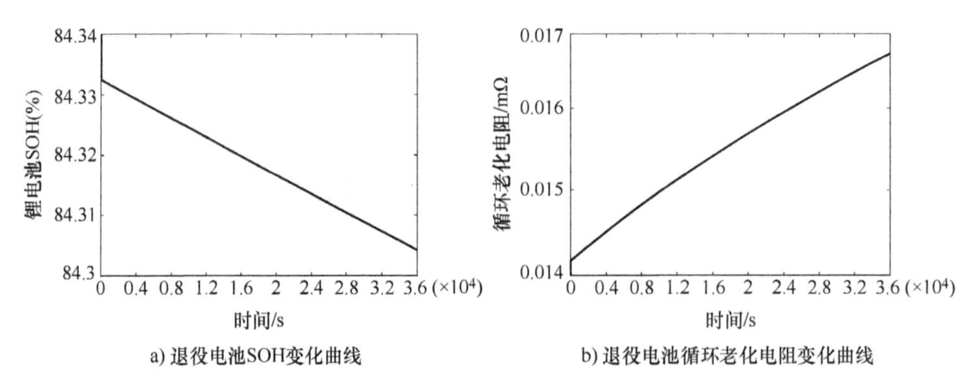

图 5-21　正常电池与退役电池仿真对比图

5.4 小结

本章详细阐述了退役电池衰退老化机理，减小电池衰退过程中对内部暂态机理等效难度。基于历史运行数据对电池电性参数提取，实现对退役电池的老化特性表征。基于退役电池老化特性，研究建立表征退役电池老化特性的电路模型，为此本章提出数模结合下的含老化电阻的退役电池模型建立方法。详细阐述建立常规电池模型，基于戴维南等效网络，利用数据拟合整定电池电性参数；然后，分析了退役电池的衰退机理；建立老化阻抗表达式，利用雨流计数法（Rain-flow Counting Algorithm，RCA）和 BP 神经网络（Back Propagation Neural Network，BPNN）实现电池老化过程等效模拟，最后通过仿真证明老化模型的有效性，为后续进行退役电池储能系统运行控制研究提供模型基础。

参考文献

[1] 魏克新，陈峭岩. 基于自适应无迹卡尔曼滤波算法的锂离子动力电池状态估计 [J]. 电机工程技术学报，2014，34（3），445-452.

[2] 赵天意. 基于改进卡尔曼滤波的锂离子电池状态估计方法研究 [D]. 哈尔滨：哈尔滨工业大学，2016.

[3] 程艳青，高明煜. 基于卡尔曼滤波的电动汽车剩余电量估计 [J]. 杭州电子科技大学学报（自然科学版），2009，29（03），4-7.

[4] 范波，田晓辉，马建伟. 基于 EKF 的动力锂电池 SOC 状态预测 [J]. 电源技术，2010，34（08），797-799.

[5] 吴红斌，孙辉. 蓄电池荷电状态预测的改进新算法 [J]. 电子测量与仪器学报，2010，24（11），993-998.

[6] 朱亮标. 基于数据驱动的锂离子电池剩余寿命预测模型及软件实现 [D]. 广州：华南理工大学，2014.

[7] 徐超，李立伟，杨玉新，等. 基于改进粒子滤波的锂电池 SOH 预测 [J]. 储能科学与技术，2020，9（06），1954-1960.

[8] 张吉宣，贾建芳，曾建潮. 电动汽车供电系统锂电池剩余寿命预测 [J]. 电子测量与仪器学报，2018，32（03），60-66.

[9] 谢长君，费亚龙，曾春年，等. 基于无迹粒子滤波的车载锂离子电池状态估计 [J]. 电工技术学报，2018，33（17），3958-3964.

[10] 豆金昌. 锂离子电池健康评估及剩余使用寿命预测方法研究 [D]. 南京：南京航空航天大学，2013.

[11] 常海涛. 基于人工免疫粒子滤波的纯电动汽车锂电池 SOC 估计研究 [D]. 北京：北京交通大学，2013.

[12] 康燕琼. 纯电动汽车锂电池健康状态（SOH）的估计研究［D］. 北京：北京交通大学，2015.

[13] 赵钢，孙豪赛，罗淑贞. 基于 BP 神经网络的动力电池 SOC 估算［J］. 电源技术，2016，40（04）：818-819.

[14] 邓超，史鹏飞. 基于神经网络的 MH/Ni 电池剩余容量预测［J］. 哈尔滨理工大学学报，2000，（03），115-117.

[15] 李革臣，江海，王海英. 基于模糊神经网络的电池剩余电量计算模型［J］. 测试技术学报，2007，（05），405-409.

[16] 洪晟，尉麒栋. 基于 WNN 的锂电池循环寿命预测［J］. 计算机测量与控制，2013，21（08），2146-2148.

[17] 张秀玲，宋建军. 基于动态最近邻聚类算法的 RBF 神经网络及其在 MH-Ni 电池容量预测中的应用［J］. 电工技术学报，2005（11）：84-87.

[18] 史永胜，施梦琢，丁恩松，等. 基于多退化特征的锂离子电池剩余寿命预测［J］. 电源技术，2020，44（06），836-840.

[19] 周杰，南东亮，耿保华，等. 基于改进飞蛾扑火算法的 BP 神经网络蓄电池寿命预测［J］. 电工技术，2020，（17），21-23+26.

[20] 李瑞津，刘斌，张学敏，等. 基于改进 LSTM 的变电站铅酸电池寿命预测［J］. 电池，2020，50（06），560-564.

[21] 刘子英，钱超，朱琛磊. 基于 IPSO-Elman 的锂电池剩余寿命预测［J］. 现代电子技术，2020，43（12），100-105.

[22] 卢顺，李英顺. 基于差分进化算法优化 BP 神经网络的镍镉电池寿命预测［J］. 广西科技大学学报，2020，31（02），93-98.

[23] 邹峰. 锂离子电池健康状态评估及剩余使用寿命预测技术研究［D］. 南京：南京航空航天大学，2016.

[24] 焦自权，范兴明，张鑫，等. 基于改进粒子滤波算法的锂离子电池状态跟踪与剩余使用寿命预测方法［J］. 电工技术学报，2020，35（18），3979-3993.

[25] 刘亚姣. 基于粒子滤波的锂离子电池剩余使用寿命预测［D］. 长春：吉林大学，2018.

[26] 姜媛媛，曾文文，沈静静，等. 基于凸优化-寿命参数退化机理模型的锂离子电池剩余使用寿命预测［J］. 电力系统及其自动化学报，2019，31（03），23-28.

[27] 马彦，陈阳，张帆，等. 基于扩展 H_∞ 粒子滤波算法的动力电池寿命预测方法［J］. 机械工程学报，2019，55（20）：36-43.

[28] 韦国歆，李志鹏，陆涛，等. 基于马尔可夫模型的蓄电池寿命预测方法研究［J］. 自动化与仪器仪表，2019，（11），44-47.

[29] 李文峰，许爱强，冀全兴，等. 基于集成 ANN 的锂电池粒子滤波 RUL 预测方法研究［J］. 电光与控制，2016，23（07），87-92.

[30] 徐波，雷敏，王钋. 基于 TRNN 和 FA-PF 融合的锂离子电池 RUL 预测［J/OL］. 电源学报：1-10［2021-03-31］. https://kns-cnki-net. webvpn. ncepu. edu. cn/kcms/detail/12. 1420. TM. 20201218. 1749. 008. html.

[31] Ruihua Jiao, Kaixiang Peng, Jie Dong. Remaining Useful Life Prediction of Lithium-Ion Batteries Based on Conditional Variational Autoencoders-Particle Filter [J]. IEEE/CAA Journal of Automatica Sinica, 2021, 8 (7): 1296.

[32] 刘月峰. 基于数据驱动的锂离子电池剩余寿命融合预测方法研究 [D]. 哈尔滨：哈尔滨工业大学，2020.

[33] 梅枭央. 基于融合算法的锂离子电池剩余使用寿命预测 [D]. 武汉：华中科技大学，2019.

[34] 王帅. 数据驱动的锂离子电池剩余寿命预测方法研究 [D]. 哈尔滨：哈尔滨工业大学，2017.

第6章 退役电池筛选重组技术

6

6.1 退役电池的分选聚类技术

6.1.1 退役电池筛选聚类算法

合理的筛选聚类是快速消纳大规模退役动力电池的有效手段，在实际聚类分选过程中，依据多因素变量分选法更为常用。谌虹静[1]利用静态多因素分选法，选取了电池容量、电池内阻和剩余寿命作为指标进行退役电池分选。邹幽兰[2]考虑了电池容量、电压、内阻及特征曲线4方面，分别利用容量分选法、电压分选法、内阻分选法、特征曲线法进行电池分选。郭琦沛[3]利用动态多因素分选法，基于容量增量曲线，采用容量增量法选取了IC曲线上的Ⅰ峰峰值以及Ⅱ峰峰值、面积、位置、左斜率、右斜率作为电池特性分析的参数。苑风云[4]依据开路电压、欧姆内阻、极化内阻和电容、荷电状态的关系拟合出电池理论充放电曲线，根据电池充放电特性实现电池分选。吴伟静[5]分别采用静态分选法和动态分选法实现电池分选，静态分选中依据电池技术参数选取平均内阻、开路电压、自放电率、充放电容量以及恒流充电时间占总充电时间的比值作为分选变量，动态分选以电池工作电压曲线作为分选依据，考虑充放电过程中电池内部结构的变化。退役动力电池分选按照分选变量个数和类别可以有两种不同分类方法，如图6-1所示。

电池集合的筛选聚类成组技术作为影响电池筛选效果的关键已被各国研究人员关注，如参考文献［6］设计了基于可用容量最大化、容量区间分割以及mahalanobis距离的三种分类方法，并论证了在不同条件下的应用性；参考文献［7］以电压平台为基础，设计了压差和距离因子分选标准，通过选取因子参数形成分选。随着机器学习和人工智能技术发展，聚类方法被应用于电池筛选过程[8]，如参考文献［9，10］分别提出采用Kmeans及其改进方法，形成以

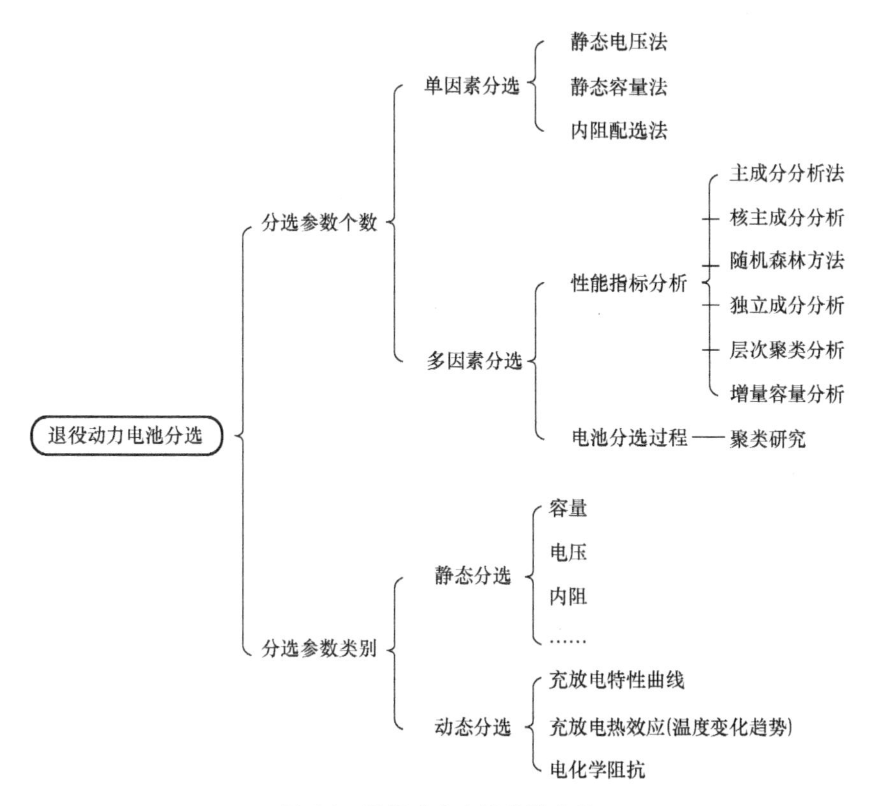

图 6-1　退役动力电池分选方法

电气性能的特征距离为指标的聚类簇族，进而完成电池集合筛选；而参考文献［11］进一步通过遗传算法优化 Kmeans 算法的核心参数，获得了更为优质的聚类筛选簇族；面对 Kmeans 算法需要预先设置聚类数量的问题，参考文献［12］引入近邻传播算法，实现无参数下的电池配组。作为机器学习的典型代表，多样的神经网络[13-16]和支持向量机[17,18]被灵活用于电池分选的特征提取、核心特征估计预测和簇族聚类之中，极大丰富了电池集合筛选成组的实施手段。

本节提出一种改进的遗传聚类方法，将全局最优化过程与电池聚类问题相结合，从而达到对退役电池分选的目标，并与现有研究中对遗传算法参数改进的方式相异。本节方法在目标函数的设计上通过考虑电池电特性等因素影响，以保证退役电池特异性的凸显[19]。

本节所提出的改进遗传方法是在考虑全局优化的基础上，将电池分选聚类数等效为 n 进制编码，将传统遗传算法用于退役电池聚类形态的描述，并定义聚类中心及边界域，实现对大量退役电池聚类的可持续分选。该方法流程如下：首先对退役动力电池单体 n 个样品的充放电电压数据进行测量，提取 m 个特征变量并进行标记；其次，计算出每个样品聚类簇族特征矢量 $\boldsymbol{d}$ 之间的距离，形成相似度矩阵 $\boldsymbol{A}$；最后，以聚类数定义聚类能量，并进行全局优化选，形成聚类集合。同时，在上述过程中计算聚类中心及置信域，便于对后续电池单体进行快速聚类分选[20-23]。上述所提方法示意图如图 6-2 所示。

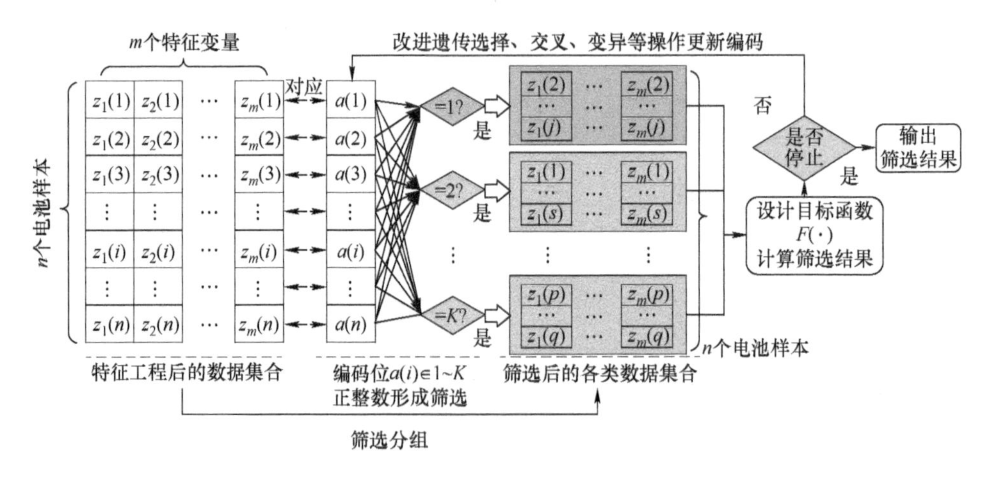

图 6-2　改进遗传方法示意图

可以看出，这种退役电池聚类方法充分利用了遗传算法对个体优化的特点。对此设计了两个方案的目标函数，方案一目标为保证聚类电池组一致性，即类内距最小及类间距最大，且不同电池包间相互差异性大。方案二目标函数优化目标为不同特征权重下欧氏距离最小，该方案的设计旨在提升分选后的电池包对场景需求具有倾向性，更贴合实际工程中不同储能场景应用需要[24-26]。

本节提出的改进的遗传方法流程分为 4 步，具体步骤如下：

1）首先，依据待聚类电池的充放电电压测试数据，提取 m 个特征标幺后形成相似矩阵 $\boldsymbol{A}$。得到提取表征退役电池性能的特征变量 x_j，计算第 i 个样本的特征值 $\boldsymbol{X}(i)$，标幺各个特征值获得特征向量 $\boldsymbol{Y}$，具体分别如式（6-1）、式（6-2）及式（6-3）所示：

$$y_s(i)=\frac{\max\limits_{j=1,2,\cdots,n}(x_s(j))-x_s(i)}{\max\limits_{j=1,2,\cdots,n}(x_s(j))-\min\limits_{j=1,2,\cdots,n}(x_s(j))} \tag{6-1}$$

$$d_{i,j}=\sqrt{\sum_{s=1}^{m}(y_s(i)-y_s(j))^2}\quad d_{i,j}=\begin{cases}0 & i=j\\ d_{j,i} & i\neq j\end{cases} \tag{6-2}$$

$$A = \begin{bmatrix} d_{1,1} & d_{1,2} & \cdots & d_{1,n} \\ d_{2,1} & d_{2,2} & \cdots & d_{2,n} \\ \vdots & \vdots & \ddots & \vdots \\ d_{n,1} & d_{n,2} & \cdots & d_{n,n} \end{bmatrix} \tag{6-3}$$

其中，式（6-2）中 d 为各样本间的欧式距离，表示第 i 个样本和第 j 个样本的欧式距离。

2）定义目标函数。首先定义编码串长度为待聚类电池数，即编码位数 n，则在第 g 次迭代中编码串为 $\boldsymbol{Ch}^{(g)} = [a_1^{(g)} a_2^{(g)} \cdots a_n^{(g)}]$，其中 $a_i^{(g)}$ 表示该电池单体对应的编码，为整数且满足 $a_i^{(g)} \in [0, K-1]$。接着随机生成 N 个编码串，得到第 g 次迭代中第 s 个编码序列下的目标函数值为：

$$J_s^{(g)} = \text{Fitness}(A_{s,1}^{(g)}, A_{s,2}^{(g)}, \cdots A_{s,K}^{(g)}) \tag{6-4}$$

3）根据目标函数得到最优编码串进行交叉变异。产生一个［0，1］的随机数 P，对编码串的随机编码位处交叉编码；获得［$P_S \times N$］个交叉编码串 $\boldsymbol{Ch}_{si}^{(g)}$，并对其进行变异，即将第 si 个编码串的第 bj 个编码位变为除本身之外的整数且满足 $a_i^{(g)} \in [0, K-1]$，得到新编码串如式（6-5）所示：

$$\hat{a}_{si,bj}^{(g)} = \forall(\{[0, K-1] \in Z(\text{整数})\} - \{a_{si,bj}^{(g)}\}) \tag{6-5}$$

4）进行编码重插，得到最优编码串完成分选。最佳编码序列以及对应的最佳目标函数值。将全局优化后能得到最优编码串，再将经最大迭代后的所有编码位值相同的定为一个聚类组。

根据上述定义和演化操作，可以建立本节所提定制化聚类方法的实现流程，如表 6-1 所示。

表 6-1　定制化聚类优化算法

算法输入： n 个电池提取 m 个特征后可以形成集合 A、上述设计的目标函数 Fitness(·)、聚类数量 K、交叉率 p_c、变异率 p_m、重插率 p_r 以及最大迭代次数 g
优化迭代过程： 令迭代次数 $g=1$，初始化 N_g 个编码位为 1~K 正整数的编码序列 $\boldsymbol{Ch}(g)1, \boldsymbol{Ch}(g)2, \cdots, \boldsymbol{Ch}(g)N_g$； While $g<G$ 计算 N_g 个编码序列对 n 个电池聚类簇族的目标函数值 $j(g)1, j(g)2, \cdots, j(g)N_g$； 完成 N_g 个编码序列的选择、交叉、变异等演化优化操作； 计算以 N_g 个编码序列的目标函数值，以最佳的 $N_g \times P_r$ 个编码序列替换之前 $N_g \times P_r$ 不佳序列， 判断第 g 代最佳目标函数值是否优于历史最优值； 若是，则更换历史最优值和最佳编码序列；若否，则不做任何操作； $g=g+1$ end
算法输出： 最佳编码序列以及对应的最佳目标函数值

从量化角度分析，以类内距离和、类间距离和以及类间最近样本聚类三个指标，将本节方法与经典的 K-means 以及谱聚类方法对比，其结果如表 6-2 所示。

表 6-2 量化指标对比分析

类别	类内距离和	类间距离和	类间最近样本距离
K-means	0.0394	0.1099	0.0020
谱聚类	0.0398	0.1094	0.0015
本节方法	0.0392	0.1101	0.0016

从表 6-2 中可以看出，在对比上述指标下，本节所提方法与经典的 K-means 和谱聚类方法性能相近，单类内距离和略小于其他两种方法，类间距离和略大于其他两种方法，说明此方法是可以有效用于聚类筛选；相比于 K-means 算法对初始化中心位置敏感，本节所提方法考虑了全局优化的影响，因此寻求的是全局最优，故对于初始化参数不敏感。

6.1.2 退役电池筛选聚类算例分析

为验证本节所提方法用于电池筛选的定制化服务功能和优越性，以图 6-3 特征空间下的样本分布为数据基础，根据图 6-2 和表 6-1 的算法实现流程，本节设置三种定制化服务场景，如表 6-3 所示。

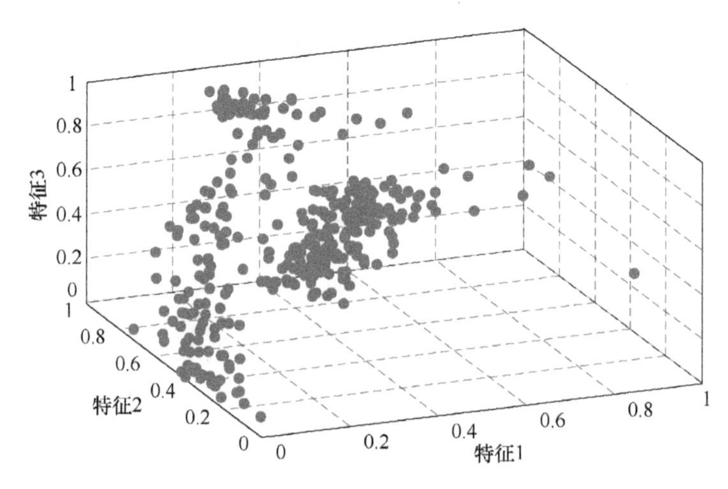

图 6-3 电池样本在三维归一化特征空间中的分布

表 6-3　场景案例说明

场景	场景描述
场景 1	类内间距和最小且类间间距和最大
场景 2	特征权重下类内样本欧式间距和最小
场景 3	类内样本构成的最小长方体体积最大且类间交叠长方体体积最小

其中，场景一是以常用的类内样本至类内中心的距离最小及类间中心距离和最大准则为聚类优化目标；场景二是通过引入特征权重向量，实现对特定特征变量的重点关注，以类内样本间的加权距离和最小为目标；场景三，考虑上述两场景未能实现各类别的清晰边界，且有限样本难以充分体现特征空间整体的划分(认知有限性)，以囊括各类样本的最小长方体最大且类间长方体交叠体积最小为目标，形成对各类的有效划分。在上述三个场景下设置本节方法相关参数如表 6-4 所示。

表 6-4　方法参数设置

参数名称	参数值
筛选组数 K	3
种群中个体数量 N_g	50
个体编码长度 n	349
编码位范围	1~K 的正整数
重插率 p_r	0. 95
交叉率 p_c	0. 9
变异率 p_m	0. 01
最大迭代次数 G	10000

1. 场景一

为便于与其他已有聚类筛选算法对比，考虑传统的类内距离最小且类间距离最大原则，设计场景一的目标函数 J_1，如式（6-6）、式（6-7）所示。

$$J_1 = \min\left(\mathrm{Dist}_{\mathrm{In}} + \frac{1}{\mathrm{Dist}_{\mathrm{Ot}}}\right) \tag{6-6}$$

其中，$\mathrm{Dist}_{\mathrm{In}}$表示类内距离和，$\mathrm{Dist}_{\mathrm{Ot}}$表示类间距离和，其计算如式（6-7）所示。

$$\begin{cases}\mathrm{Dist_{In}} = \mathrm{trace}\left(\sum_{j=1}^{K}\left(\sum_{i=1}^{n_j}(\mathbf{Z}^{(j)}(i) - \overline{\mathbf{Z}^{(j)}})^{\mathrm{T}}(\mathbf{Z}^{(j)}(i) - \overline{\mathbf{Z}^{(j)}})\right)\right)\\ \mathrm{Dist_{Ot}} = \mathrm{trace}\left(\sum_{j=1}^{K}(\overline{\mathbf{Z}^{(j)}} - \overline{\mathbf{Z}})^{\mathrm{T}}(\overline{\mathbf{Z}^{(j)}} - \overline{\mathbf{Z}})\right)\end{cases} \tag{6-7}$$

其中，$\mathbf{Z}^{(j)}(i)$ 表示第 j 类中第 i 个样本的特征向量，$\mathbf{Z}^{(j)}(i)=[z(j)1(i),z(j)2(i),\cdots,z(j)\mathrm{d}(i)]$，$d$ 表示特征变量数量，在本节中为 3；trace(·) 表示计算矩阵迹的函数；n_j表示第 j 类中样本的数量；$\overline{\mathbf{Z}}^{(j)}$ 表示第 j 类中全部样本的均值向量，$\overline{\mathbf{Z}}$ 表示全部样本的均值向量。

基于上述目标函数 J_1 计算方法以及图 6-2 和表 6-1 展示的本节所提方法流程，在表 6-4 的优化参数下，可以获得迭代过程中筛选演化效果，如图 6-4 所示。

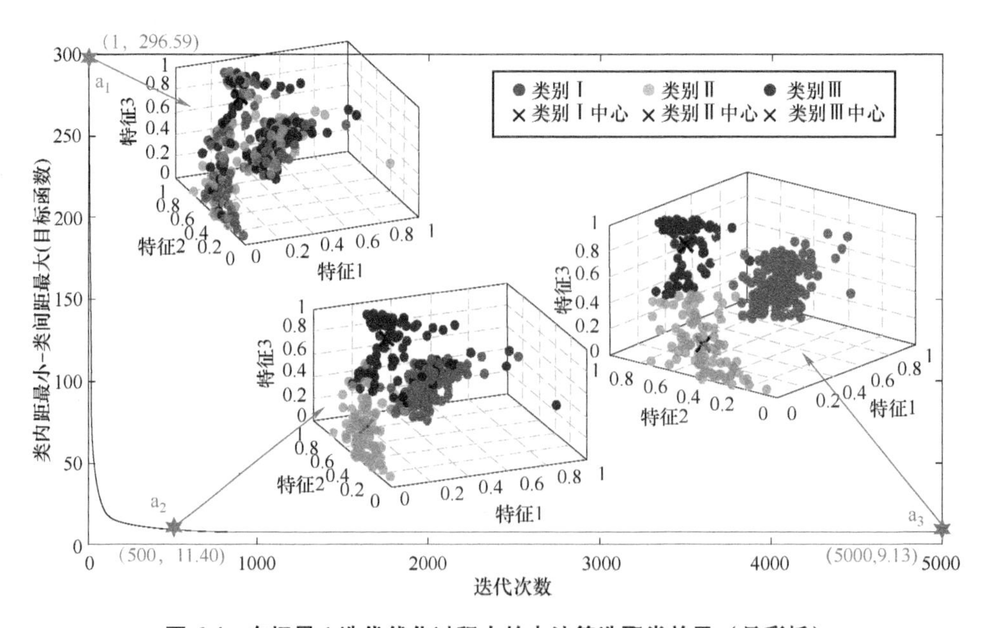

图 6-4　在场景 1 迭代优化过程中的电池筛选聚类效果（见彩插）

从图 6-3 中可以看出，目标函数 J_1 在从初代的 296. 59 收敛降至最终的 9. 13 过程中，筛选出的各类样本从混乱无序状态演变成区域性明显的聚集形态，最终形成了三个差异性显著的 3 个聚集群落，验证了所提方法可以有效地完成优化聚类筛选的目的。

在本节所提优化聚类方法中，聚类数量 K 需要人为给定，增加了主观因素影响。因此，本节通过借鉴 Kmeans 算法中参数 K 值的选择原则，通过有限枚举分析聚类后类内距离与类间距离的变化过程，选择类内距离下降最大且类间距离

上升最大的 K 值为参数选择原则。根据本节定义的电池特征空间，通过上述原则绘制不同参数 K 值下的类内、类间距离变化曲线以及聚类结果，如图 6-4 和图 6-5 所示。

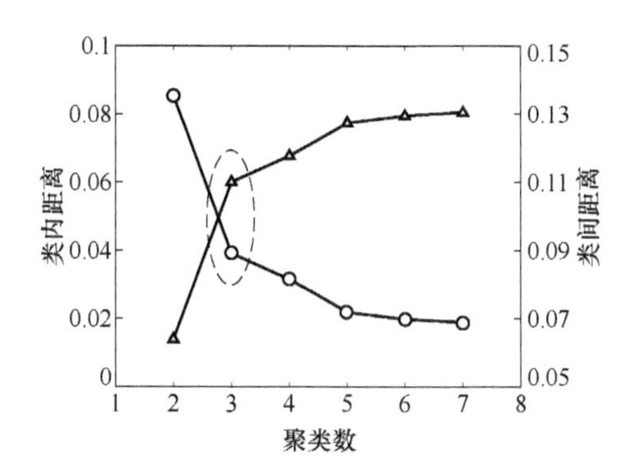

图 6-5 不同聚类数量 *K* 下类内距离和类间距离变化曲线

从图 6-5 中可以看出：①随着设置聚类数量的增加，类内距离逐步下降，下降幅度减小最终趋近于水平，而类间距离逐步上升，上升幅度降低最终也趋近于水平，这意味着盲目增加聚类数据不能大幅提升聚类筛选性能；②当聚类数量从 2 变成 3 的过程中，类内距离上升幅度和类间距离下降幅度均超过 0.04，为变化幅值最大值。所以，本节选择聚类数量等于 3 作为筛选簇族数量；③若类内距离上升和类间距离下降的最大幅值表现在不同的聚类数变化点时，可以考虑用类内距离除以类间距离作为指标，通过判断其最大变化幅值选择聚类数数量。

从图 6-6 中可以看出：①本节方法可以用于多个类别的有效筛选，各类别区域轮廓较为清晰明朗；②从电池样本聚集形态上看，随着聚类数 K 增加，样本被分割为更小、更紧致的簇团，将有利于筛选出性能更为一致的电池，用于重组出性能优异的电池模组和电池簇。

为了对比定量化本节方法，以类内距离和、类间距离和以及类间最近样本聚类三个指标，将本节方法与经典的 Kmeans 以及谱聚类方法对比，其结果如表 6-5 所示。

表 6-5 量化指标对比分析

场景	类内距离和	类间距离和	类间最近样本距离
Kmeans	0.0394	0.1099	0.0020
谱聚类	0.0398	0.1094	0.0015
本节方法	0.0392	0.1101	0.0016

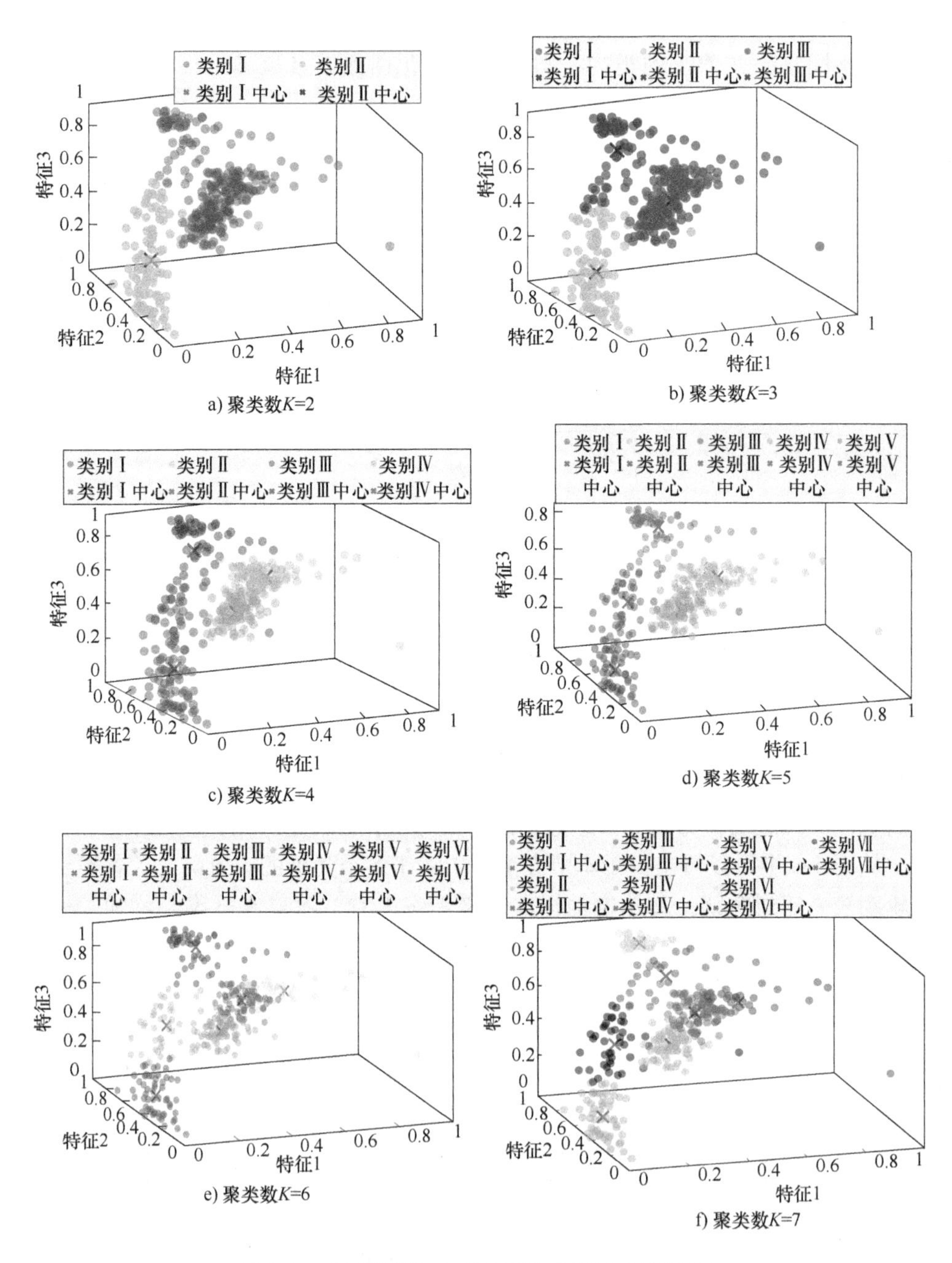

a) 聚类数K=2　b) 聚类数K=3

c) 聚类数K=4　d) 聚类数K=5

e) 聚类数K=6　f) 聚类数K=7

图 6-6　不同聚类数量 *K* 下聚类效果图（见彩插）

从表 6-5 中可以看出：①在场景一的目标函数下，尽管本节的方法与经典的 Kmean 和谱聚类方法性能相近，单类内距离和略小于其他两种方法，类间距离和略大于其他两种方法，说明此方法是可以有效用于聚类筛选；②而相比于Kmeans算法对初始化中心位置敏感，本节方法的优势之一在于借鉴遗传算法优化流程寻求全局最优，因此对于初始化参数不敏感；③在场景一中，本节方法未能体现对于筛选聚类的优势，其原因在于目标函数设计与其他聚类方法的原则一致，而未能体现出本节定制化设计的功能。因此，设计其他目标函数，建立场景二和三实现定制化分析验证。

2. 场景二

场景一讨论了本节设计方法与常规传统方法一样，可以实现对电池的聚类筛选。而在电池筛选后的应用过程中，往往存在对特定特征的倾向性，即期望某个或者某些电气性能一致性更高。一般的常规方法未能简单有效地满足此类需求。因此，本节通过设计场景二的目标函数 J_2 实现任意分配特征权重下的筛选聚类过程，以计及权重的类内样本间距和最小目标函数，计算如式（6-8）所示。

$$J_2 = \min\Big(\sum_{j=1}^{K}\Big(\sum_{i=1}^{n_j}\Big(\sum_{s=i}^{n_j}\Big(\sum_{d=1}^{D}(z_d^{(j)}(i) - z_d^{(j)}(i))^2 \times w_d\Big)^{1/2}\Big)\Big)\Big) \tag{6-8}$$

其中，$z(j)d(i)$ 表示第 j 类第 i 个样本的第 d 维特征值；w_d 表示第 d 维特征变量的权重，$w_d = w_d/\sum D\ d=1(w_d)$；$D$ 表示特征数量；n_j 表示第 j 类中样本的数量。

基于上述目标函数 J_2 计算方法以及图 6-2 和表 6-1 展示的本节所提方法流程，在表 6-4 的优化参数下可以设置本节所提取三个特征的不同权重进行聚类筛选，三个特征权重向量 **WTS** = $[w_1, w_2, w_3]$ 分别是 [8,1,1]、 [1,8,1] 和 [1,1,1]。同时为了更明确化，不同特征权重下的聚类筛选结果，利用正态分布的概率密度函数，分别统计出各权重比重下 3 个聚类簇族在不同特征维度上的分布情况，概率密度函数计算如式（6-9）所示，聚类筛选结果对比如图 6-6 所示。

$$y_d^{(j)}(k) = f(z_d^{(j)}(k) \mid \mu_d^{(j)}, \sigma_d^{(j)}) = \frac{1}{\sigma_d^{(j)}\sqrt{2\pi}} e^{\frac{-(z_d^{(j)}(k)-\mu_d^{(j)})^2}{2(\sigma_d^{(j)})^2}} \tag{6-9}$$

其中，$z(j)d(k)$ 和 $y(j)d(k)$ 分布表示第 j 类第 k 个电池样本在第 d 维特征上的值和概率密度函数值，$f(z(j)d(k) \mid \mu(j)d, \sigma(j)d)$ 表示在均值为 $\mu(j)d$、标准差 $\sigma(j)d$ 的第 j 类第 d 维特征上，第 k 个样本的正态分布概率密度函数值，$\mu(j)d = \sum n_j k = 1(z(j)d(k))/n_j$，$\sigma(j)d = ((\sum n_j k = 1(z(j)d(k) - \mu(j)d)^2)/(n_j - 1))^{0.5}$。

从图 6-7 不同特征权重下的聚类效果和概率密度曲线中可以看出以下结论：

1）对比三类聚类筛选的散点图可以看出，在不同权重分配下，被优化聚合的三类簇族形态差异性显著，分别倾向于权重较大的特征维度进行聚合；验证了本节所提方法可以实现以某特定特征为重要参考的定制化筛选聚类功能；

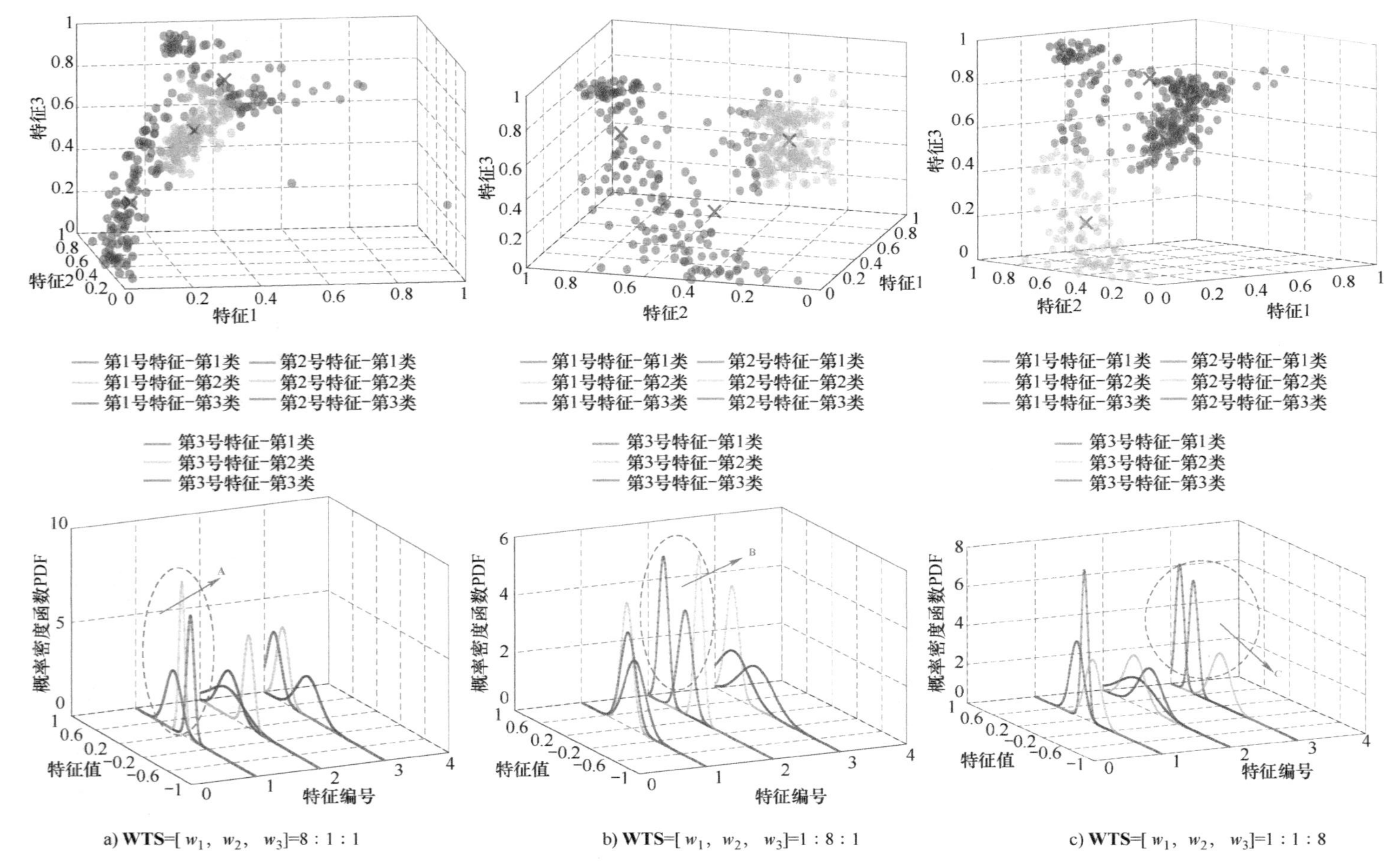

图 6-7 在不同特征权重下的聚类效果及概率密度函数曲线（见彩插）

2）对比图 6-7a 和图 6-7b 的概率密度函数的 A 和 B 区域可以看出，当提升特征 2 的权重后，A 区域的不同类别明显的分界变成了图 6-7b 中交叠甚至包含的形态，而 B 区域从原本图 6-7a 中交叠的状态转变成为交界清晰的态势。同理，对比图 6-7c 的 C 区域可以发现，当增加特征 3 的权重后，以该特征形成分界筛选的条件极其明确，说明了本节方法用于实现以特定电气性能为重要参考进行筛选聚合的优越性。

图 6-7 比较了相同比例作用于不同特征情况的筛选结果，为了进一步分析权重变化在本节场景二中的影响过程，本节以逐步增加特征 1 的权重比例为例（特征 2 和 3 等比重），分析本节方法下 3 个聚类簇族在不同特征上的分布情况，其结果如图 6-8 所示。

从图 6-8 不同特征下的聚类均值与标准差变化曲线中可以看出：①在图 6-8a 中随着对特征 1 权重的增加，在 33.3%~50%的过程中，类别Ⅰ已与两位两个类产生了明确的分界边缘，而随着权重进一步增加至 96%时（几乎只以特征 1 进行筛选），实现了类别Ⅱ和类别Ⅲ在特征 1 上的明确分界；②在图 6-8b 中，特征 2 方向的类别Ⅱ随着特征 1 权重的增加，导致其逐渐与类别Ⅰ和Ⅱ交叠，至 80%后形成了大幅度交叠，这说明在增加某特征比重的同时，可能造成聚类筛选结果在其他特征维度上变差，过度注重某特征将造成不良的筛选结果；③在图 6-8c 中，第Ⅰ类在随着特征 1 权重增加至 96%时，均表现出与其他两类不交叠的情况，而类比Ⅱ和Ⅲ的交叠情况稍微增加，这意味着在特征 3 的维度上样本的聚类筛选结果受特征 1 的倾向性影响小，电池筛选结果难以同时定制化兼顾这两类性能指标。

3. 场景三

考虑场景一、二未能给出不同筛选类别间清晰的分界条件，难以形成对新测电池样本归属类别的快速判断，下面通过设计场景三的目标函数 J_3 实现以长方体构筑不同类别的判定边界，目标函数计算如式（6-10）所示。

$$J_3 = \min\left(\sum_{i}^{K}\left(\frac{\sum_{j}^{K}\mathbf{CA}_m(i,j) - \mathbf{CA}_m(i,i)}{\mathbf{CA}_m(i,i) \times n_i}\right)\right) \tag{6-10}$$

其中，$\mathbf{CA}_m(i,j)$ 表示第 i 类与第 j 类样本交叠的长方体面积，其计算公式如式（6-11）所示，n_i表示第 i 类样本数量，K 表示筛选类别数量。

$$\mathbf{CA}_m(i,j) = \begin{cases} 0 & (z_s^{\mathrm{U}}(i) \leqslant z_s^{\mathrm{D}}(j)) \mid\mid \dots \\ & (z_s^{\mathrm{U}}(j) \leqslant z_s^{\mathrm{D}}(i)) \\ \prod_{s}^{S}\left(\begin{matrix}\min(z_s^{\mathrm{U}}(i), z_s^{\mathrm{U}}(j)) - \dots \\ \max(z_s^{\mathrm{D}}(i), z_s^{\mathrm{D}}(j))\end{matrix}\right) & \text{其他} \end{cases} \tag{6-11}$$

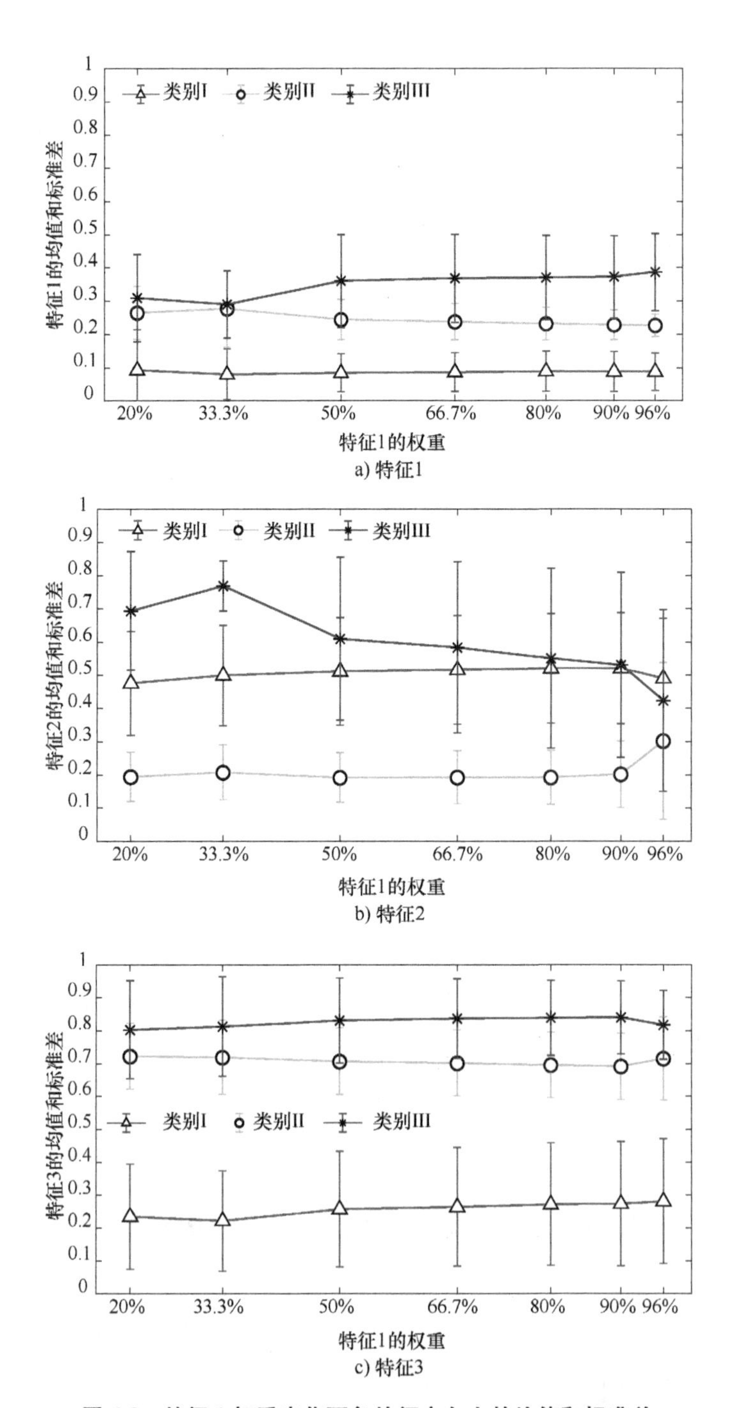

图 6-8　特征 1 权重变化下各特征方向上的均值和标准差

其中，$z_s^U(i)$ 表示第 i 类样本在第 s 个特征维度上的上限值，即最大值；$z_s^D(i)$ 表示第 i 类样本在第 s 个特征维度上的下限值，即最小值。其计算式如式（6-12）所示，α 表示遗传算法中种群个体的编码位。

$$\begin{cases} z_s^U(i) = \max\{z_s(\alpha == i)\} \\ z_s^D(i) = \min\{z_s(\alpha == i)\} \end{cases} \tag{6-12}$$

基于上述目标函数计算方法以及图 6-2 和表 6-1 展示的本文所提方法流程，在表 6-4 的优化参数下可以获得迭代过程中筛选演化效果，如图 6-9 所示。

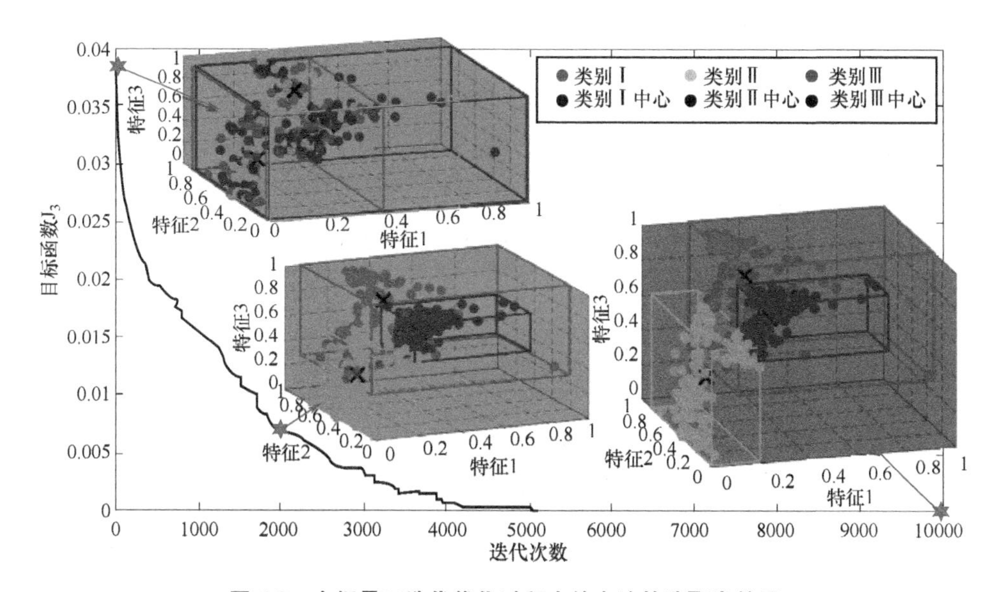

图 6-9　在场景三迭代优化过程中的电池筛选聚类效果

从图 6-9 中可以看出：①在迭代过程中，目标函数值逐渐降低，最终收敛至几乎为零，这说明在此目标函数下，电池聚类的优化结果有效；②电池筛选聚合过程从初代的几乎混乱的筛选结果至 2000 代时已初步具备聚类效果，但仍表现出长方体交叠现象，最终至迭代 10000 代时形成三个囊括全部电池样本且无交叠的三个长方体，说明采用所提方法优越地完成了在场景三中设计的筛选要求，结合场景一、二的结果可以验证，所提方法可以形成定制化的筛选过程；③筛选聚类效果可以实现三个交界清晰的长方体，各类别间划分明确，可用于形成新测试电池类别判断的规则条件，有利于快速形成其归属类别的判断。另外，三个长方体并未填充全部的特征空间，未被包含的区域表明从已知样本未能获得信息，无法判断类别的归属，有利于降低对新测试电池样本的错误判断。④即使在无法保证各类别长方体无交叠的特殊情况下，也可以通过判断新测试电池在特征空间中出现的位置（无交叠区域、交叠区域和未知区域），形成对其所述类别的合理认知和判断。

6.2 退役电池的筛选技术

6.2.1 退役电池筛选技术的基本概念

图 6-10 为退役电池分选基本流程，先通过 BMS 采集系统获取监测到的数据信息，再对这些数据进行预处理、提取等操作。考虑到电池性能受到众多因素的影响，根据特征选择方法选出电池各参数重要程度，并以此作为评判电池性能优劣的指标，从而减小电池分选的冗余度。其中，不可直接测量的参数运用相关预测算法能够实现该参数的实时估计。将表征电池重要性指标的信息导入聚类算法或模型中，即可实现退役动力电池的分选操作。

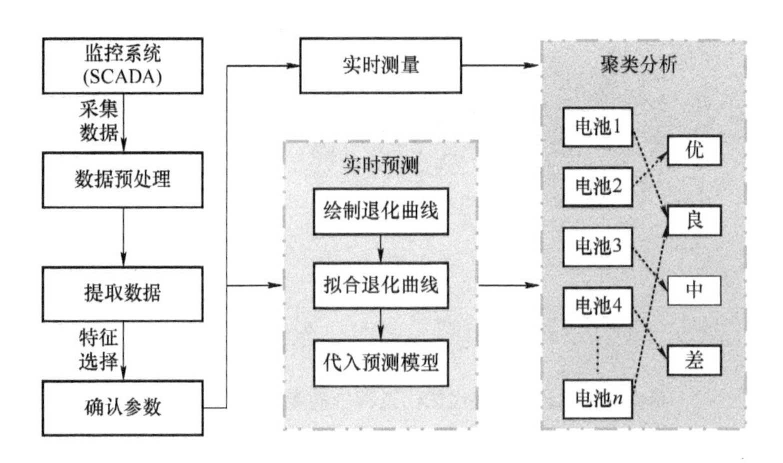

图 6-10 退役电池分选结构

在电池数目有限的情况下，用大量的特征参数来对退役动力电池进行分选会导致数据储存成本高且分类性差，所以在对退役动力电池快速分选前，要先根据电池参数特性指标进行特征选择，在开路电压、实际容量、欧姆内阻等众多电池参数中选定合适的参数作为聚类分析的分选因子。由此可有效减少电池聚类过程的计算量，同时综合考虑各个电池参数特征的权重值，提高了聚类的准确性，从而为电池快速分选以及梯次应用打下基础。利用支持向量机算法对退役动力电池实际剩余容量进行估计，可依据退役动力电池的状态对整个电池组的运行进行更加可靠的调控。

从退役动力电池的样本数据着手，以退役动力电池的健康状态、荷电状态等作为分选参考依据，选取退役动力电池的电池单体充放电容量、开路电压、放电直流等效内阻等电池参数作为分选因子，初筛和清洗有明显错误的数据，然后对电池数据进行标准化和标幺化处理，运用聚类方法将性能相近的退役动力电池筛选并归类，以提高退役动力电池在梯次利用中的电池整体寿命和运行效益。

根据最后分选结果绘制分选图如图 6-11 所示，不同的颜色代表不同的分组情况：

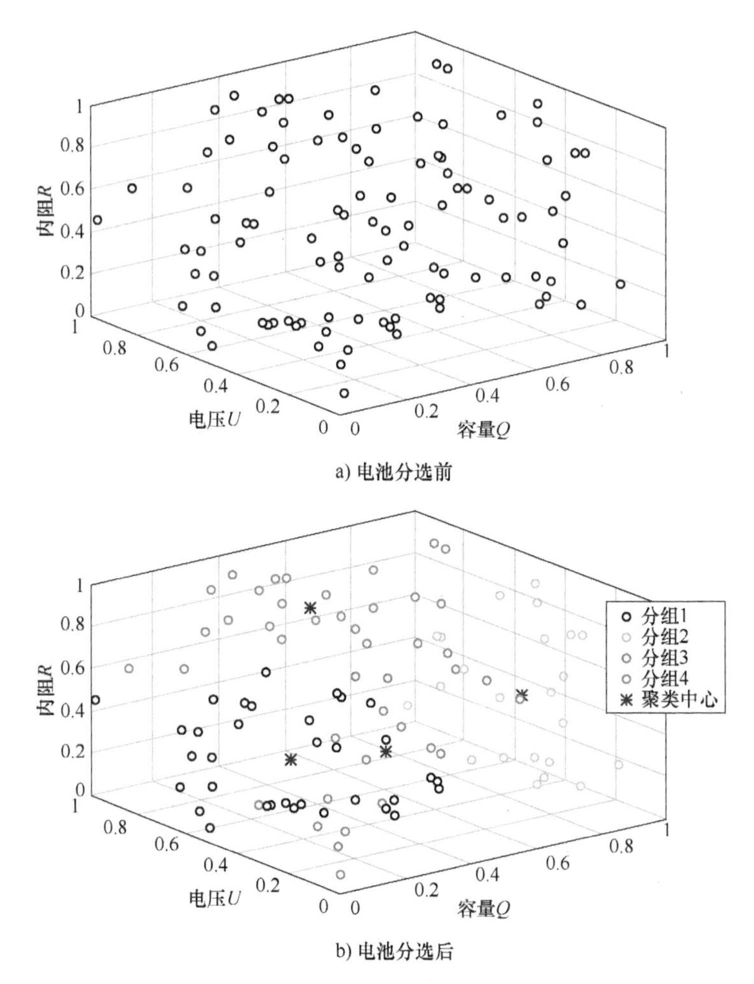

a) 电池分选前

b) 电池分选后

图 6-11　退役动力电池快速分选系统输出分选结果（见彩插）

退役动力电池在尺寸、结构等方面没有统一的标准，且前期电池运行情况不同，缺乏完整的运行数据记录，电池总体一致性差。并且由于动力电池本身电压较低，所以在实际应用中，大部分工程应用场景要靠电池的并联、串联使用。一旦电池容量开始衰减，电池的不一致性明显增强。不一致性在电池使用环境里会逐步恶化，这是我们面临的主要问题。退役电池主要问题是不一致性较大，导致不能直接串、并联使用。温度不一样，电池容量随着时间下降的方式和速度不同。电池内阻变化方式不一样，正负极容量、下降循环方式也不太相同[27]。若将这样具有较大差异性的电池串、并联在一起组成电池组投入梯次利用场景中，电池的不一致性会导致电池之间分流、分压、进出电量不同，存在的木板效应影响电池的运行状态和使用寿命，比如其中部分电池已经工作到极限，而另一部分电池还没有达到满负荷状态，电池梯次利用的可靠性和安全性无法保障[28]。所以，在退役电池梯次利用前进行分选是十分重要的。通过聚类，将性能相近的电池分选重组起来，可以提高梯次利用的利用效益、经济价值和安全性能，延长电池的二次使用寿命。

1. 电池的分类原则

电动汽车动力电池由于经过长期车载使用后，电池老化，健康状态下降，性能状态差异变大，同时一些电池可能具有安全隐患[29]，对退役汽车电池进行梯次利用之初，必须把退役汽车电池进行分类，即分为有利用价值和不具有利用价值两类。

退役汽车电池是否具有梯次利用价值应从如下两个方面进行评判：① 梯次利用电池的安全性：梯次利用电池的安全可靠使用是其具备梯次利用价值的基本，具有安全性的退役汽车电池才具备梯次利用价值[30]；② 梯次利用电池经济性：退役汽车电池要实现梯次使用，也需要具备一定的经济性[31-33]，梯次利用电池的剩余容量及剩余使用寿命等将主要决定梯次利用的利用价值，具备一定的梯次利用经济性的电池才能被二次利用。

针对退役电动汽车动力电池的梯次利用流程，可采用电池初检、关键电性能检测及分组抽样性能测试三步的电池分类试验评估方法，此类方法结合了电池内外特性检测分析技术：

1）电池性状初检：对所有退役汽车电池进行全检，目视电池外观，用电压表测试电池电压，用内阻测试仪检测电池内阻，淘汰部件不完整、外壳严重变形、漏液、外观不良、内阻过高、胀气、低（零）电压等电池。上述初检手段对电池梯次利用的安全性、经济性做出基本的判断。

2）关键电性能全检：检测所有梯次利用电池的容量、能量、内阻与自放电性能。容量和能量可以通过完全充放电测定；内阻既可以用突加电流过程中的电压变化量与电流变化量的比值，即直流内阻来表征，也可以用高频正弦激励测量其交流内阻[34-35]；自放电性能通常用一定时间内的容量保持率来衡量，需要较长时间的存储实验才能获得。综合考虑下游应用的性能需求、成本投入和收益情况，有针对性为上述指标设定分类阈值，淘汰容量过低、内阻过高、自放电率过高的电池，从而保证梯次利用的经济性，再基于一定的一致性判据对电池进行分组。

3）分组抽检：对各分组电池进行抽样，由于是抽检，所以可以采用稍复杂的技术手段[36-38]。比如：在恒温箱内用多倍率充放电试验测定电池的倍率性能和高低温性能；用长时间循环寿命试验检测电池的循环寿命；用针刺、挤压、温度冲击试验测试电池的安全性能，并对各组电池抽检电池内特性，通过拆解电池，利用扫描电镜、核磁等手段分析电池内部是否有析锂或者其他过渡金属、隔膜缺陷等现象。淘汰循环寿命低、工况适应性差、安全试验不合格及内特性检验中具有明显安全隐患的各电池分组。

此类方法不但实现了电池分类，也对电池的基本电性能有了初步的了解，试验检测的电池性能状态数据可用于分析退役动力电池适合的应用工况。

2. 退役电池梯次筛选技术

退役电动汽车动力电池能量特性及功率特性衰减，且电池单体间性能参数差异大[39]，为实现不同性能表现电池应用价值的最大化，保证电池再次应用时的可靠性和安全性，必须对电池进行筛选，实现电池的分级梯次应用。

退役动力电池梯次利用中的筛选环节需要综合应用软件技术、测控技术、制造工艺等，涉及计算机、机、电等多种学科[40]，技术门槛较高，国内在此方面的研究仍处于起步阶段。参考文献［41］提出一种基于库仑效率的退役动力电池储能梯次利用筛选方法，该方法从电化学角度出发，分析库伦效率与电池容量衰减之间的内在关系，特别采用对数坐标系来描述库伦效率与循环次数的关系，并以此为指标进行动力电池的筛选，此处的循环次数估计是针对每个电池的快速筛选，与电池抽检过程的循环次数试验不同。参考文献［42］采用温度实验及直流内阻特性实验方法，研究退役动力电池模块中单体电池直流内阻与温度、荷电状态（State of Charge，SOC）和倍率的关系，评估单体电池的健康状态（State of Health，SOH），并补偿温度、SOC、倍率对 SOH 估计的影响，从而快速、有效地筛选退役动力锂离子电池。参考文献［43］提出一种基于罗曼诺夫斯基准则和（放电容量）CD-OCV（开路电压）特性曲线的退役动力电池单体的筛选方法，该方法能比较准确地筛选出性能一致的退役动力电池单体。同时，在整个过程中需要强调的是，梯次利用电池的筛选基本原则应遵守以下两个方面：

1）技术性方面：电池的筛选为实现电池的分级梯次利用于不同应用工况，不同应用工况对电池的技术要求不尽相同，针对不同应用工况来筛选电池时，筛选方法也不相同。筛选所用的参数应尽量少，参数测试方法宜简单可靠。

2）经济性方面：检测成本低、速度快，筛选应提高退役汽车电池的二次利用率，电池应尽可能分选到利用价值高的应用场合，从而提高退役汽车动力电池梯次利用的经济性。

电池分类、筛选的对象可能是单体或者模组，上述分类、筛选方法多基于单体提出，认为可以同样应用于模组之中。

6.2.2 基于退化机理的退役电池筛选技术

退役动力电池时频域联合解耦测试方法。首先，对于不便拆解成单体或出于经济性考虑拟整包利用的情况，基于通用充放电设备和电池包既有 BMS 的测试、通信接口，设计时域电流激励的形式、时机和次序，以包内最小可分辨模块（BMS 同时采集其电压、电流信号）作为基本单元，通过整包测试的方式将电池开路电势和不同时间尺度过电势从电池端电压中分离出来，实现电池电压特性的时域解耦；其次，当电池包内存在不良个体必须拆解利用或因对重组一致性要求较高需要对电池包进一步拆解的场合，针对数量庞大的电池单体（包括简单模块），研究电化学阻抗谱快速测试方法，开发基于多正弦叠加激励信号的阻抗谱快速测量装置，实现电池阻抗特性的频域解耦。基于不同衰退阶段退役电池尼奎斯特曲线和波特图，分析不同阻抗谱频段的变化趋势和幅值，从而筛选出变化趋势明显、幅值波动较大的阻抗谱频段。

退役动力电池测试数据的模型解析。一方面，在经典复杂电化学性能仿真模型的基础上，研究基于数学变换、模型降阶和近似等效方法的模型简化、参数约减方法，进一步研究不同电池电压成分与模型内部不同动力学过程的关联关系，从而实现电化学模型参数的解耦辨识；另一方面，针对阻抗谱数据构建分数阶等效电路模型并辨识其参数，重点研究基于阻抗谱形貌特征和电池机理分析的模型参数初值选取方法，保证参数辨识结果的稳定性，进一步通过时频域变换将频域阻抗模型转换为时域等效电路模型。通过上述两个方面的研究，在实现电池物性特征（模型参数）提取的同时实现被测电池的模型化、参数化。

对于拟整包利用的退役电池，设计特定的电流激励信号，将电池内部不同过程对应的端电压表现依次激发出来，构建电池简化电化学模型，对外部可观测电压、电流数据进行模型解析，实现电池包内最小可分辨单元（电压、电流可测的单体或者最小模组）物性参数的解耦辨识。虽然整包检测需要深度充放电激发电池的特性，耗时较多，但是整包利用经济性最佳，并且可以同时获知多个内部单元的状态，从而抵消时间和设备成本。对于单体二次利用的场景，由于电池单体的数量较大，考虑采用基于频域电化学阻抗谱技术对其特性进行测量和解析。首先，设计开发基于多正弦叠加电流激励的阻抗谱快速测量装置；然后，构建电池频域分数阶等效电路模型，并结合电池频域响应机理和参数辨识算法可靠获取频域模型参数；最后，通过时频域变换方法将频域阻抗模型映射到时域，从而实现对电池电压-电流特性的时域仿真。

1. 基于激励响应分析的电池电压特性时域解耦

在进行整包测试时，外部可测量就只有电池最小单元的电压和电流，而电池端电压是内部开路电势、欧姆过电势、电化学反应过电势和浓差过电势共同作用的结果，如式（6-13）所示：

$$U_{app}(t)=E_{ocv}(t)-\eta_{con}(t)-\eta_{act}(t)-\eta_{ohm}(t) \tag{6-13}$$

式中，U_{app}为电池端电压；E_{ocv}为开路电压；η_{con}为浓差过电势，由液相扩散和固相扩散共同决定；η_{act}为电化学反应过电势；η_{ohm}为欧姆过电势。

若要提取与之对应的电池特征，需要利用电池内部各过程在时间尺度上的差异，设计充放电电流激励，将电池端电压进行解耦分析。

根据电池的工作机理，设计的电流激励和与之对应的电压响应的波形示意图如图 6-12 所示。测试工况由不同 SOC 状态下的恒流充电、放电、搁置构成，并穿插若干次短时脉冲充放电过程，解耦测试的思想如下：

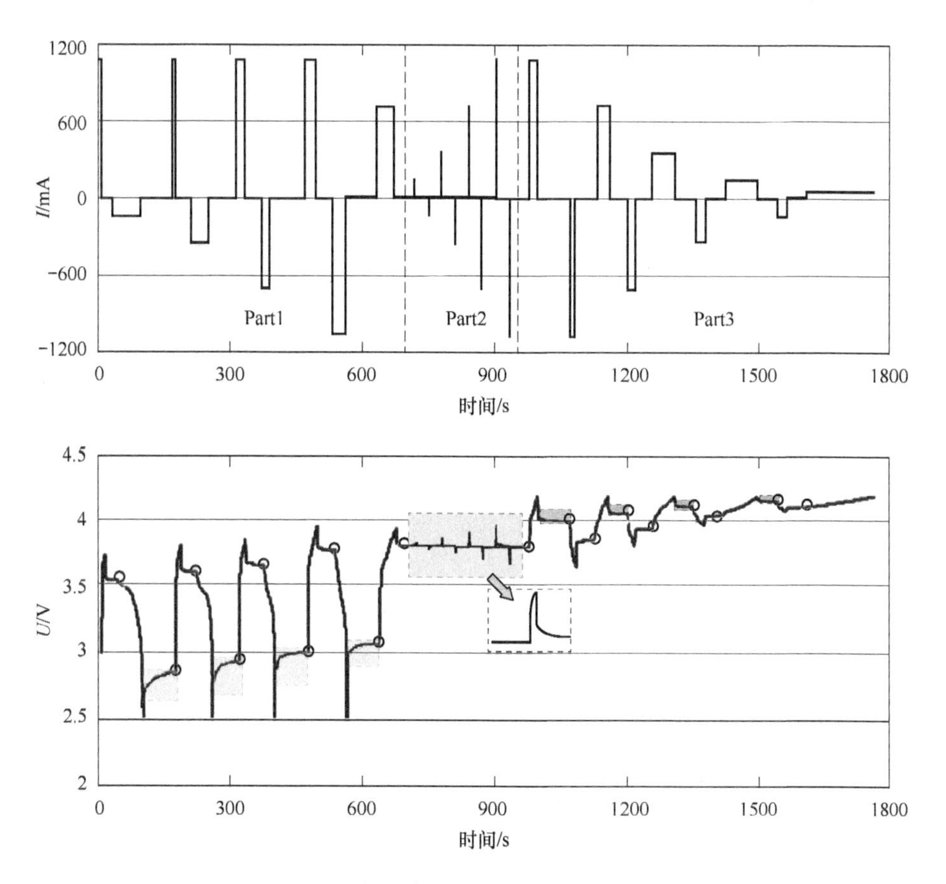

图 6-12　电流激励和电压响应波形示意图

1）图中的圆圈处的电池电压是充放电后搁置足够长时间得到的稳定工作点，其电压对应不同 SOC 的稳态开路电压，可以利用这些数据还原电池的“开路电压-SOC”曲线；

2）图中方框为不同倍率脉冲充放电工况，欧姆过程和电化学反应过程即刻显现，而由浓度差导致的扩散过程还没有来得及建立，因此通过脉冲工况将欧姆过电势和电化学反应过电势从电池端电压中分离出来；

3）图中紫色方框是较高 SOC 处的充放电过程，由于电池负极多为石墨材料，其开路电势在较高 SOC 处比较平缓，近乎不变，因此较高 SOC 处电压变化量中的缓变部分主要由正极的扩散过程决定，从而将正极固相扩散过电势和液相过电势分离出来；

4）图中黄色方框为较低 SOC 处的充放电过程，可以新一步从电压缓变过程提取负极固相扩散过电势和液相过电势，与步骤 3）相比较，将固相、液相过电势进一步区分开来。

2. 基于阻抗谱快速测量的电池阻抗特性频域解耦

阻抗谱是系统在不同频率下的阻抗特性，典型的锂离子电池阻抗谱 Nyquist 图如图 6-13 所示。

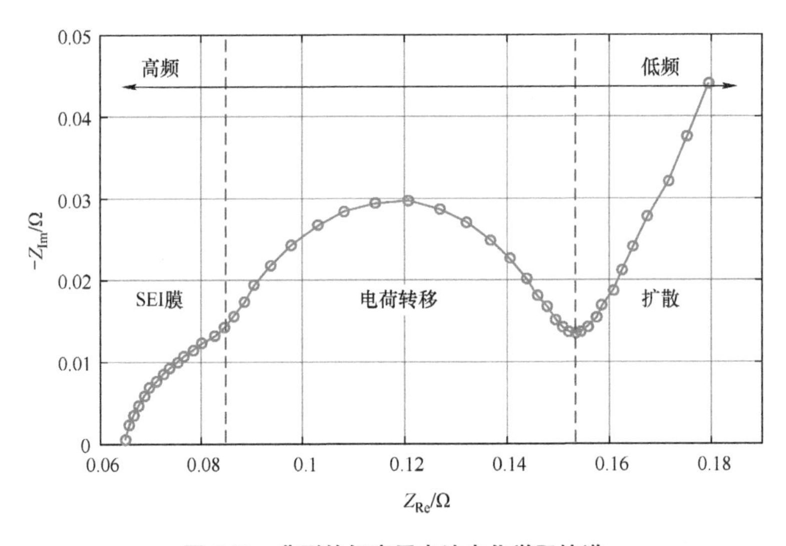

图 6-13 典型的锂离子电池电化学阻抗谱

阻抗谱形貌中，高频区域的圆弧与锂离子通过 SEI 膜的迁移过程有关；中频区域的圆弧与电极表面电化学反应过程有关；低频区域的斜线与锂离子在电池内部的扩散过程有关。可见，阻抗谱技术可以将电池阻抗特性进行解耦，反映电池“钝化膜增厚程度、界面电化学反应快慢、物质传递难易”相关的全面信息。

传统的阻抗谱扫频测量方式设备昂贵、测试时间长，本项目采用多正弦叠加电流信号作为激励源的技术路线，能够大幅度降低测量成本、减少测量时间。其测量原理如图 6-14 所示。

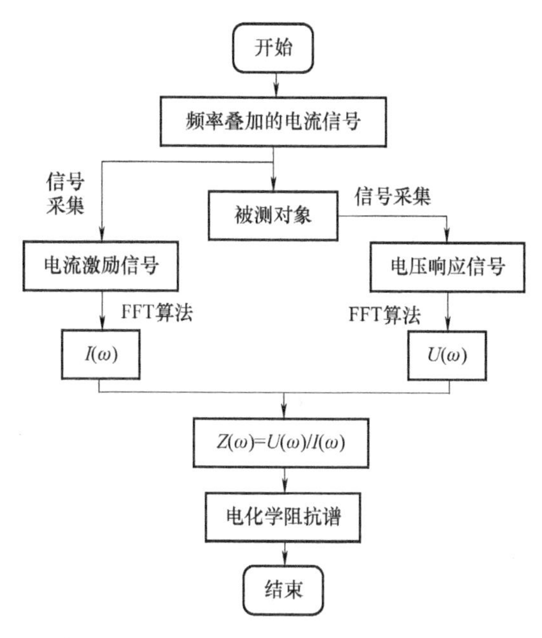

图 6-14　基于多正弦叠加电流激励信号的阻抗谱快速测量原理

将多个频率不同的正弦电流信号叠加，将叠加信号作为激励信号施加给被测对象，同时采集输入激励信号与被测对象的响应信号，对激励信号与响应信号分别进行快速傅里叶变换，分析激励和响应的幅值相位关系得到阻抗谱。

阻抗谱测量装置的结构如图 6-15 所示。

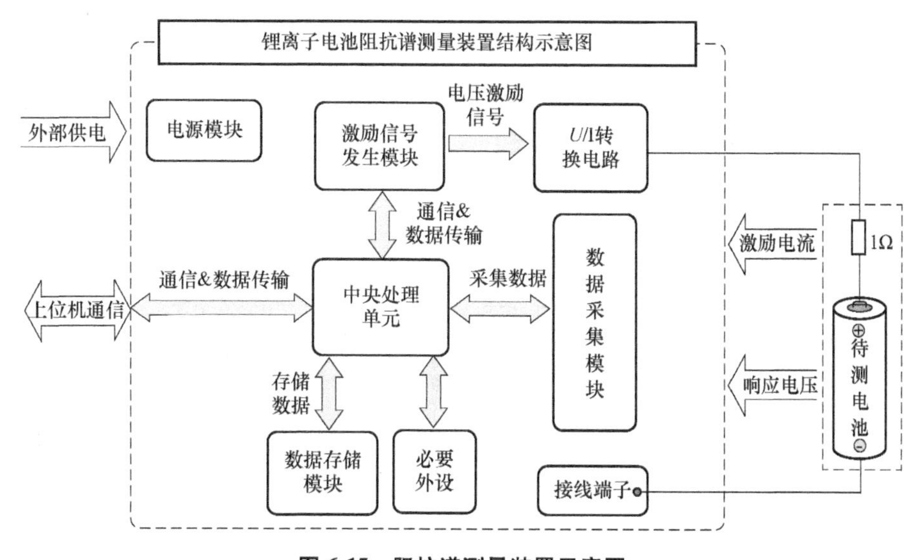

图 6-15　阻抗谱测量装置示意图

装置由中央处理单元、信号发生模块、*U/I* 转换电路、数据采集模块、数据存储模块、电源转换模块等构成。中央处理单元负责整个装置的信号发生、响应信号测量、数据存储、阻抗谱生成计算、上位机通信等调度和控制；信号发生模块用于生成测试需要的模拟电压信号；*U/I* 转换电路将电压激励信号转换成具有一定驱动能力的电流激励信号，注入到待测电池；数据采集模块按照一定的采样频率同步采集电流激励信号和电压响应信号；数据存储模块用于存储原始电压电流数据和由中央处理单元转换得到的阻抗谱数据。所设计的阻抗谱测量装置具有成本低、测试快的特点，可以扩展多个端口满足对多个电池单体同步快速筛选的需求。

6.2.3 基于数据驱动的退役电池筛选技术

1. 常用退役电池筛选算法

聚类过程是把原始数据样本按照特定标准分割成不同的类或簇，使得同一簇内的数据对象相似性尽可能大、差异性尽可能小，不同簇中的数据对象相似性尽可能小、差异性尽可能地大。这样进行聚类分析后，同类数据聚集到一起，不同类数据分离开来。常用的聚类算法主要分为 5 种：层次聚类算法、分割聚类算法、基于约束的聚类算法、机器学习中的聚类算法和用于高位数据的聚类算法，具体如图 6-16 所示。

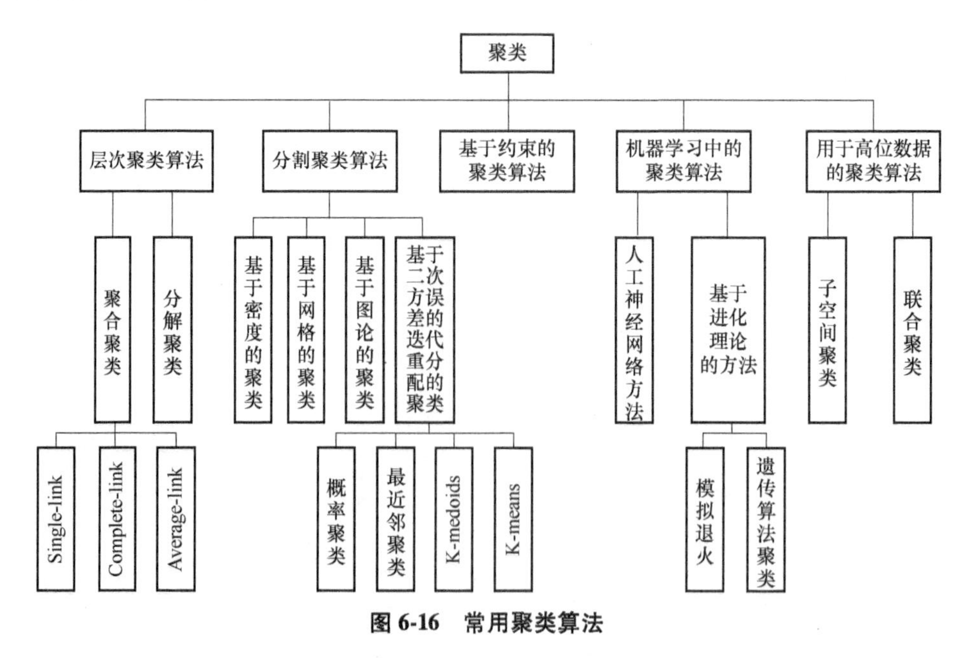

图 6-16 常用聚类算法

目前较常见的是采用分割聚类算法下基于二次方误差的迭代重分配聚类的

K-means 聚类方法。由于算法是无监督学习，无需进行模型的训练，省去了训练的步骤，所以算法运行速度快、过程简单高效。在原始数据集规模较大的情况下，算法仍可以保持可伸缩性和高效性，具有良好的聚类效果。算法适用于数值型数据，且计算结果与数据初始输入顺序无关。综上，K-means 聚类算法主要具有算法思想原理简单，简单高效，容易实现，运行速度快，聚类效果较优，时间、空间复杂度低，且主要需要调参的参数仅仅是簇数 K 的优势，所以选取该算法用于退役动力电池分选技术研究。

2. 退役电池目前研究算法

计及退役电池性能差异的筛选重组方法

由于从电动汽车拆解下来后的电池存在不同程度的性能衰退，从而导致电池容量、内阻等参数参差不齐。鉴于木桶效应原理，单体电池的性能基本决定了整包电池的性能。因此，为提高整包电池的性能，需要将整包进行拆解，筛选出性能较好并且一致的单体电池进行重组。首先依据聚类方法筛选出短板电池，考虑主被动均衡策略改善电池不一致性的影响，采用柔性接入等重组结构提高电池模组一致性，再利用均衡修复技术和隔离托管内部重组技术，提高退役动力电池整体可用率。具体流程如图 6-17 所示。目前应用较为广泛的退役电池的筛选方法分为直接筛选和间接筛选两类。

直接筛选是直接通过测试拆解单体电池的基本参数（包括电池的内阻、容量、SOC 等）对电池进行分类。参考文献［44］首先对退役电池整包进行拆解，拆解成单体电池后对电池的外观、SOC 电压、电流进行检验，根据结果对电池进行分类筛选，结果表明退役电池中镍氢电池和锂电池的可利用率较高；参考文献［45］通过对电池 Rint 等效电路和热累积、库伦效率、容量衰减和内阻增长等因素进行测试，并将相关参数在电压曲线上表现出来，最后通过实验验证了所提筛选方法的有效性；参考文献［46］分析了锂电池库仑效率与电池容量衰减之间的内在关系，并通过引入库伦非效率的定义，提出了基于库伦效率的退役电池筛选方法并获得退役锂离子动力电池充放电容量、库伦效率、库伦非效率三者与循环次数之间的关系。参考文献［47］发现了不同类型退役电池放电容量和开路电压之间的关系并绘制该关系曲线，基于该曲线提出了基于罗曼诺夫斯基准则和 C_D-OCV 特性曲线的退役动力电池单体的筛选方法；参考文献［48］通过测试电池的特征参数来筛选电池，特征参数主要包括外观、容量、脉冲和电化学抗谱等。

间接筛选是依据单体电池的电流、电压等测试数据提取对表征其 SOH 的性能参数进行特征提取，进而实现对退役电池的筛选。参考文献［49］通过对单体电池的性能参数（包括电池电压、容量、内阻）进行测试，在测得的结果的基础上提出一种 K 值和遗传算法相结合的退役电池筛选方法。参考文献［50］

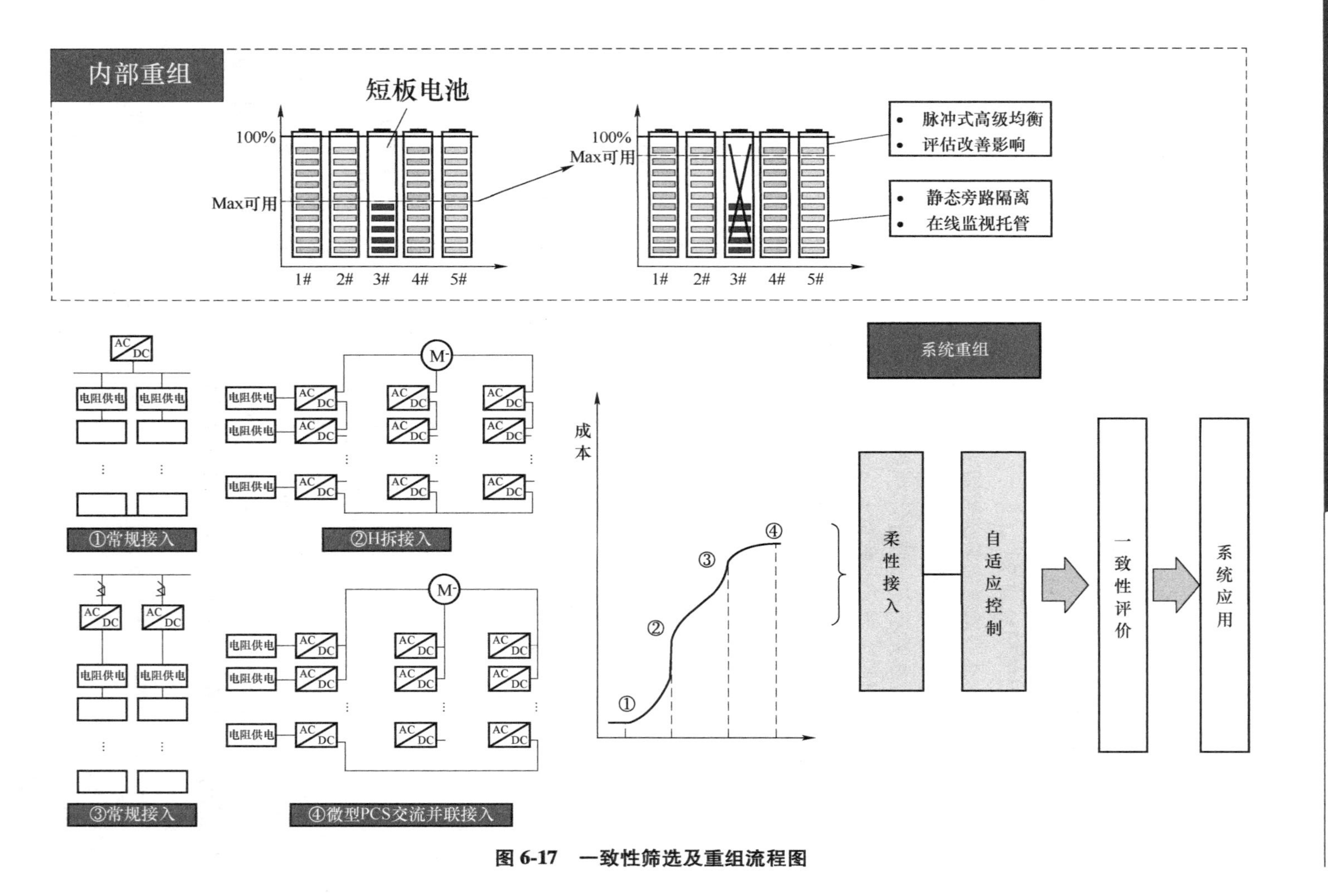

图 6-17　一致性筛选及重组流程图

为了提高对退役动力电池的筛选速度提出了均衡-充电筛选法，首先对电池进行并联均衡，电压一致后进行串联恒流充电并得出电池不同电压曲线，最终实现电池容量估计，完成电池筛选。参考文献［51］提出了一种基于电压曲线和神经网络方法的退役电池筛选方法。构建了以容量为输入、以电压为输出的电池筛选模型，但由于该方法建立模型需要大量的数据，增加了退役电池筛选的成本。

综上所述，直接筛选通过测试电池的基本参数对电池进行分类，该方法间接但耗费时间长、所用成本较高；间接方法通过对电池性能参数进行测试，基于测试结果和相关算法对电池进行分类，但该方法需要长时间的测试，效率的提升也有限度。

3. 基于测试电池健康状态的快速筛选技术

电池的健康状态SOH（State of Charge，SOH）受电池容量、内阻、温度等不同因素相互耦合的影响，具体计算如式（6-14）所示。

$$SOH=\frac{C_n}{C_0}\times 100\% \tag{6-14}$$

式中，C_0表示为电池额定容量；C_n表示为电池当前时刻的最大可用容量。

从电池内阻的角度定义SOH时的公式如下：

$$SOH=\frac{R_{EOL}-R}{R_{EOL}-R_{NEW}} \tag{6-15}$$

式中，R_{EOL}、R_{NEW}、R分别代表寿命终结电池、新电池以及目前状态下的内阻值。

SOH反映了退役电池内部即电芯的内部机理变化，通过辨明电芯SOH实现对退役电池的筛选。现有的测试手段主要是根据检测退役电池得到的循环或存储测试数据，拟合出梯次利用场景下退役电池内部状态参数。对梯次利用场景工况条件下的退役电池容量损失进行估计，认为采样周期内工况及应用场景不发生改变。对于梯次利用工况存在但固定制式测试中不存在的老化条件，采用插值方法获得其模型参数，最后对所有采样周期的电池容量损失进行累加。根据当前容量和任意工况条件下的容量损失，即可对退役电池作出快速筛选，现有的梯次利用筛选产业化流程主要包含车辆拆解、聚类分选、模组重组、系统集成、安全管理、监控运维6个阶段。在筛选阶段，考虑成本经济性、电池拆解工艺等因素，主要基于模组级展开筛选重组，具体内容如图6-18所示。

针对退役电池，现有的测试内容主要分为容量状态、功率状态、使用寿命三方面，经过容量测试、解析的待测电池具备了模型化、参数化的条件，可以借助模型仿真手段对电池的容量状态进行量化评估。功率状态的实验测试方法以目前

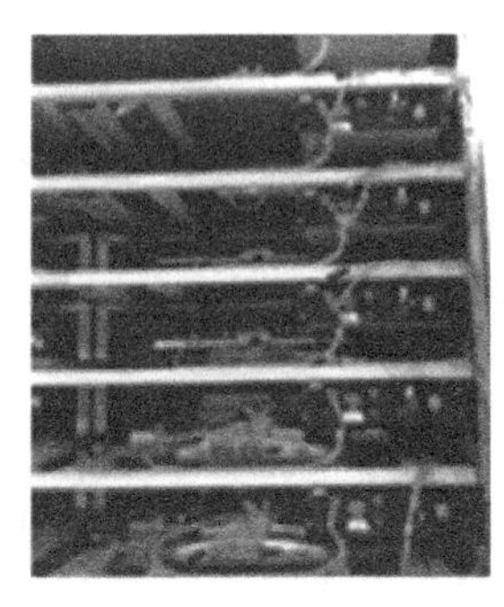

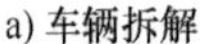
a) 车辆拆解　b) 聚类分选　c) 模组重组

d) 系统集成　e) 安全管理　f) 监控运维

图 6-18　退役电池检测筛选及应用流程图

常见的 10s 脉冲 SOP（State of Power，电池功率状态）为例，在某状态下静置稳定，开路电压为 U_{ocv}，以某个幅值为 I 的脉冲电流对其充/放电 10s，若达到充/放电截止电压，则 U_{ocv} 与 I 的乘积就是电池当前状态的最大脉冲充/放电 SOP。该方法需要对脉冲电流进行多次检测，才能在规定的时间达到电池的截止电压，实测难度较大。电池寿命衰减、温度、电流、SOC 等电池的基本参数都会影响电池 SOH 的评估。

目前，主要是通过退役电池老化机理、经验模型以及数据建模等方法进行 SOH 估计。该基于数据驱动的 SOH 估计方法不需要明确电池内部的工作原理、工作机制以及电池模型，只需要对老化电池的数据进行驱动，利用卡尔曼滤波、神经网络等算法对数据进行分解。基于退役电池老化机理对充放电过程中电池内部的物理化学过程进行建模，并在电化学模型的基础上设计估计器，对电池的 SOH 进行估计。建立电化学模型所依据的原理有密度泛函理论、分子动力学、多孔电极理论等，所描述的退役电池内部反应过程有电极脱锂和嵌锂过程、SEI 膜的生成与变化过程、导电体的变化与腐蚀过程等。这种方法能够对电池老化过程从本质机理的角度进行描述，但是影响退役电池老化的机理众多，老化建模的难度很大，工程上难以实现。基于退役电池经验模型的估计方法是利用电池实验数据，总结电池参数变化规律从而建立电池 SOH 估算模型。退役电池经验模型通常以环境温度、电流倍率等影响电池容量衰退的因素作为模型输入量，模型的输出量是电池容量，其具有模型简单、应用灵活等优点。通过控制锂离子动力电池的运行条件并依据实验数据，获得电池健康状态与实验环境等因素的影响。此类方法依赖大量不同工况条件下的离线实验，对于实验无法覆盖的工况，适应性较差[52]。基于数据驱动的 SOH 估计方法认为电池老化是稳定的随机过程，根据输入激励和输出响应的关系构建数学模型。其模型准确度和结果主要受输入数据影响[53]。

4. 考虑特征参数的串联激励筛选技术

退役电池固有特性分布不均匀，运行条件差异大，这造成了串联而成的电池包外特性符合“木桶效应”，而其整体外特性由性能最差的单体电池决定，而电池包内单体电池运行状态满足“马太效应”，因此，需要考虑特征参数筛选出一致性较好的退役电池，以提高其利用率，契合梯次利用场景需求。

目前，利用退役电池全寿命周期特征参数的串联激励工程化快速筛选装置，主要通过上节所述对退役电池测量分析的基础上，通过选取退役电池容量、内阻等表征其状态的特征参数，确定潜在的可表征退役电池一致性的筛选特征。对退役电池进行充放电测试分析后获得反映内部物理化学特性的模型参数，从而提取电池若干外部特征，包括：容量、内阻、放电电压曲线面积、恒流恒压容量比、中值电压等。利用退役电池特征参数与串联激励的相关性分析，进一步从电池内、外部特征中筛选出与退役电池容量、内阻衰退规律相关性高的特征量，用于最终的筛选。设计在串联激励下电池循环老化实验，间隔固定的循环次数提取退役电池内外部特征和容量、内阻值。分别拟合这些特征参数与容量、内阻变化的关系，用拟合度对相关性进行量化。从而在串联激励下选取与容量、内阻相关性高的内外部特征作为最终的一致性筛选特征，以分析退役电池一致性差异以及串联规模，实现基于退役动力电池特征参数的筛选聚类技术应用。常见的聚类算法流程如图 6-19 所示，包含对电池数据标准化、选取聚类中心、提取聚类特征等环节。

通过聚类分析方法挖掘退役电池特征参数，分析电池簇性能的敏感性，估计电池簇的状态空间，对退役电池基于特征参数的串联激励动态一致性筛选方法进行优化。通过对已有的串联激励信号源多频段、大功率变换及弱信号精确测量技术进行研究，分析退役电池或模组激励信号的工作频段特点和串联激励电流电压规格以及功率要求，考虑适合串联激励信号源的拓扑电路结构。现较多采用多路电压、电流同步采样和阻抗电压弱信号精确测量的方法，主要涉及

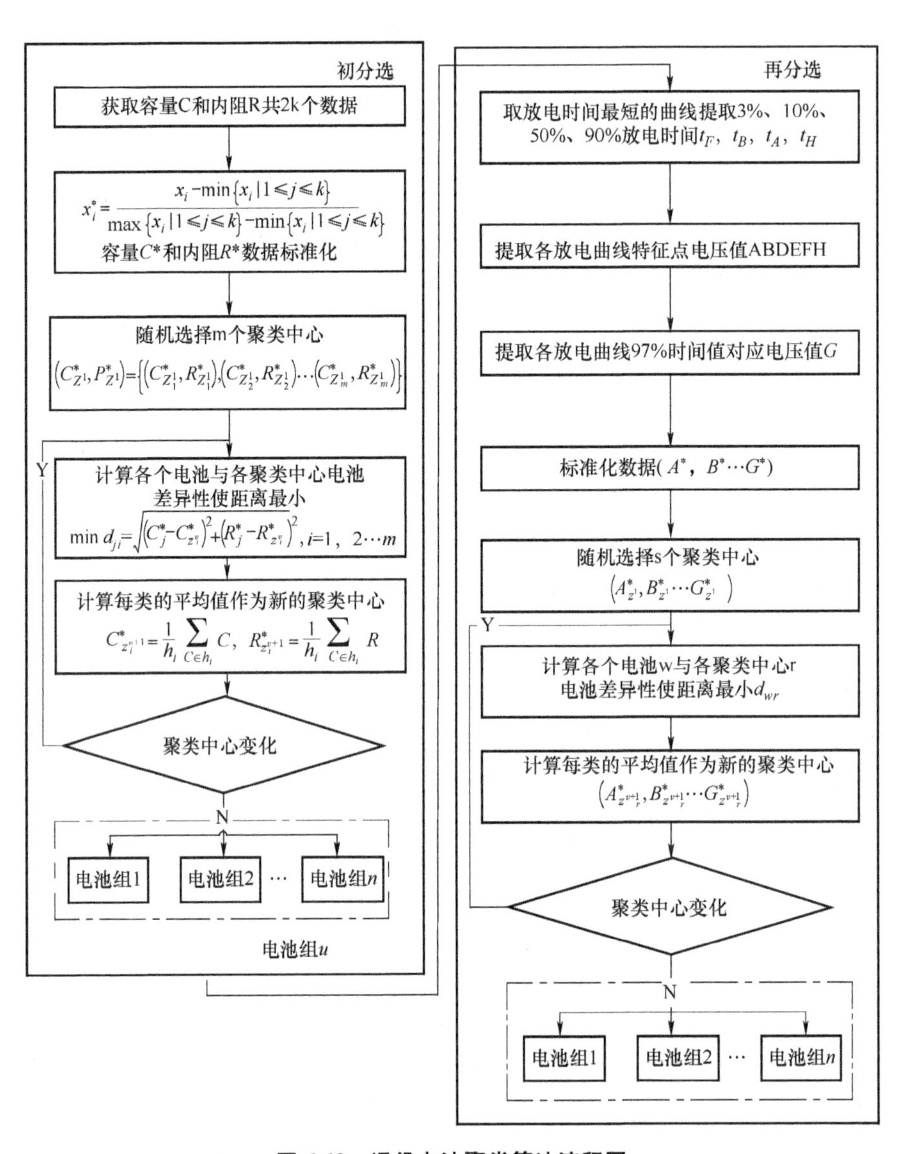

图 6-19　退役电池聚类算法流程图

多频段、大功率变换的串联激励信号源及弱信号精确测量工程方案。通过对电池测试数据进行训练，提取特征点信息，实现退役电池的聚类筛选，具体流程如图 6-20 所示。

针对退役电池的聚类筛选目前采用的热点方法是机器学习方法，它可降低特征参数的复杂性，增强对大规模数据的处理能力，详细聚类方法优缺点对比如表 6-6 所示。

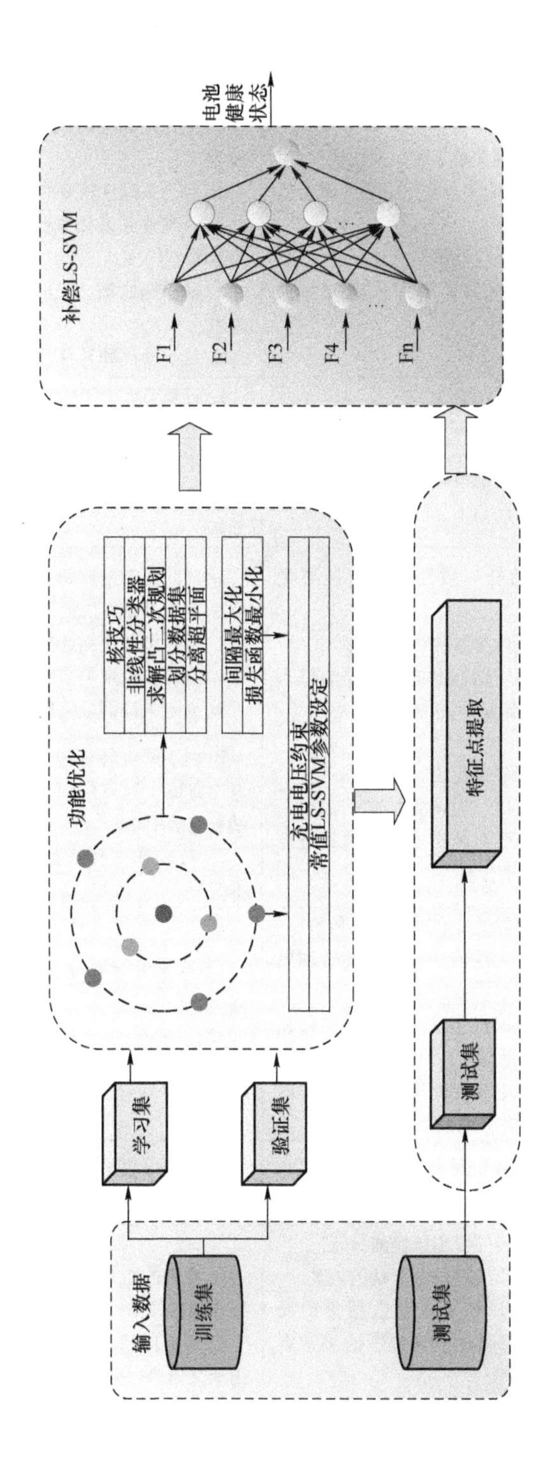

图 6-20　退役电池聚类筛选示意图

表 6-6 退役电池聚类方法优缺点对比

分类	方法	优点	缺点
基于划分方法	K-MEANS	1. 原理简单，收敛速度快 2. 以 SOH 为聚类中心的聚类效果较优 3. 退役电池模型的可释性较强 4. 调参只需要退役电池聚类簇数	1. 待分选电池的簇数需提前设定，选取较难 2. 对于一致性较好的电池集难以收敛 3. 若电池测试数据包含类型单一，则聚类效果不佳 4. 采用迭代法，只能得到局部最优聚类结果 5. 对于噪声和异常电池数据比较敏感
	K-MEDOIDS	1. 不容易受噪声和异常电池数据影响 2. 关注退役电池局部特征能力 3. 算法简单，收敛速度快	1. 计算量大，不适用大量退役电池数据 2. 受初值影响大 3. 不适于类型繁杂的电池数据集 4. 易陷入局部极值，甚至出现退化或无解
	CLARANS	1. 适合一致性差的电池聚类分析 2. 受电池异常数据影响小 3. 算法运行时电池数据的导入顺序不影响聚类的结果	1. 时间复杂度较高 2. 难以处理大规模退役电池测试数据 3. 退役电池聚类簇数难以确定 4. 退役电池聚类结果依赖初始值选择 5. 易陷入局部最优聚类结果
基于层次方法	BIRCH	1. 聚类速度快 2. 可以识别异常电池测试数据 3. 包含对聚类电池数据集进行初分类的步骤	1. 由于聚类特征树，对每个节点的退役电池特征个数有限制，影响退役电池聚类结果准确度 2. 对表征多特征的电池数据聚类效果不好
	CURE	1. 可以适应非球形的几何形状 2. 对电池数据孤立点的处理更加健壮 3. 能识别非球形和大小变化较大的电池簇 4. 对电池数据库有良好的伸缩性，适合大型数据聚类	1. 存在因反复迭代而消耗大量时间的问题 2. 所需电池参数较多 3. 对空间数据密度差异敏感
	CHAMELEON	1. 可以发现高质量的任意形状的簇	1. 所需电池参数较多 2. 维度较高的电池数据处理时间长
	DBSCAN	1. 不需要指定簇类的数量 2. 可以处理任意形状的簇类 3. 可以检测电池数据集的噪声，且对电池数据集中的异常点不敏感 4. 结果对数据集样本的随机抽样顺序不敏感	1. 常用的距离度量为欧式距离，对于高维电池数据集，会带来维度灾难 2. 若不同簇类的样本集密度相差很大，则聚类效果很差 3. 对退役电池的输入参数较敏感

（续）

分类	方法	优点	缺点
基于密度方法	OPTICS	1. 对电池初始参数的设定敏感度较低 2. 聚类结果对参数不敏感	1. 低密度区域的对象往往被累积在结果序列的末尾，算法实际性能未能得到充分发挥 2. 在大规模电池数据集下聚类时间效率低，适用于小规模的电池数据集
	DENCLUE	1. 对电池数据集的噪声不敏感 2. 对高维电池数据集合的任意形状的聚类，给出了简洁的数学描述 3. 只保存实际包含数据点的网格单元信息 4. 速度相对快	1. 需要大量的退役电池参数 2. 对退役电池参数比较敏感
基于模型方法	GMM	1. 结果用概率表示，更具可视化 2. 可以根据概率在某个感兴趣的区域重新拟合预测	1. 需要使用完整的全周期电池信息进行预测 2. 在高维空间失去有效性
	SOM	1. 映射至二维平面，实现可视化 2. 可获得较高质量的聚类结果	1. 计算复杂度较高 2. 结果一定程度上依赖于经验的选择
	CLIQUE	1. 可自动发现最高维的子空间 2. 对元组输入顺序不敏感，无需假设任何规范的数据分布 3. 随电池输入数据的大小线性扩展 4. 输入电池数据维度增加时有良好的可伸缩性	1. 算法应用了一种剪枝技术来减少密集单元候选集的数目，但可能遗失一些密集的电池数据 2. 采用近似算法，聚类精确性不高

6.3　退役电池重组技术

6.3.1　退役动力电池重组技术基本概念

储能电池单体是组成大规模电池储能系统的基本单元，如图 6-21 所示。大容量电池成组技术是将电池单体通过成组方式组合成比电池单体能量等级更高的电池模组的一种技术，是大容量储能系统的核心技术之一。

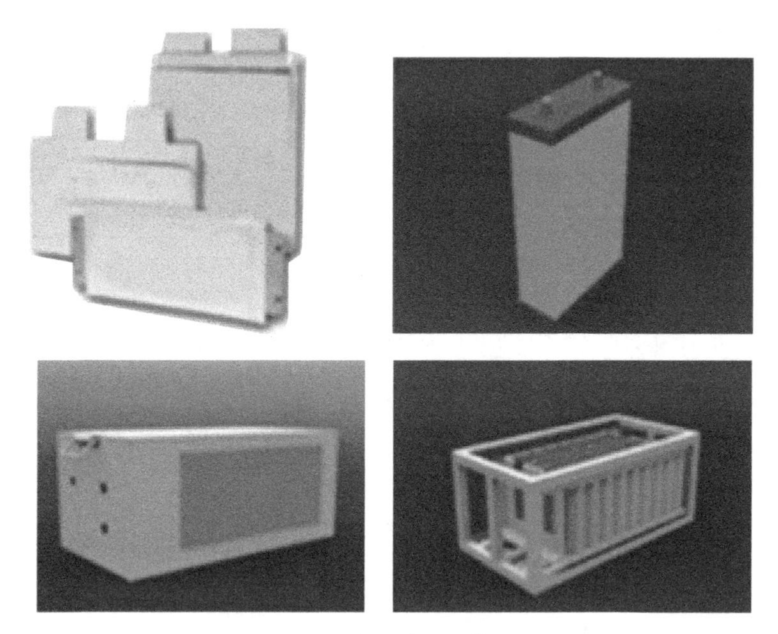

图 6-21 电池单体及模组

6.3.2 退役动力电池的串并联方式

储能电池模组的成组方式主要有三种，即直接串联、先串后并、先并后串，如图 6-22 所示。不同的连接方式会对电池组的可靠性、安全性以及不一致性产生不同影响。其中，直接串联方式电路结构简单，方便安装及管理，但需要采用较大容量的单体电池，且单一电池的损坏将直接影响系统正常使用；先串后并的方式有利于系统的模块化设计，但需要对每一块电池进行监测，不利于电池组的均衡管理，对大规模储能系统而言，会在一定程度上增大电池管理成本；先并后串的方式使得电池在工作时趋于均衡，但一方面会提高电池组的失效率，另一方面更容易发生并联电池组内的环流，导致电池组不一致性增大。

综上所述，每种成组方式各有利弊，需根据需求制定相应的方式，从而达到实际应用中的要求。

目前，电池的大容量成组技术还存在以下一些问题有待解决：

1）电池成组复杂程度高，系统可靠性低；

2）储能系统剩余能量估计准确度低；

3）电池单体的一致性差异比较大，大规模电池成组寿命比较低；

4）电池模块没有标准化，大容量储能系统构建方法缺乏理论指导。

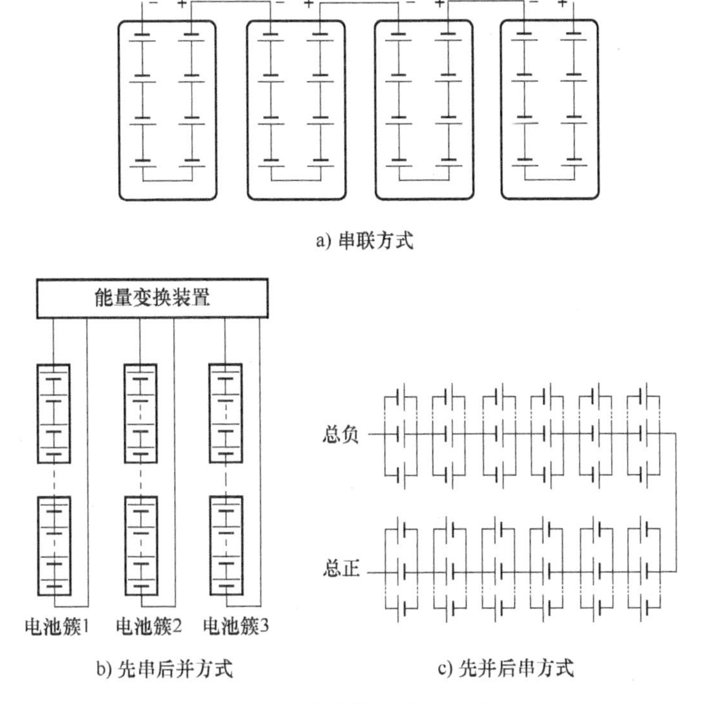

a) 串联方式

b) 先串后并方式

c) 先并后串方式

图 6-22　电池模组成组方式

针对这些问题，一些厂商已经开始了大规模的科研和设备试制的工作。电池成组技术是制约大容量储能技术发展的瓶颈，目前重点需解决电池动态一致性问题，还需要从电池及电池组一致性影响因素的机理、电池动态均衡的判据方法、电池组的管理及保护技术、储能电池模块的设计、模块的集成技术以及电池模块的特性检测技术等方面进行研究，改善电池组性能，延长电池系统使用寿命。

6.3.3　退役动力电池的集成优化策略

在系统集成方面，小功率、多分支结构成为梯次利用电池储能系统的优选集成方案。为避免并联电池之间充放电对系统效率产生影响，动力电池组之间采用彼此串联的策略构建储能系统。将退役电动汽车动力电池做成低压模组，避免大规模串并联，由此确保不同寿命状态、不同类型、不同批次的退役电池协同运行于系统之中，实现各个电池模组存储电量和释放电量完全受控。此种系统集成方案，可以在保证电流总方向不变的前提下，对每个电池模组的电流方向、选择流入流出动力电池进行控制，当选择电流不经过动力电池时，电池的衰减将不再是瞬间崩塌，而是一个逐渐衰减的过程。

由分选出来的电池模组，其电压等级多为十几到几十伏，容量为数十安时，目前其应用场景主要有两类：①小容量小功率场景，例如，通信基站的不间断电源、平板车用电源等；②大容量大功率等级应用场景，比如电网储能等。对于应用场景一，经过分选后的模组内一致性好的模组，可直接应用，无需再深入研究；对于应用场景二，则需对其规模化串并联重组开展进一步研究。实际上，尽管经过分选，电池模组间仍存在些许差异。该差异使得模组规模化串并联后，电池系统比能量远远小于单个电池模组。因此，在保证电池系统安全可靠的前提下，需开展电池系统容量受模组串并联连接方式和模组等效参数不一致影响的研究，以期在保证电池系统安全可靠的前提下，通过电池模组合理的串并联，实现电池系统容量的最大化。

退役动力电池的退役形式有电池包、电池模组和电池单体三种。因此在实现梯次利用时，首先要解决以何种级别的动力电池进行重组集成。理想情况下，应该以电池单体的形式进行重组，这样可以确保每一个电池的 SOH，使退役电池在梯次利用时能保持较高的一致性。但是单体级重组耗时久、成本高，并且不同单体之间通常采用激光焊接或电磁焊接等其他刚性工艺，使得拆解困难，很难保证拆解的完整性。而对于原本就是梯次电池的退役电池，则可在筛选、检测后进行成组使用。

当电池达到退役标准时，电池的一致性也存在不同程度的下降，现阶段退役动力电池拆解利用较多的级别是电池模组级，而非拆解为电池单体，因为不同单体之间通常采用激光焊接或电磁焊接等其他刚性工艺，要保证无损拆解，难度极大，考虑成本和收益，得不偿失。来自不同厂家的电池模组，甚至是不同型号的动力电池模组，若想在同一系统中混用，就必须对系统集成解决方案着重考虑。组串分布式是梯次利用电池储能的核心，将几个电动汽车退役动力电池模组进行串联，配上一个储能变流器，再加上监控单元，形成一个储能系统，可以最大程度保证成组后电池的一致性。整包利用时对退役电池的要求较高，但整包利用可以大大节约梯次利用成本，减少拆解时间，是目前梯次利用行业研究的重点。徐余丰等[54]从整包利用的角度出发，对整包电池进行筛选、成组、测试。测试结果表明，退役动力电池在光储微电网系统中有很好的梯次利用价值。深圳市比克电池有限公司联合南方电网综合能源服务公司[55]正在实施将退役的整个电池包直接应用到储能设备中，该项目规模为 2MW/7.2MW · h，共分为三套子系统。其中项目 1 号子系统为退役磷酸铁锂动力电池，采用 B 品电池成组系统，2 号、3 号子系统采取车用电池包整包梯次利用的方式，采用比克电池一个汽车客户退役的新能源汽车三元电池。

考虑到退役动力电池的电池包、电池模组、电池单体等多级系统结构，在实现其梯次利用时，首先面临的问题即以何种级别的动力电池进行重组，这也是梯次利用电池技术难度和相关成本的主要决定因素。一方面不同车型所用动力电池差异较大，应当基于不同车型采取不同的梯次利用重组策略，如乘用车动力电池包要求足够的空间利用率，而大巴车动力电池包标准化程度高；另一方面，动力电池包直接梯次利用难度稍大，而电池模组或电池单体级别的梯次利用则相对容易，在保证一致性的前提下，多采取电池模组或单体级别的梯次利用。考虑到成本和收益，以电池包或模组级对退役电池进行梯次利用比较合理。以模组级别进行的梯次利用往往需要将几个模组进行串并联来满足梯次应用场景的电压、容量需求。对于一致性较高的退役模组，可同时进行串并联操作，构成储能系统，但对于一致性略差的模组，则最好只考虑串联的策略构成储能系统，避免并联电池之间充放电对系统效率产生的影响。黄祖朋[56]对退役动力电池包进行拆解和测试，取一致性较好的 7 个模组串联进行重组，将其改装成自动导引运输车（Automated Guided Vehicle，AGV）的供电电源，验证了其梯次利用的可行性。

6.4 小结

本章首先对退役电池聚类分选技术进行概述，从电池放电过程的特征分析入手，面对不同筛选需求下电池筛选结果差异显著的问题，提出了定制化聚类优化方法，可用于不同需求的电池梯次利用筛选过程，通过三种场景目标函数的设计和筛选结果为后续章节中对退役电池储能系统站级研究规划奠定工程应用基础。

然后对退役电池分选重组技术发展现状进行综述，概述退役电池分选研究进展。面向不同电气性能需求，应建立多样化的电池筛选方法和过程，通过设计适当的目标函数及优化过程，可以定制化、倾向性地完成对不同性能电池的筛选，用于后续集成。

参考文献

[1] 谌虹静. 锂离子动力电池剩余寿命预测与退役电池分选方法研究［D］. 南京：东南大学，2019.

[2] 邹幽兰. 基于退役锂动力电池容量、内阻和荷电状态的建模与参数估计［D］. 长沙：中南大学，2014.

[3] 郭琦沛. 锂离子动力电池健康特征提取与诊断研究［D］. 北京：北京交通大学，2018.

[4] 苑风云. 基于充放电特性的锂离子电池分选方法的研究［D］. 长春：吉林大学，2014.

[5] 吴伟静. 电动汽车锂动力电池分选及成组技术研究［D］. 长春：吉林大学，2015.

[6] 韩晓娟，张婳，修晓青，等. 配置梯次电池储能系统的快速充电站经济性评估［J］. 储能科学与技术，2016，5（04）：514-521.

[7] WANG Dong-mei，FENG Wei-feng，BAI Hong-yan，et al. Research on clustering algorithm based on voltage platform for cells classification［J］. Chinese Journal of Power Sources，2016，

40（05）：994-996+1007.

［8］ 孙叶宁，漆汉宏，魏艳君，等. 基于特征提取和无监督聚类的蓄电池筛选技术［J］. 电源技术，2020，44（11）：1650-1653.

［9］ 高崧，朱华炳，刘征宇，等. 基于 K-means 聚类的退役动力电池梯次利用成组方法［J］. 电源技术，2020，44（10）：1479-1482+1513.

［10］ Zhou Z，Ran A，Chen S，et al. A fast screening framework for second-life batteries based on an improved bisecting K-means algorithm combined with fast pulse test［J］. The Journal of Energy Storage，2020，31：101739.

［11］ 杨泓奕，陈家辉，汤志明. 基于 K 均值法与遗传算法的退役动力电池筛选［J］. 电源技术，2019，43（12）：2001-2004.

［12］ 唐丽君. 基于近邻传播算法的电池配组技术研究［D］. 杭州：杭州电子科技大学，2017.

［13］ 李娜，刘喜梅，白恺，等. 梯次利用电池储能电站经济性评估方法研究［J］. 可再生能源，2017，35（06）：926-932.

［14］ 张雷，刘颖琦，张力，等. 中国储能产业中动力电池梯次利用的商业价值［J］. 北京理工大学学报（社会科学版），2018，20（06）：34-44.

［15］ 徐晶，张彩萍，汪国秀，等. 梯次利用锂离子电池欧姆内阻测试方法研究［J］. 电源技术，2015，39（02）：252-256.

［16］ 韦海燕，钟腾云，潘海鸿，等. 基于改进 HPPC 锂离子电池内阻测试方法研究［J］. 电源技术，2019，43（08）：1309-1311.

［17］ 姚汪兵，陈萍，周元，等. 陶瓷涂层隔膜对锂离子电池性能影响［J］. 电池工业，2013，18（Z2）：124-127.

［18］ 曾晖，王强，杨续来，等. 纳米结构尖晶石型锂离子电池电极材料的研究进展［J］. 金属功能材料，2013，20（01）：58-63.

［19］ 朱文婷，杨茂萍，杨续来，等. 改性钛酸锂负极材料的研究进展［J］. 金属功能材料，2013，20（02）：57-62.

［20］ 蔡铭，陈维杰，许俊斌，等. 退役 LiFePO_4 电池梯次利用分选方法［J］. 电源技术，2019，43（05）：781-784.

［21］ 孙国跃，陈勇. 退役动力电池梯次利用筛选指标的实验研究［J］. 电源技术，2018，42（12）：1818-1821.

［22］ 郑志坤，赵光金，金阳，等. 基于库仑效率的退役锂离子动力电池储能梯次利用筛选［J］. 电工技术学报，2019，34（S1）：388-395.

［23］ 孙丙香，姜久春，韩智强，等. 基于不同衰退路径下的锂离子动力电池低温应力差异性［J］. 电工技术学报，2016，31（10）：159-167.

［24］ 李波. 车用动力电池梯次利用的探讨［J］. 时代汽车，2019（05）：60-61+72.

［25］ 周航，马玉骁. 新能源汽车动力电池回收利用工作进展及标准解析［J］. 中国质量与标准导报，2019（7）：37-43.

［26］ 吴鸣，孙丽敬，寇凌峰，等. 考虑需求侧响应的主动配电网电池梯次储能的容量配置

方法 [J]. 高电压技术，2020，46 (1)：71-79.

[27] 王帅. 退役动力电池模组一致性分选与重组研究 [D]. 北京：华北电力大学，2021.

[28] 李国煜. 梯次利用电池应用场景适用性分析 [D]. 北京：北京交通大学，2020.

[29] 苗雪丰. 我国车用动力电池循环利用模式研究 [D]. 北京：华北电力大学，2019.

[30] 刘仕强，王芳，柳东威，等. 磷酸铁锂动力电池梯次利用可行性分析研究 [J]. 电源技术，2016，40 (03)：521-524.

[31] 焦东升，迟忠君，李香龙，等. 基于模糊聚类的动力电池梯次利用研究 [J]. 电源技术，2016，40 (02)：345-347.

[32] 韩晓娟，张婳，修晓青，等. 配置梯次电池储能系统的快速充电站经济性评估 [J]. 储能科学与技术，2016，5 (04)：514-521.

[33] 李娜，刘喜梅，白恺，等. 梯次利用电池储能电站经济性评估方法研究 [J]. 可再生能源，2017，35 (06)：926-932.

[34] 张雷，刘颖琦，张力，等. 中国储能产业中动力电池梯次利用的商业价值 [J]. 北京理工大学学报（社会科学版），2018，20 (06)：34-44.

[35] 徐晶，张彩萍，汪国秀，等. 梯次利用锂离子电池欧姆内阻测试方法研究 [J]. 电源技术，2015，39 (02)：252-256.

[36] 韦海燕，钟腾云，潘海鸿，等. 基于改进 HPPC 锂离子电池内阻测试方法研究 [J]. 电源技术，2019，43 (08)：1309-1311.

[37] 姚汪兵，陈萍，周元，等. 陶瓷涂层隔膜对锂离子电池性能影响 [J]. 电池工业，2013，18 (Z2)：124-127.

[38] 曾晖，王强，杨续来，等. 纳米结构尖晶石型锂离子电池电极材料的研究进展 [J]. 金属功能材料，2013，20 (01)：58-63.

[39] 朱文婷，杨茂萍，杨续来，等. 改性钛酸锂负极材料的研究进展 [J]. 金属功能材料，2013，20 (02)：57-62.

[40] 蔡铭，陈维杰，许俊斌，等. 退役 LiFePO_4 电池梯次利用分选方法 [J]. 电源技术，2019，43 (05)：781-784.

[41] 孙国跃，陈勇. 退役动力电池梯次利用筛选指标的实验研究 [J]. 电源技术，2018，42 (12)：1818-1821.

[42] 郑志坤，赵光金，金阳，等. 基于库仑效率的退役锂离子动力电池储能梯次利用筛选 [J]. 电工技术学报，2019，34 (S1)：388-395.

[43] 孙丙香，姜久春，韩智强，等. 基于不同衰退路径下的锂离子动力电池低温应力差异性 [J]. 电工技术学报，2016，31 (10)：159-167.

[44] E L Schneider, C T Oliveira, R M Brito, et al. Classification of discarded NiMH and Li-Ion batteries and reuse of the cells still in operational conditional conditions in prototypes [J]. Journal of Power Sources, 2014, 262: 1-9.

[45] 王帅，尹忠东，郑重，等. 基于电压曲线的退役电池模组筛选方法 [J]. 中国电机工程学报，2020，40 (08)：2691-2705.

[46] 郑志坤，赵光金，金阳，等. 基于库仑效率的退役锂离子动力电池储能梯次利用筛选

[J]. 电工技术学报, 2019, 34 (S1): 388-395.

[47] 孙国跃, 陈勇. 退役动力电池梯次利用筛选指标的实验研究 [J]. 电源技术, 2018, 42 (12): 1818-1821.

[48] Q Liao, M Mu, S Zhao, et al. Performance assessment and classification of retired, lithium ion battery foem electric vehicles for energy storage [J]. International Journal of Hydrogen Energy, 2017, 42: 18817-18823.

[49] 杨泓奕, 陈家辉, 汤志明. 基于K均值法与遗传算法的退役动力电池筛选 [J]. 电源技术, 2019, 43 (12): 2001-2004.

[50] 何忠霖, 周萍. 基于径向基神经网络退役锂电池筛选研究 [J]. 电子科技, 2021, 34 (02): 38-44.

[51] X Lai, D Qiao, Y Zheng, et al. A rapid screening and regrouping approach based on neural networks for large-scale retired lithium-ion cells in second-use applications [J]. Journal of Cleaner Porduction, 2019, 213: 776-791.

[52] 孙丙香, 姜久春, 韩智强, 等. 基于不同衰退路径下的锂离子动力电池低温应力差异性 [J]. 电工技术学报, 2016, 31 (10): 159-167.

[53] 颜湘武, 邓浩然, 郭琪, 等. 基于自适应无迹卡尔曼滤波的动力电池健康状态检测及梯次利用研究 [J]. 电工技术学报, 2019, 34 (18): 3937-3948.

[54] 杜丽佳, 靳小龙, 何伟, 等. 考虑电动汽车和虚拟储能系统优化调度的楼宇微网联络线功率平滑控制方法 [J]. 电力建设, 2019, 40 (08): 26-33.

[55] 米阳, 蔡杭谊, 袁明瀚, 等. 直流微电网分布式储能系统电流负荷动态分配方法 [J]. 电力自动化设备, 2019, 39 (10): 17-23.

[56] 孙丛丛, 王致杰, 江秀臣, 等. 分时电价环境下计及电动汽车充放电影响的微电网优化控制策略 [J]. 可再生能源, 2018, 36 (01): 64-71.

第7章

退役电池运行控制策略

7

7.1 退役动力电池能量管理系统

7.1.1 退役动力电池的电量管理

动力电池退役后仍具有高能量密度，属于高能量载体[1-3]，但模块内单体电池放电容量的不一致性会使得此类电池运行效果不佳[4]。当电池模块充放电时，电池模块内单体电池流过的电流时刻保持一致，每节电池累积充放电量是相等的。但单体电池老化速率和自放电率并不相同，导致单体电池的可放电量出现偏差，使电池模块一致性持续变差。电池模块充放电时因单体电池一致性变差，单体电压过早充电保护或过早放电保护，结果使电池模块的可放电量下降[5]。

为了寻求电池放电行为的演变过程，参考文献［6］对电化学内部反应机理进行了研究，通过实验来验证电池的主要特性对电池放电的影响，最终得出结论：电池在放电过程中应充分考虑电池各个参数对放电状态的影响。参考文献［7］根据电池自放电行为直接检测难度较高以及重组后电池的不一致性问题，提出了一种基于实验数据的电池自放电量预测方法，通过挑选出温度和放电电压的拟合准确度高的曲线，分析电池的自放电变化趋势。但该方法的估计仅针对电池单体，不能应用于电池模组中，而且未能考虑开路电压和功率状态等参数对放电性能的影响。参考文献［8］针对提高配组电芯的一致性问题对电池放电的测量方法进行了阐述，静置测量存在成本高、耗时长的问题，动态测量能够解决上述问题，是未来解决评估电池放电状态的主流发展方向。

1. 梯次利用动力电池放电特性参数获取

梯次利用动力电池的放电性能评估首先要获取放电特性参数的实时数据。电池的电压、温度和电流外特性参数虽然能直观表现电池工作状态，但无法精确反映出电池内在的能量状态和功率水平[9]，通常采用电池内阻、开路电压和 SOC

等可以反映出电池性能退化过程的物性参数。电池特性参数中需要通过实验推导求得的参量主要有开路电压（OCV）、荷电状态（SOC）、能量状态（SOE）、健康状态（SOH）和功率状态（SOP）[10-13]，各指标对比见表 7-1。

表 7-1　电池的能量状态比较表

指标	定义	描述	用途	与电池放电相关性
开路电压	$U_{开}=\varphi_{+}-\varphi_{-}$	φ_{+}——电池正极电位 φ_{-}——电池负极电位	分析电池性能，包括估计 SOC 和 SOH 等参数	与电池放电直接相关性较弱
SOC	$\mathrm{SOC}=\dfrac{Q_{\mathrm{S}}}{Q_{\mathrm{Z}}}$	相同条件下： Q_{S}——剩余容量 Q_{Z}——额定容量 充满电时 SOC=1 放空电时 SOC=0	衡量电池剩余使用容量的相对大小	用于防止电池的过充和过放
SOE	$\mathrm{SOE}(t)=\dfrac{E_{\mathrm{remain}}}{E_{\mathrm{rated}}}$	SOE(t)——t 时刻状态 E_{remain}——剩余能量 E_{rated}——额定能量	反映电池能量使用情况	与 SOC 类似，计算难度大
SOH	$\mathrm{SOH}=\dfrac{Q_{\mathrm{discharge}}}{Q_{\mathrm{rated}}}$	Q_{rated}——额定容量 $Q_{\mathrm{discharge}}$——剩余容量 二者为相同条件下测得	电池当前的特征指标与标称指标的偏离程度	与电池放电直接相关性较弱
SOP	$\mathrm{SOP}=\mathrm{SOP}_c+(\mathrm{SOP}_p-\mathrm{SOP}_c)*f$		储能单元在当前荷电状态下能够释放和接受的最大功率	峰值功率和容量决定了电池的最大充放电能力，可用于放电能力评估

在电池特性数据中，部分数据可通过电池工作站直接测量获得，部分不可直接测量的数据可通过表 7-1 的定义式中计算得到。其中，表 7-1 中的 SOP 比较常见的估算方法是基于等效电路模型的功率估计方法，较早出现于美国能源部电池测试手册[14]中。该手册中选取由电池开路电压 OCV 与内阻 R_0 等物性参数构成的 PNGV 等效电路模型，通过混合脉冲功率特性实验（Hybrid Pulse Power Characterization，HPPC）所获得的实验数据对模型中的参数进行辨识，然后利用表 7-1 中的 SOP 定义式分别计算得到电压在限定条件下的电池充放电功率。PNGV 模型的具体形式如图 7-1 所示。

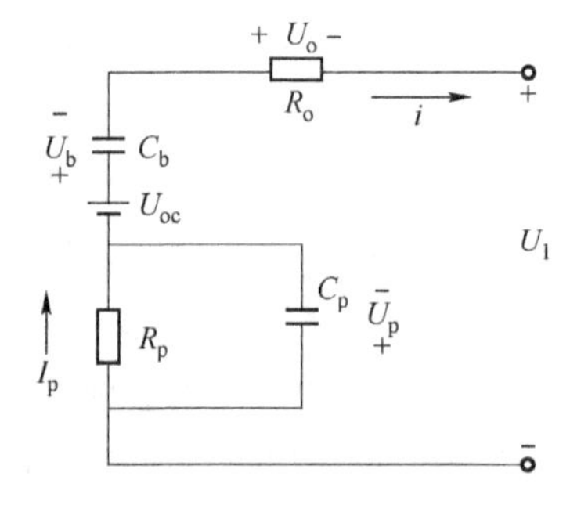

图 7-1　PNGV 模型等效电路图

考虑到梯次利用动力电池一致性的重要性，并且尽可能降低评估算法对BMS资源的占用。应用表7-1定义计算SOP时，OCV根据BMS提供的SOC查SOC-OCV曲线获得。参考文献［15］中研究人员在25℃下对剩余容量为90%的退役磷酸铁锂电池进行放电倍率性能测试，放电倍率为0.3~2.0C。从测试结果中发现，退役电池以0.3C和0.5C放电时，放电曲线相似，放电电压平台为3.2V；以0.7C放电时，电压平台还可以维持在3.1V，而当以2C放电时，电压平台降至3.0 V。因此，本节先采用低于0.05C倍率对电池进行充放电循环测试，再进行均值化处理获得SOC-OCV曲线。均值化处理所得磷酸铁锂退役动力电池的SOC-OCV曲线如图7-2所示。

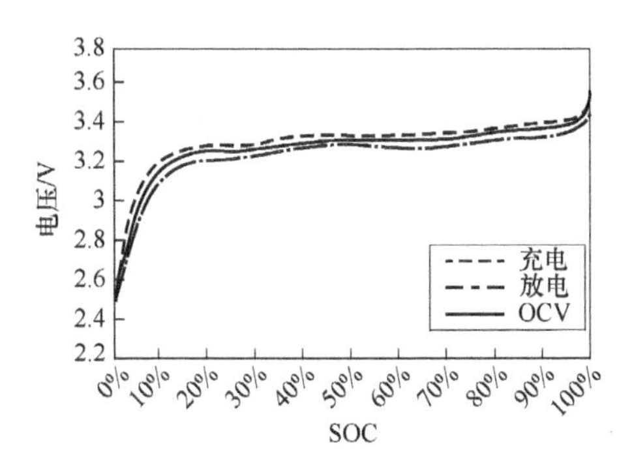

图7-2　磷酸铁锂退役动力电池的SOC-OCV曲线

通过以上方法计算出各个电池放电特性参数，并将数据经过数据预处理和数据清洗过程之后得到磷酸铁锂电池标准数据集合。

2. 基于熵值法和灰色关联分析法评估电池特性关联度的研究

（1）熵值法计算评估指标的权重

熵值法根据被评估系统的各项指标变异性的程度来确定客观权重，是一种仅依赖于数据本身的离散性的客观赋权法。信息熵为计算出各个指标的权重提供了便捷通道，为多指标综合评价提供了有力依据。

（2）构建电池安全性评估矩阵

根据以上电池特性各个指标的实时数据构成电池放电状态评估矩阵。然而各个指标具有不同的量纲和单位，每个指标值的评价方向也不总是相同，可能越大越好，也可能越小越好。为了消除由此带来的不可公度性，应对系统中各评价指标分别进行无量纲化和同趋势化处理。

（3）指标的同趋势化

进行多指标综合评价中，指标值越大评价重要程度越高的指标叫做正向指标；指标值越小评价重要程度越高的指标叫做逆向指标，指标值越接近某个值重要程度越高的指标叫做适应度指标。在对系统进行综合评价时，首先要对指标同趋势化处理，一般情况下是将逆向指标和适应度指标转化为正向指标，也叫做指标的正向化。参考文献［16］比较了在多指标综合评价中取倒数法和线性化法的指标同趋势化方法，说明采用线性化法可保持原指标分布规律。

上面建立的电池放电状态评估模型中，SOP 在电池充电过程和放电过程中都呈现出逐步减小的规律；SOC 和电压都是在电池充电过程中逐渐增大，在电池放电过程中逐渐减小。本节采用线性化法对指标进行同趋势化，见式（7-1）：

$$x'_{ij}=\max_{1\leqslant i\leqslant m}\{x_{ij}\}-x_{ij} \tag{7-1}$$

其中，x'_{ij}为同趋势化后的指标值，x_{ij}为同趋势化前的指标值，m 为指标值个数。

（4）数据无量纲化

参考文献［17］分析比较了标准化和均值化两种无量纲化方法对熵权法评价结果的影响，说明采用均值化方法能保持原始数据的差异信息，使评价结果更符合实际。电池安全评估模型中，SOP、SOC 和电压等参数都采用均值化方法进行数据无量纲化，假设同趋势化后的数据矩阵为 $\boldsymbol{x}'=[x'_{ij}]_{m\times n}$，其中 x'_{ij}表示第 i 组数据的第 j 个指标值，计算式见式（7-2）：

$$\boldsymbol{Y}=\frac{x'_{ij}}{\frac{1}{m}\sum_{i=1}^{m}x'_{ij}} \tag{7-2}$$

其中，$\boldsymbol{Y}$ 为无量纲化后的数据矩阵，$i\in\{1,2,3,\cdots,m\}$，$j\in\{1,2,3,\cdots,n\}$。

（5）求各指标的信息熵

数据无量纲化处理后得 $\boldsymbol{Y}=[Y_{ij}]_{m\times n}$。根据信息论中信息熵的定义，一组数据中第 j 个指标的信息熵为

$$E_j=a\sum_{i=1}^{m}b_{ij}\ln b_{ij}\quad \boldsymbol{Y}=\frac{x'_{ij}}{\frac{1}{m}\sum_{i=1}^{m}x'_{ij}} \tag{7-3}$$

其中，$a=-(\ln m)-1$，$b_{ij}=x_{ij}/\sum x_{ij}$。如果 $b_{ij}=0$ 时，则定义 $b_{ij}\ln b_{ij}=0$。

（6）确定各指标权重

通过信息熵计算各指标的权重，见式（7-4）：

$$\begin{cases}\omega_j=\dfrac{1-E_j}{n-\sum_{j=1}^{n}E_j} & E_j<1\\ \omega_j=0 \quad E_j=1\end{cases} \tag{7-4}$$

最后得到权重向量 $\boldsymbol{W}=(\omega_1,\omega_2,\cdots,\omega_n)'$。

3. 灰色关联分析法选取特定参数

灰色系统理论引出对各子系统进行灰色关联分析的概念，即透过一定的方

法，去寻求系统中各子系统或因素之间的数值关系[18]。因此，灰色关联度分析对于系统发展变化态势提供了量化的度量，适合于动态历程分析。灰色关联分析的模型如下：

$$\boldsymbol{R}=\boldsymbol{E}\times\boldsymbol{W} \tag{7-5}$$

其中，$\boldsymbol{R}$ 为被评价对象的评价结果向量；$\boldsymbol{W}$ 为评价指标的权重向量；$\boldsymbol{E}$ 为各指标的评判矩阵。假设有 $\boldsymbol{m}$ 个被评价对象，有 $\boldsymbol{n}$ 个指标，则 $\boldsymbol{R}$ 可以表示为：$(r_{01},r_{02},\cdots,r_{0n})_{m\times n}$；则 $\boldsymbol{W}$ 表示为$(\omega_1,\omega_2,\cdots,\omega_n)'$，而 $\boldsymbol{E}$ 是一个 $m\times n$ 的评判矩阵。

$$\boldsymbol{E}=\begin{bmatrix} \xi_{01}(1) & \xi_{02}(1) & \cdots & \xi_{0n}(1) \\ \xi_{01}(2) & \xi_{02}(2) & \cdots & \xi_{0n}(2) \\ \cdots & \cdots & \cdots & \cdots \\ \xi_{01}(m) & \xi_{02}(m) & \cdots & \xi_{0n}(m) \end{bmatrix} \tag{7-6}$$

其中，$\xi_{0i}(j)\ (i=1,2,\cdots,m;j=1,2,\cdots,n)$ 为第 i 个评价对象第 j 个评价指标与参考指标之间的关联系数。

灰色关联分析法的具体计算步骤为：

1）确定参考数列和比较数列：进行关联分析的第一步，要建立参考数列，记为 $X_0^*=(x_0)_{1\times n}$，一般表示为：

$$\boldsymbol{x}_0^*=[x_0(1),x_0(2),\cdots,x_0(k)]\,(k=1,2,\cdots,n) \tag{7-7}$$

对于作为比较数列的电池安全数据分析矩阵 $\boldsymbol{x}^*$，根据建立的模型确定 X_0^*，则

$$X_0^*=(\mathrm{SOP}_{\mathrm{limit}},\mathrm{SOC}_{\mathrm{limit}},U_{\mathrm{limit}}) \tag{7-8}$$

式（7-8）中的 $\mathrm{SOP}_{\mathrm{limit}}$、$\mathrm{SOC}_{\mathrm{limit}}$和 U_{limit}，都是根据电池或电池组充放电状态取值，充电时取上限值，放电时取下限值。

在关联分析中与参考数列作关联度比较的比较数列 $\boldsymbol{X}^*$，表示为：

$$\boldsymbol{X}^*=[x_i^*(1),x_i^*(2),\cdots,x_i^*(n)]\,(i=1,2,\cdots,n) \tag{7-9}$$

2）比较数列标准化处理：在灰色关联评价实际建模过程中，各评价指标会有不同的量纲，因此需要对矩阵 $\boldsymbol{x}^*$ 进行无量纲处理，得到标准化的矩阵 $\boldsymbol{x}$，同理对参考矩阵也进行无量纲处理。标准化处理公式为：

$$x_i(k)=\frac{x_i^*(k)}{x_0^k(k)},i=1,2,\cdots,m;k=1,2,\cdots,n \tag{7-10}$$

标准化矩阵 $\boldsymbol{x}_0=(1,1,\cdots,1)_{1\times n}$。

3）计算关联系数：数列与参考数列的相互比较可以用两者的绝对差值来表示，这个差值存在最大值和最小值，表示为：

$$\Delta\max=\max_i\max_k|x_0(k)-x_i(k)| \tag{7-11}$$

$$\Delta\min=\min_i\min_k|x_0(k)-x_i(k)| \tag{7-12}$$

根据灰色关联分析的方法求得第 i 个评价对象的第 k 个评价指标与参考值的关联系数：

$$\xi_{0i}(k)=\frac{\Delta\min+\rho\Delta\max}{|X_0(k)-X_i(k)|+\rho\Delta\max} \tag{7-13}$$

其中，分辨系数 ρ 根据实际情况取值范围为 0.1~1.0。

4）计算关联度：因为关联系数是比较数列与参考数列在各个时刻的关联程度值，它是由一组数构成的集合，但如果信息过于分散，会给整体性比较带来一定的困难。因此需要将各个时刻的关联系数统一化，即求其平均值，作为比较数列与参考数列间关联程度。

由关联度矩阵的值可以得到评价对象与参考数列的关联程度：

$$r_i=\sum_{k=1}^{n}\xi_i(k)\times\omega(k) \tag{7-14}$$

其中，r_i 为比较数列 x_i 对参考数列 x_0 的灰关联度，值越接近 1，说明相关性越好。

5）关联度排序：根据求得的关联度大小，就可以对各评价对象进行排序，进而由排序结果对电池当前安全状态做出评价。关联度越大，电池安全性越低，越趋近保护阈值。

综上所述，基于熵权法和灰色关联分析法在线评估电池放电特性关联度，并挑选最佳相关参数的算法流程如图 7-3 所示。

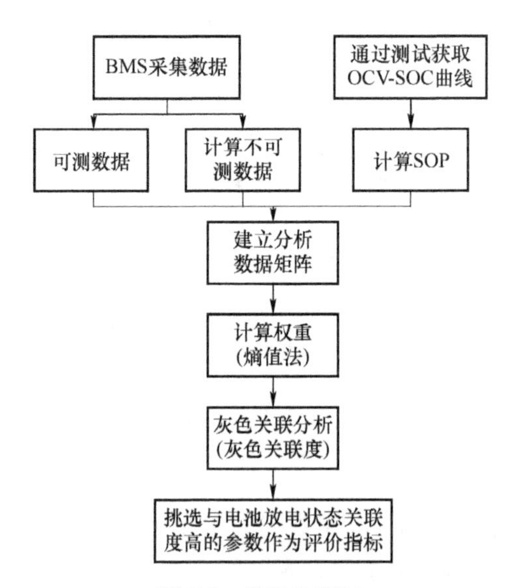

图 7-3 算法流程图

经过上述步骤，将与电池放电特性关联度最高且特性之间关联度较低的前三个作为针对电池放电状态而设立的评价指标。

4. SVR-PSO 模型

1）SVR 模型：SVR 是基于学习数据集的预测方法，建立输入数据与输出数据的非线性函数关系[19]。通过结构化最小准则的应用，可以保证 SVR 算法具有更好的鲁棒性、泛化性和学习性。SVR 的基本思想是通过先前已确定好的非线性映射将输入向量映射到一个高维特征空间中，然后在此高维空间中再进行线性回归，从而取得在非线性特征空间跟踪或预测的效果。将上一节关联分析得出的关联度结果作为 SVR 模型的输入，即将关联度高的 3 种电池特性作为电池放电状态的预估指标，通过运用 SVR 对电池的放电状态进行估计。

对于数据集（x_i, y_i）, $i=1,2,\cdots,n$，$x_i \in R^n$ 为输入量，$y_i \in R$ 为输出量，首先将输入量 x 通过映射 ϕ：$R^n \to H$ 映射到高维特征空间 H 中，用函数 $f(x)=\omega \cdot \phi(x)+b$ 拟合数据（x_i, y_i），$i=1$，$2\cdots n$。标准支持向量机采用 ε-误差系数，即假设所有训练数据在准确度 ε 下用线性函数拟合。

$$\begin{cases} y_i - f(x_i) \leqslant \varepsilon + \xi_i \\ f(x_i) - y_i \leqslant \varepsilon + \xi_i^* \qquad i=1,2,\cdots,n \\ \xi_i, \xi_i^* \geqslant 0 \end{cases} \tag{7-15}$$

式中，ξ_i、ξ_i^* 是松弛因子，当拟合有误差时，ξ、ξ_i^* 都大于 0，误差不存在取 0。这时，该问题转化为求优化目标函数最小化问题。

$$R(\omega, \xi, \xi^*) = \frac{1}{2}\omega \cdot \omega + C\sum_{i=1}^{n}(\xi_i + \xi_i^*) \tag{7-16}$$

式（7-16）中常数 $C>0$，表示对超出误差 ε 的样本的惩罚程度，用于调节经验风险和置信范围之间的权重。C 过高，则 SVR 的泛化能力下降，导致“过学习”状态。反之，可能会引起“欠学习”现象。求解式（7-15）和式（7-16）引入 Lagrange 函数，得：

$$L = \frac{1}{2}\omega \cdot \omega + C\sum_{i=1}^{n}(\xi_i + \xi_i^*) - \sum_{i=1}^{n}\alpha_i[\xi_i + \varepsilon - y_i + f(x_i)] - \sum_{i=1}^{n}\alpha_i^*[\xi_i^* + \varepsilon - y_i + f(x_i)] - \sum_{i=1}^{n}(\xi_i\gamma_i + \xi_i^*\gamma_i^*) \tag{7-17}$$

式中，α，$\alpha_i^* \geqslant 0$，γ_i，$\gamma_i^* \geqslant 0$，为 Lagrange 乘数，$i=1,2,\cdots,n$。求函数 L 对 ω、ξ_i、ξ_i^* 的最小化，对 α_i、α_i^*、γ_i、γ_i^* 的最大化，代入 Lagrange 函数得到对偶形式，最大化函数如式（7-18）所示：

$$W(\alpha, \alpha^*) = -\frac{1}{2}\sum_{i=1,j=1}^{n}(\alpha_i - \alpha_i^*)(\alpha_j - \alpha_j^*) \cdot (\phi(x_i)) \cdot (\phi(x_j)) + \sum_{i=1}^{n}(\alpha_i - \alpha_i^*)y_i - \sum_{i=1}^{n}(\alpha_i + \alpha_i^*)\varepsilon \tag{7-18}$$

式（7-18）中，$(\alpha,\alpha*i)\geqslant 0$，为Lagrange乘数。式中涉及到高维特征空间点积运算 $\Phi(x_i)\cdot\Phi(x_j)$，而且函数 Φ 是未知的高维函数。考虑到高维特征空间的点积运算 $K(x_i,x_j)=\Phi(x_i)\cdot\Phi(x_j)$，此运算被称为核函数，常用的核函数为RBF核函数，见式（7-19）。

$$k(x,x')=\exp\left(-\frac{\|x-x'\|}{2\sigma^2}\right) \tag{7-19}$$

因此式（7-19）变成

$$W(\alpha,\alpha^*)=-\frac{1}{2}\sum_{i=1,j=1}^{n}(\alpha_i-\alpha_i^*)(\alpha_j-\alpha_j^*)\cdot K(x\cdot x_i)+\sum_{i=1}^{n}(\alpha_i-\alpha_i^*)y_i-\sum_{i=1}^{n}(\alpha_i+\alpha_i^*)\varepsilon \tag{7-20}$$

可求的非线性拟合函数的表示式为：

$$f(x)=\sum_{i=1}^{n}(\alpha_i-\alpha_i^*)K(x\cdot x_i)+b \tag{7-21}$$

核函数中的 σ 为核函数宽度参数，当 σ 过小时，其学习能力较差；当 σ 增加时，成为支持向量的样本就更多，SVM回归预测效果就更好。但当 σ 太大时，可能会产生过拟合问题，降低对新样本的拟合能力。参数 σ 和惩罚参数 C 是SVR算法中的关键参数，可以进行优化调节。

2）PSO算法：PSO在一个状态空间中撒下一群随机的粒子（随机解），然后经过位置和速度两个维度的参数来寻求最优解[20, 21]。这些粒子每一次迭代中都会通过不断更新两个极值来优化自己；粒子本身所寻求的最优解叫做个体极值；整个种群当前寻求的最优解叫做全局极值。如果粒子的“邻居”为粒子群中的一部分，那么在所有“邻居”当中产生的极值就是局部极值。

假定在一个 D 维状态空间中，有一个由 N 个粒子组成一个群落，第 i 个粒子表征成一个 D 维向量。

$$X_i=(x_{i1},x_{i2},\cdots,x_{iD}),i=1,2,\cdots N \tag{7-22}$$

第 i 个粒子的“飞行”速度也是一个 D 维的向量，记为

$$V_i=(v_{i1},v_{i2},\cdots,v_{iD}),i=1,2,\cdots N \tag{7-23}$$

第 i 个粒子在当前搜索到的最优位置称为个体极值，记为

$$p_{\text{best}}=(p_{i1},p_{i2},\cdots,p_{iD}),i=1,2,\cdots N \tag{7-24}$$

整个粒子群当前搜索到的最优位置为全局极值，记为

$$g_{\text{best}}=(p_{g1},p_{g2},\cdots,p_{gD}),i=1,2,\cdots N \tag{7-25}$$

在找到这两个最优值时，粒子根据如下的式（7-26）和式（7-27）来更新自己的速度和位置：

$$v_{id}^*=w^*v_{id}+c_1r_1(p_{id}-x_{id})+c_2r_2(p_{gd}-x_{id}) \tag{7-26}$$

$$x_{id}^{*}=x_{id}+v_{id}^{*} \tag{7-27}$$

其中，c_1 和 c_2 分别为粒子的学习因子，r_1 和 r_2 为［0，1］范围内的随机数，通常取0.5。式（7-26）和式（7-27）能够反映出粒子有向自身历史最佳位置逼近的趋势；同时反映了粒子间相互共享位置的信息状态。适应度一般设定为PSO算法评价解优劣的一组函数值。

3）PSO算法优化的SVR模型：电池可放电量状态是根据电池电压、电流等实时数据估算的，它们之间是多维非线性映射关系。应用SVR-PSO模型估算电池可放电量状态，应用在均衡控制的步骤如下：

① 给定训练集

$T=\{(x_1,y_1),\cdots,(x_n,y_n)\}\in(R\times y)^n$，其中 $x_i\in R^n,y_i\in y=R,i=1,\cdots,n$。

② SVR模型训练

对于数据集 $\boldsymbol{T}$，x_i 为输入量，y_i 为输出量，首先给定准确度 ε、惩罚参数 C 和核函数参数 σ 满足条件的初值，以SVR模型输出的可放电量状态为适应度，应用PSO算法优化 C 和 σ，优化值代入SVR模型公式构建出训练模型。

5. 估算单体电池可放电量状态

根据电池管理系统实时采集的电压、电流数据集，应用训练模型实时估算出电池的可放电量状态，记为Qr，进而对电池模块内单体电池可放电量状态的离散性进行分析。

按式（7-28）计算出单体电池的可放电量状态离散性：

$$U=\frac{\mathrm{Qr}_{\max}-\mathrm{Qr}_{\min}}{\overline{\mathrm{Qr}}} \tag{7-28}$$

PSO-SVR预估电池可放电量的具体流程如图7-4所示。

6. 实验验证分析

以电动大巴用38.4V、200A·h型退役动力电池模块为测试对象，验证本节评估方法的有效性。该模组为12节磷酸铁锂电池串联，额定电压值为38.4V，额定容量为200A·h，经充放电测试实际容量仅为142.9A·h。以下分别以电池模块和电池模块中单体为测试对象，分析电池放电状态关联参数获取与电池放电状态预测的有效性。

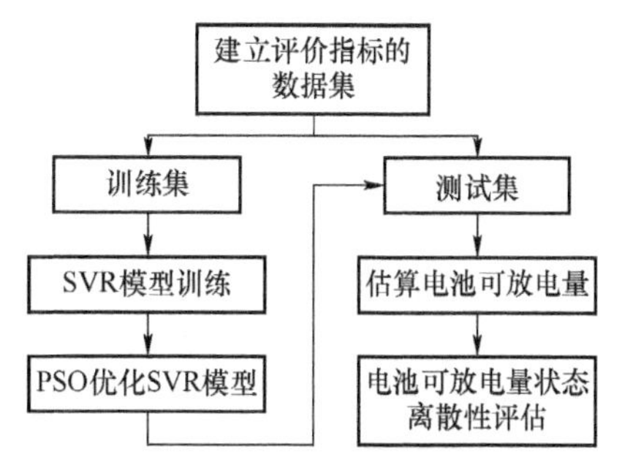

图7-4　电池可放电量预估流程图

1）电池特性关联度获取：

① 电池模块为测试对象：为了简化计算，当电池模块充电到SOC>95%时，

取 BMS 连续采集的数据集、OCV、内阻和 SOP 等数据，数据保存周期为 1s，汇总数据如表 7-2 所示。

表 7-2　电池模块充电数据汇总表

序号	电流 I/A	电压 U/V	SOC	OCV/V	内阻/mΩ	SOP/W
1	100.6	41.917	97.86%	40.106	18.00	419
2	100.6	41.920	97.88%	40.108	18.01	4412
3	100.6	41.928	97.90%	40.110	18.07	4392
4	100.6	41.934	97.93%	40.111	18.12	4378
5	100.6	41.946	97.95%	40.113	18.22	4350
6	100.6	41.954	97.97%	40.115	18.28	4331
7	100.6	41.959	97.99%	40.117	18.31	4319
8	100.6	41.965	98.01%	40.119	18.35	4305
9	100.6	41.978	98.03%	40.123	18.43	4275
10	100.6	41.984	98.05%	40.128	18.45	4262
11	100.6	41.992	98.07%	40.132	18.49	4243
12	100.6	41.999	98.09%	40.136	18.52	4228

采用熵值法根据式（7-1）~式（7-4）计算得到的权重向量 $\boldsymbol{W}$=(0.33332，0.33334,0.33334)。建立灰色关联模型，目标值向量 $\boldsymbol{X}_0^*$ = (SOP_{limit}，SOC_{limit}，U_{limit})，其中 U_{limit}=42.0V，$SOP_{limit}=U_{limit}I$=4225W，SOC_{limit}=98.5%，根据式（7-6）~式（7-13）计算得到关联系数矩阵 $\boldsymbol{E}$ 为：

$$\boldsymbol{E}=\begin{bmatrix} 0.3361 & 0.7867 & 0.9283 \\ 0.3446 & 0.7923 & 0.9309 \\ \cdots & \cdots & \cdots \\ 0.9852 & 0.8527 & 1.0073 \end{bmatrix} \tag{7-29}$$

计算关联度，根据式（7-5）和式（7-14）计算得到关联度向量：$\boldsymbol{G}$ =（0.684，0.689，0.702，0.713，0.735，0.753，0.767，0.784，0.828，0.855，0.898，0.948）′。

电池充电时，电池放电状态与电池各主要参数关联度的对比图如图 7-5 所示。从图 7-5 中可见，SOP、SOC 和工作电压这三个参数和电池放电状态是强相关的，可以选用以上三种参数作为电池放电状态的评价指标。

② 电池模块内单体电池为测试对象：为了简化计算，当单体电池充电到 SOC>95%时，取 BMS 连续采集的数据集、OCV、内阻和 SOP 汇总数据在表 7-3，

数据保存周期为 1s。

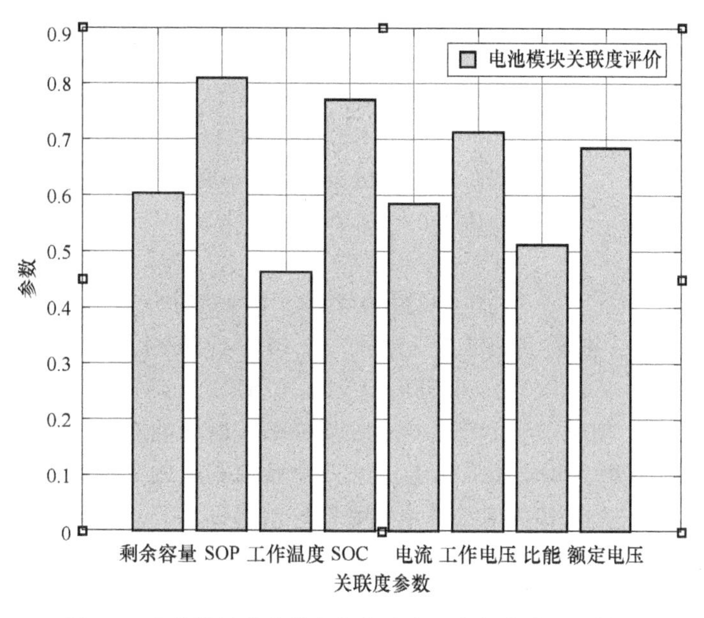

图 7-5　电池模块放电状态与电池主要参数关联度比较图

表 7-3　单体充电数据汇总表

序号	电流 I/A	电压 U/V	SOC	OCV/V	内阻/mΩ	SOP/W
1	100. 6	3. 601	95. 48%	3. 333	2. 66	361
2	100. 6	3. 577	92. 00%	3. 314	2. 61	394
3	100. 6	3. 571	95. 10%	3. 329	2. 41	406
4	100. 6	3. 589	92. 57%	3. 316	2. 71	377
5	100. 6	3. 502	83. 00%	3. 305	1. 96	542
6	100. 6	3. 510	87. 00%	3. 307	2. 02	523
7	100. 6	3. 593	95. 57%	3. 334	2. 57	372
8	100. 6	3. 588	95. 76%	3. 336	2. 50	379
9	100. 6	3. 496	81. 00%	3. 304	1. 91	558
10	100. 6	3. 564	93. 88%	3. 321	2. 42	416
11	100. 6	3. 595	85. 00%	3. 306	2. 87	368
12	100. 6	3. 548	85. 00%	3. 306	2. 41	440

采用熵值法根据式（7-1）~式（7-4）计算得到的权重向量 $\boldsymbol{W}=(0.3322,0.3338,0.3340)$。

建立灰色关联模型，目标值向量 $\boldsymbol{X}_0^*=(\mathrm{SOP}_{\mathrm{limit}},\mathrm{SOC}_{\mathrm{limit}},U_{\mathrm{limit}})$，其中，$\boldsymbol{U}_{\mathrm{limit}}=3.6\mathrm{V}$，$\mathrm{SOP}_{\mathrm{limit}}=362.16\mathrm{W}$，$\mathrm{SOC}_{\mathrm{limit}}=96\%$，根据式（7-6）~式（7-13）计算得到关联系数矩阵 $\boldsymbol{E}$ 为：

$$\boldsymbol{E}=\begin{bmatrix} 0.9874 & 0.9813 & 1.0000 \\ 0.7567 & 0.8676 & 0.9780 \\ \cdots & \cdots & \cdots \\ 0.5582 & 0.7034 & 0.9503 \end{bmatrix} \tag{7-30}$$

计算关联度，根据式（7-5）和式（7-14）计算得到关联度向量：$\boldsymbol{G}=(0.603,0.811,0.464,0.767,0.585,0.712,0.512,0.687)$。

电池充电时，电池放电状态与电池主要参数关联度的对比如图 7-6 所示。从图 7-6 中可见，SOP、SOC 和工作电压这三个参数和电池放电状态是强相关的，可以选用以上三种参数作为电池放电状态的评价指标。

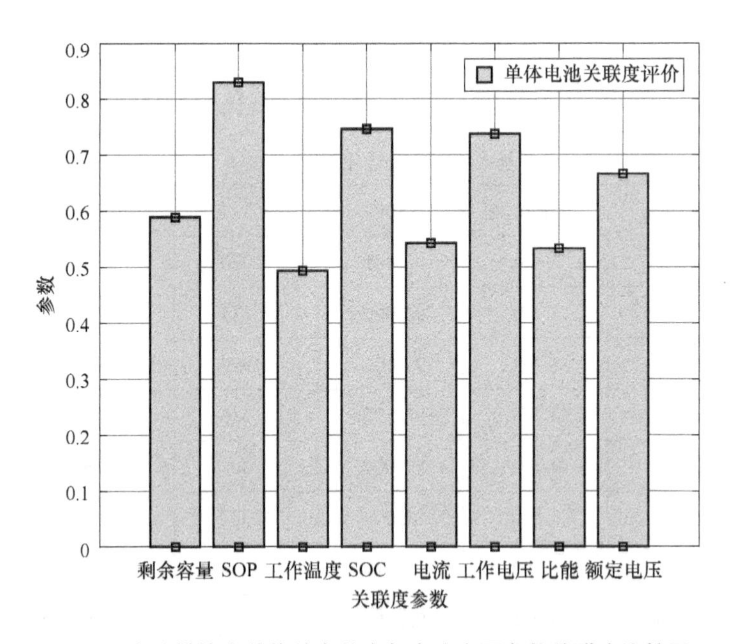

图 7-6　电池模块内单体放电状态与电池主要参数关联度比较图

2）电池可放电量预测：SVR 模型训练集为电池模块进行不同电流充放电的数据集，充放电循环电流分别为 100A、77A、50A、15A 和开路-脉冲。将电流转换为倍率，选取等间隔点的电压、倍率、可放电量状态组成训练集 $\boldsymbol{T}$，其中可放电量状态以 SOH 与 SOC 乘积表示，$\boldsymbol{T}$ 为 189×3 型矩阵。

$$
\boldsymbol{T}=\begin{pmatrix} 100 & 2.432 & 0 \\ \vdots & \vdots & \vdots \\ 100 & 3.671 & 0.7904 \\ 77 & 2.443 & 0 \\ \vdots & \vdots & \vdots \\ 0 & 2.598 & 0 \\ 0 & 3.448 & 0.7820 \\ \vdots & \vdots & \vdots \\ 100 & 3.575 & 0.7856 \end{pmatrix} \tag{7-31}
$$

核函数选用 RBF 核函数，准确度 $\boldsymbol{\varepsilon}=0.01$，惩罚参数 C 和核函数参数 $\boldsymbol{\sigma}$ 用 PSO 算法进行优化，最优值为 $C=2.032$，$\boldsymbol{\sigma}=15.928$。在 MATLAB 环境中应用 SVM 工具箱进行仿真，得到原始数据与回归模型预测数据对比，如图 7-7 所示。

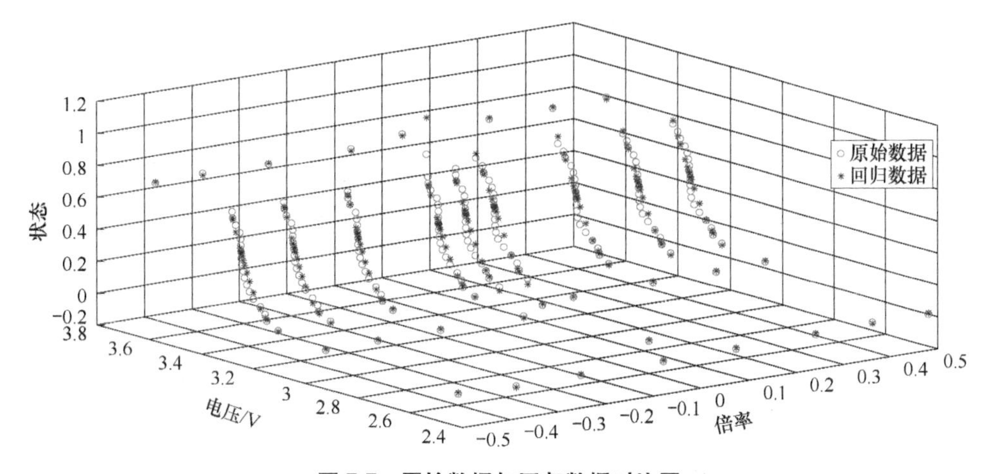

图 7-7　原始数据与回归数据对比图

验证放电状态的预测数据集为 $\boldsymbol{P}$，包含充电、放电、开路时单体电池的电流和电压数据，为 36×2 型矩阵。

$$
\boldsymbol{P}=\begin{pmatrix} 0 & 3.139 \\ \vdots & \vdots \\ 0 & 2.556 \\ -40 & 3.297 \\ \vdots & \vdots \\ -40 & 3.266 \\ 40 & 3.419 \\ \vdots & \vdots \\ 40 & 3.385 \end{pmatrix} \tag{7-32}
$$

应用SVR模型估算得到电池可放电量状态参数值及离散性 U，如表7-4所示。

表7-4　单体充电数据汇总表

电池序号	开路状态	放电	充电
1	0.0373	0.7923	0.8157
2	0.0000	0.6180	0.7416
3	0.0528	0.7401	0.7641
4	0.0000	0.6117	0.7729
5	0.0000	0.5930	0.6330
6	0.0246	0.6055	0.6427
7	0.0399	0.7792	0.8115
8	0.0914	0.8248	0.8115
9	0.0103	0.5992	0.6185
10	0.0426	0.6561	0.7370
11	0.0072	0.5992	0.6953
12	0.0050	0.5930	0.6620
U	3.5256	0.3472	0.2718

U 阈值 U_{limit} 设定为0.05，估算状态参数值与实际测量值的误差在3%以内，证明了该实验的准确性。

上述内容针对退役动力电池成组后一致性较差的特点，通过熵值法-灰色关联分析选取开路电压、SOC和SOP作为电池可放电量状态的主要指标，然后引入SVR模型和PSO算法在线估算该指标。通过38.4V、200A·h型退役动力电池模块充放电测试容量数据验证了该方法的有效性。

7.1.2　退役动力电池的充放电管理

电池管理系统（BMS）核心的功能是根据使用环境对电池的充放电过程进行监测和控制，从而确保电池安全的前提下最大限度的利用电池存储的能量。

电池簇（RACK）是大规模电储能的基本单元，其构成要素包括：存储能量的电池包（PACK）、弱电监测控制的电池管理系统（BMS）、强电监测控制的开关盒、结构承重的电池架等。其中BMS采用三级管理架构设计，系统的整体控制及通信框图如图7-8所示。

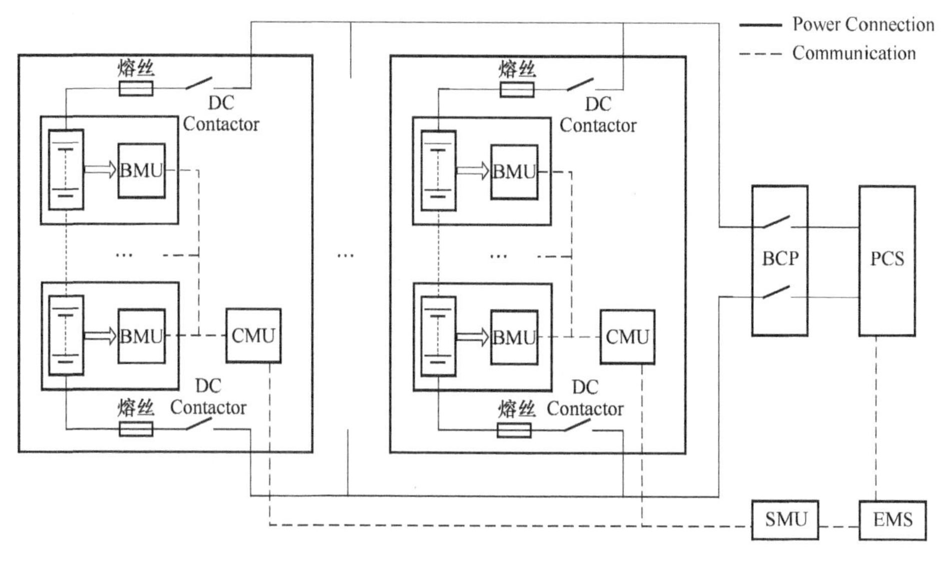

图 7-8 电池管理系统总体架构

1）电池模块控制器（BMU）：BMU 通过高准确度的电压、温度采集电路，配合数模转换电路，实现了准确的单体电压、电池组串电压、电流、温度的采集功能。同时根据相应的均衡策略，可针对电池单体间的电量不一致进行均衡。BMU 根据系统需要，具有如下特点：

采集线束组成及接插件均标准化设计，方便更换。

采用主流的电池管理系统高集成度电压采集集成电路，能够实现单体电压和温度的采集，采集稳定的周期小于 15ms。

电压采集考虑电池的回滞特性，在充放电过程中，对瞬时电流造成的电压波动进行滤波过滤，使得电池充放电电压曲线更真实反映电池的精确单体电压。

温度采集范围为-40~85℃。

BMU 可实现电池单体间电量均衡，电池单体间电量均衡通过均衡控制电路根据单体电池的 SOC 差异进行均衡。

采用菊花链通信方式与上层单元进行通信。

2）电池簇控制器（BCMS）：BCMS 测量电池簇电压、电池簇的充放电电流、电池簇的高压绝缘电阻。BCMS 将 BMU 的采集数据汇总，可进行电池簇容量估计、电池簇剩余电量（SOC）估计、电池簇故障诊断、均衡控制策略、安全控制策略等。BCMS 通过 CAN 与储能集中控制器（SBMS）通信，上传电池状态及电池报警等信息。BCMS 根据所述功能需要，其设计特点是：由大量的电池单元通过连接器连接在一起，这些电池单元可以提供更高的电压和电容量。

3）电池簇管理单元（CMU）：内置在开关盒，具有 SOC 计算、控制 BMU、控制主功率电路通断功能。

实现高准确度电流采集，要求测量范围双向 300A，信号采集 AD 准确度不小于 16 位，采集最小周期 20ms 且周期可调整，对霍尔传感器的零点漂移具有校准作用。

高压绝缘电阻检测，要求对相关电路进行电气隔离，并充分考虑噪声影响，对采集数据进行多次采样求平均，得到更准确的采样值。

实现高准确度的 SOC 估算，要求误差在 5%以内并动态校准。

准确估算 SOH，实时对 SOH 进行校准。

充放电策略及均衡算法实现，要求充放电过程全程实时监控，发现异常立刻采取报警、保护动作，确保电池安全，在电池使用过程中，根据电池的电压、SOC 等指标差异性，灵活安排均衡策略，消除电池组内、电池组间的差异性。

电池管理系统包含 3 级故障保护功能，针对不同的告警会进行限功率、退出或停机等不同保护策略。

4）电池系统管理单元（SMU）：内置在直流配电柜，具有环境监控（选配）、控制 CMU、控制主功率电路通断功能。

7.2 退役动力电池运行控制策略

7.2.1 考虑场景适用性的梯次储能系统功率分配策略

1. 自适应滤波器

自适应滤波器在解决统计量的线性及非线性分布问题上应用广泛，通过调整滤波参数，实现对滤波系统自动化最优调整。本节所提 SOH-SOC 功率分配策略基于自适应滤波器实现，在第 3 章中提出的退役电池模型基础上，建立退役电池舱模型，得出退役电池舱的估测 SOH，设定基于 SOH 参数的滤波常数，实现对多个电池舱的自适应功率最优分配。对于多个电池舱的梯次电池系统来说，需要设定多个滤波常数，为表述方便，本节以 2 个电池舱为例阐述。

所提策略中利用自适应滤波器特点，在自适应计算过程中利用滤波系统关联 SOH 对参考功率值进行自适应调整。在实现本节所提 SOH-SOC 功率分配策略时，由于功率分配的对象为 2 个退役电池舱，因此本节 SOH-SOC 功率分配结果中较小功率以低通滤波方式输出，再将其与 P_{ref} 做差，输出分配结果中的较高功

率指令，从而实现分别分配给2个退役电池舱。考虑到表征退役电池关键性能参数SOH，因此对处于正常工作范围内的电池舱，设定功率分配滤波系数为 $T_S=1+|S_{SOH1}-S_{SOH2}|$，分别对应2个电池舱分配得到各自相应的功率指令。对处于非正常工作范围内的电池舱，赋以高频信号，实现其输出功率指令为0，有效避免电池过度充放电，保证梯次储能系统安全运行，实现对梯次电池舱SOH-SOC级的站级系统功率分配策略。

所提SOH-SOC自适应滤波器控制框图如图7-9所示。

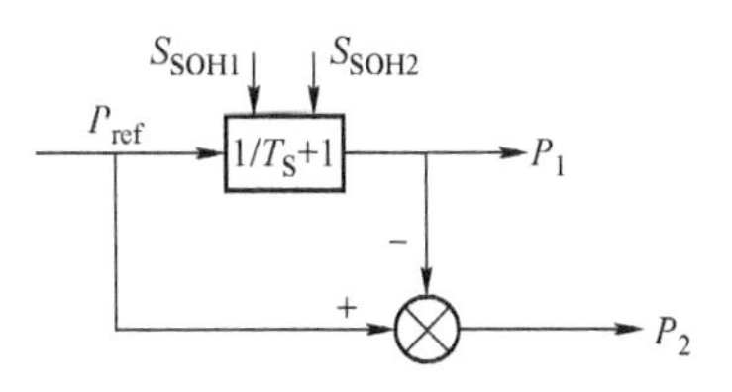

图7-9　SOH-SOC自适应滤波器控制框图

2. SOH-SOC双层功率分配策略

针对退役电池储能电站来说，不同电池舱间一致性各异，会造成多个电池舱单元出力小于单一舱出力，不仅会大大缩短梯次电站的运行年限，更难以保障梯次电站的安全运行。因此，本节提出考虑电池舱SOH-SOC双层功率分配策略，第一层通过考虑电池舱SOH使得出力得到均衡分配，第二层考虑电池舱SOC状态，以保障电池舱充放电安全运行。

本节所提策略第一层为SOH级功率分配策略，在第3章提出的退役电池模型基础上，建立退役电池舱模型，由此得出电池舱SOH。依据相关标准，定义退役电池舱SOH $\in[0.1,\ 0.9]$ 为正常待运行状态。针对2个电池舱的SOH差异性定义三种运行模式如下：

模式1：功率均分模式，满足 $\left|\frac{S_{SOH1}}{S_{SOH2}}-1\right|<0.05$ 时，认为2个电池舱SOH基本一致，此时2个电池舱平均分配运行功率。

模式2：单独出力模式，若2个电池舱SOH满足 $\frac{S_{SOH1}}{S_{SOH2}}\geqslant 2$ 时，此时 S_{SOH1} 远大于 S_{SOH2}，认为此时电池舱 S_{SOH2} 不具备正常出力条件，表明此时二者一致性较差，根据“木桶效应”，共同执行功率指令则会导致SOH优异的电池舱性能锐减，此时电池舱1承担全部功率输出。同理，若满足 $\frac{S_{SOH1}}{S_{SOH2}}\leqslant 0.5$，则由电池舱2承担全部功率指令。

模式3：自适应分配模式，若2个电池舱SOH情况均不属于上述两种情况之列，表明此时2个电池舱存在一致性，但是差距处于可接受范围之内。为保证输出功率分配最优，此时定义滤波常数 $T_s=1+|S_{SOH1}-S_{SOH2}|$，依据滤波常数确定分配权重，进而确定2个电池舱的功率分配值。

依据上述思路，构建“按需分配”式的电池舱SOH级功率分配策略，为了更好地说明上述思路，对应的流程图如图 7-10 所示。

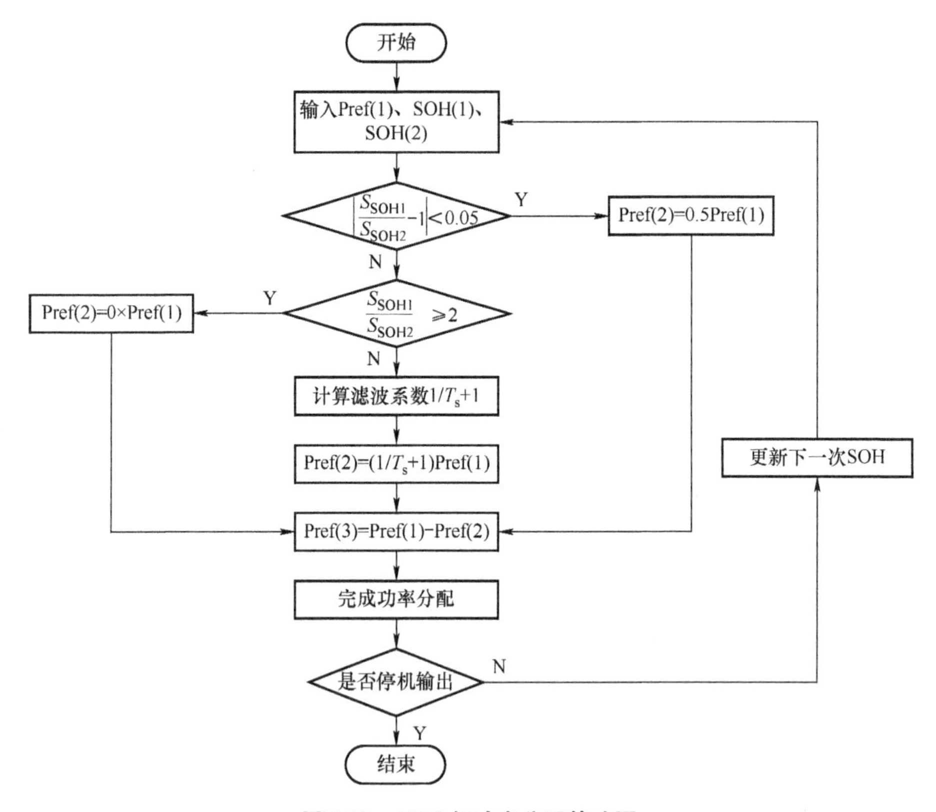

图 7-10　SOH 级功率分配策略图

在上述 SOH 级功率分配策略基础上，为了进一步保障退役电池舱的安全性，提高电池舱使用寿命以及梯次电站运行安全性，需要结合电池舱 SOC 情况进行综合考虑，因此继续提出 SOC 级的电池舱二次分配策略。为表述方便，分别定义 SOH 级功率分配后电池舱 1、电池舱 2 输出有功功率为 P_1、P_2，经 SOC 级功率再分配策略后输出有功功率分别为 P_1^*、P_2^*。基于退役电池安全性考虑，首先需要比较 2 个电池舱的 SOH 情况，优先对 SOH 低的电池舱进行二次功率分配。以 $S_{SOH1}>S_{SOH2}$ 为例进行阐述，即 SOC 级的电池舱二次分配策略分为如下三种情况：

模式 A：防止充电过剩，满足 $S_{SOC2}>90\%$、$P_2<0$ 时，表明此时 S_{SOC2} 充足，但 SOH 级获得电池舱功率指令为充电指令。为减少退役电池充放电次数，避免充电过剩，定义此时 $P_2^*=0$。即将上层 SOH 级功率分配指令清零，以保证电池舱 2 正常运行，延长电池舱 2 的使用年限。

模式 B：防止放电完全，满足 $S_{SOC2}<10\%$、$P_2>0$ 时，表明此时 S_{SOC2} 过低，但

SOH 级获得电池舱功率指令为放电。为避免造成电池过放出现放电完全，保障电池舱安全运行，定义此时 $P_2^*=0$。即将上层 SOH 级功率分配指令清零，以保证电池舱 2 安全运行，延长电池舱 2 的使用年限。

模式 C：正常充放模式，上述两种条件均不满足，此时则按照上层功率指令对电池进行充放电。若 2 个电池舱 SOC 情况均不属于上述两种情况之列，表明此时 SOH 级功率分配策略安全且合理，此时则按照上层 SOH 级功率指令对电池舱进行充放电，保证输出功率分配最优。

依据上述思路，充分考虑退役电池舱运行安全的重要性，构建 SOC 级二次功率分配策略，为了更好地说明上述思路，对应的流程图如图 7-11 所示。

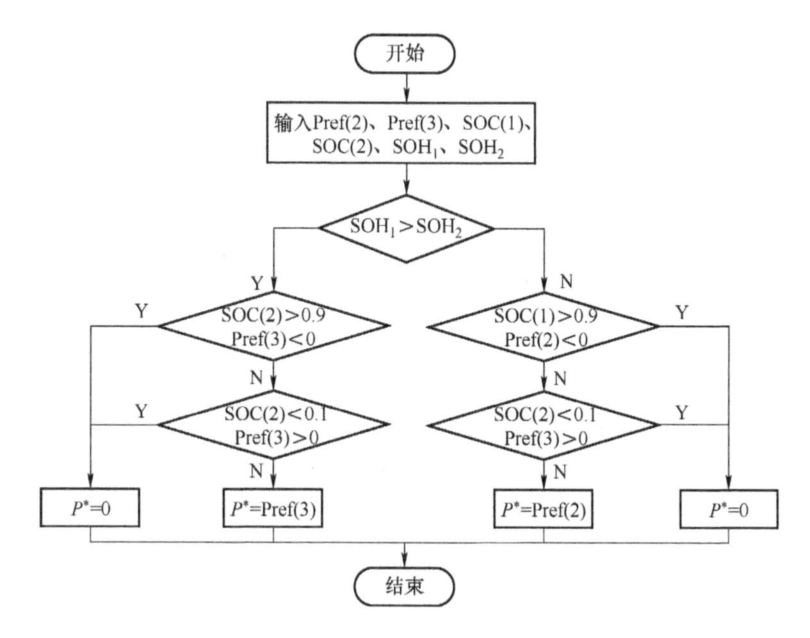

图 7-11 SOC 级功率分配策略图

3. 梯次储能系统拓扑搭建

通过实际工程进行对比验证，依据某变电站 0.5MW/1MW · h 退役电池储能电站拓扑结构搭建算例仿真，将前述分选方法应用于该模型搭建，并将数据驱动封装内部，对电站运行工况进行实例仿真验证。储能电站由 1 个变压器舱、2 个电池舱组成，其中储能电池采用退役磷酸铁锂电池，每个电池舱规模为 0.5MW，依据实际工程内部拓扑结构进行等效，整体工程结构示意图如图 7-12 所示。

结合实际工程中退役电池组串方式及拓扑结构搭建退役电池模块化梯次利用系统模型，将模块化退役电池储能子系统经并联扩展得到退役电池储能系统数字化模型。

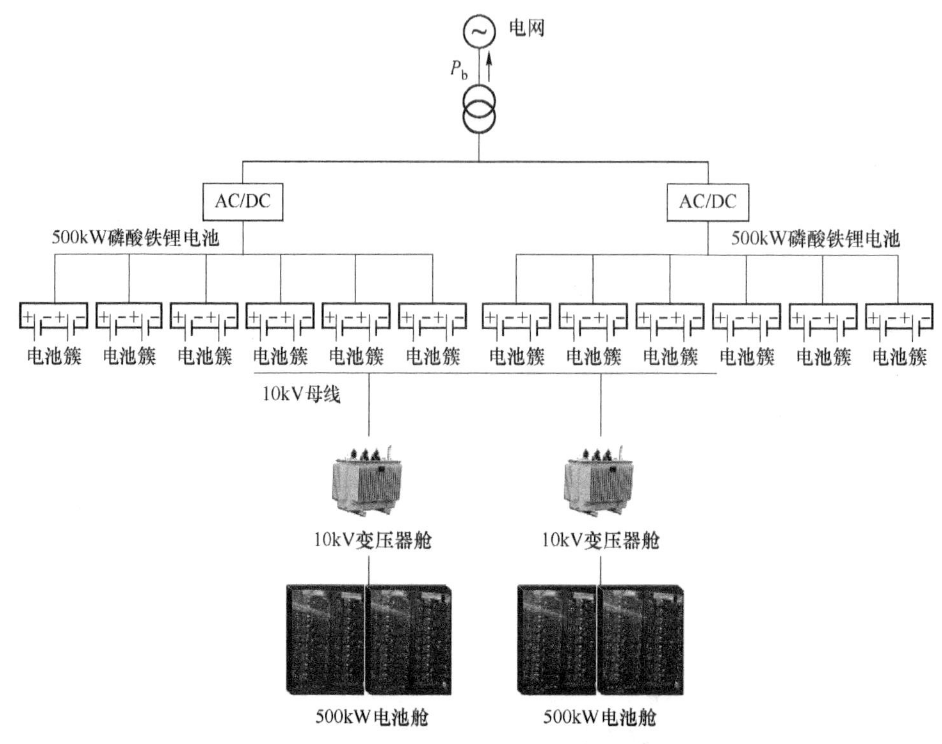

图 7-12 0.5MW/1MW·h 退役电池梯次利用储能电站结构图

该退役电池储能系统是由 2 个 0.5MW 的电池舱储能单元并联构成，每个模块化电池舱储能子系统是由功率转换系统和退役电池电池舱系统构成，储能电池和储能变流器串并联接入到升压变压器之前，统一归电网调度管理。梯次储能系统参数见表 7-5。电池舱内包含电池单体、电池插箱、电池簇。每个电池单体的电压为 3.3V，电池单体采用 1 并 14 串（1P14S）的方式构成 1 个电池插箱，插箱的电压为 46.2V，每个电池簇内有 15 个电池插箱即 210 个电池单体构成，每个电池簇电压 693V，6 个电池簇构成一个电池舱，即每个电池舱包含 1260 个电池单体，直流侧电压为：3.3V×210=693V。

表 7-5 梯次储能系统参数

储能结构	集成方式	电压/Vdc
电池单体	—	3.3V
电池插箱	1P14S	46.2V
电池簇	15 个插箱并联	693V
电池舱	6 个簇并联	693V
储能电站	2 个电池舱并联	693V

采用二电平 LCL 拓扑，具有开关损耗小、输出电流谐波小、工作效率高等特点，因此广泛应用于可再生能源发电并网系统中，二电平的输出波形与正弦波

类似，只有轻微谐振频率。两电平逆变器主要作用是完成直流变为交流的逆变过程，电路包含 IGBT、二极管，和普通逆变器原理类似，同一个桥臂上的元件不能同时导通且安全触发时间较短。本章两电平 LCL 退役电池储能系统仿真拓扑图如图 7-13 所示，2 个电池舱经 SOH-SOC 功率分配策略指令分别输入 2 个两电平拓扑后并联入网，实现退役电池储能系统并网运行。

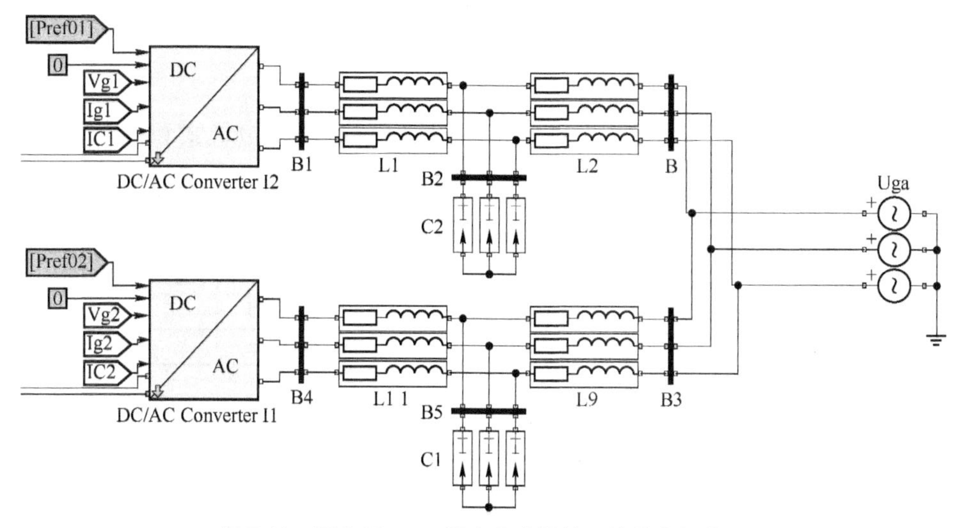

图 7-13　两电平 LCL 梯次电池储能系统仿真拓扑图

4. 仿真算例

依据实际运行案例，搭建了仿真模型，采用了提出的 SOH-SOC 功率分配策略，其拓扑如图 7-14 所示。

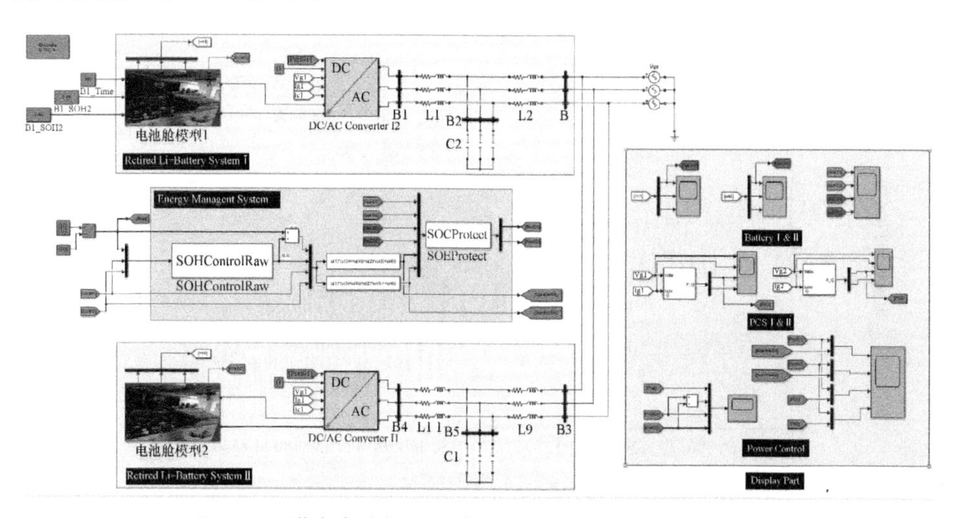

图 7-14　梯次电池储能系统 SOH-SOC 功率分配仿真图

如图7-14所示，该仿真系统由4个模块构成，分别为退役电池舱1系统、退役电池舱2系统、EMS、波形采集模块。其中波形采集模块中分为三组波形展示，由上至下依次为电池舱波形、PCS波形、功率分配波形。系统直流电压设置为693V，经过DC/AC后逆变为400V交流电并通过升压舱接入到10kV母线中，设置储能系统功率参考值为5kW，占空比50%。

本节设置了三个算例仿真对所提出的SOH-SOC级退役电池系统功率分配策略进行验证。

5. 功率均分与自适应分配策略对比

为验证所提的SOH级功率分配策略中的模式1功率均分模式和模式3自适应分配模式。为此，本算例设置两个电池舱初始值，如表7-6所示。

表7-6 算例一参数表

电池舱类别	SOH_{init}	SOC_{init}	SOH跳变时间/s
电池舱1	SOH1 = 0.88(t<=300)+0.85(t>300)	SOC_{init} = 0.5	300s
电池舱2	SOH2 = 0.88	SOC_{init} = 0.5	不发生跳变

具体仿真结果如下：

(1) 电池舱情况

图7-15a为2个电池舱的SOC情况，可以看出其初始状态都在50%左右，300s之后S_{SOC1}下降更快。图7-15b为2个退役电池舱的SOH情况变化，可以看出电池舱1和电池舱2的初始SOH在0.872，由于BPNN以及RCA对数据训练造成误差，使其初始值未完全到达设定值0.88。在0~300s内，$S_{SOH1}=S_{SOH2}$，依据所提策略中SOH级策略的模式1功率均分进行分配，因此2个电池舱损耗也一样，呈均分态势。在300s时，电池舱2的SOH保持不变，电池舱1跳变为

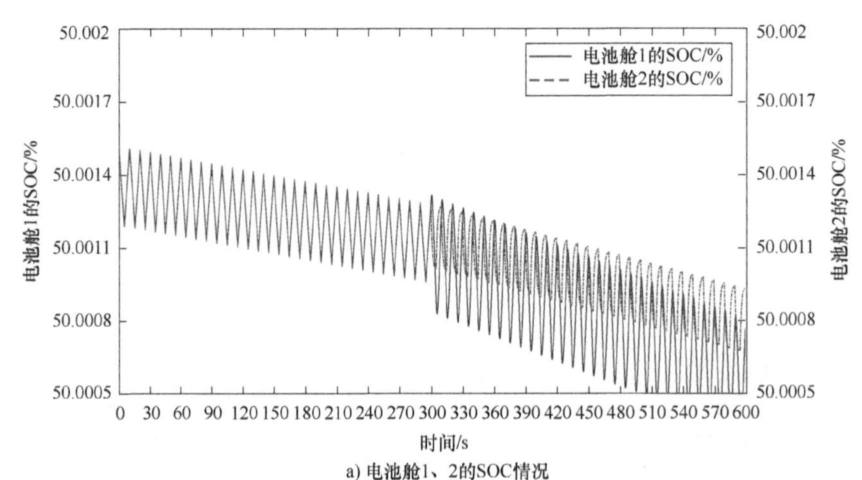

a) 电池舱1、2的SOC情况

图7-15 电池舱情况组图

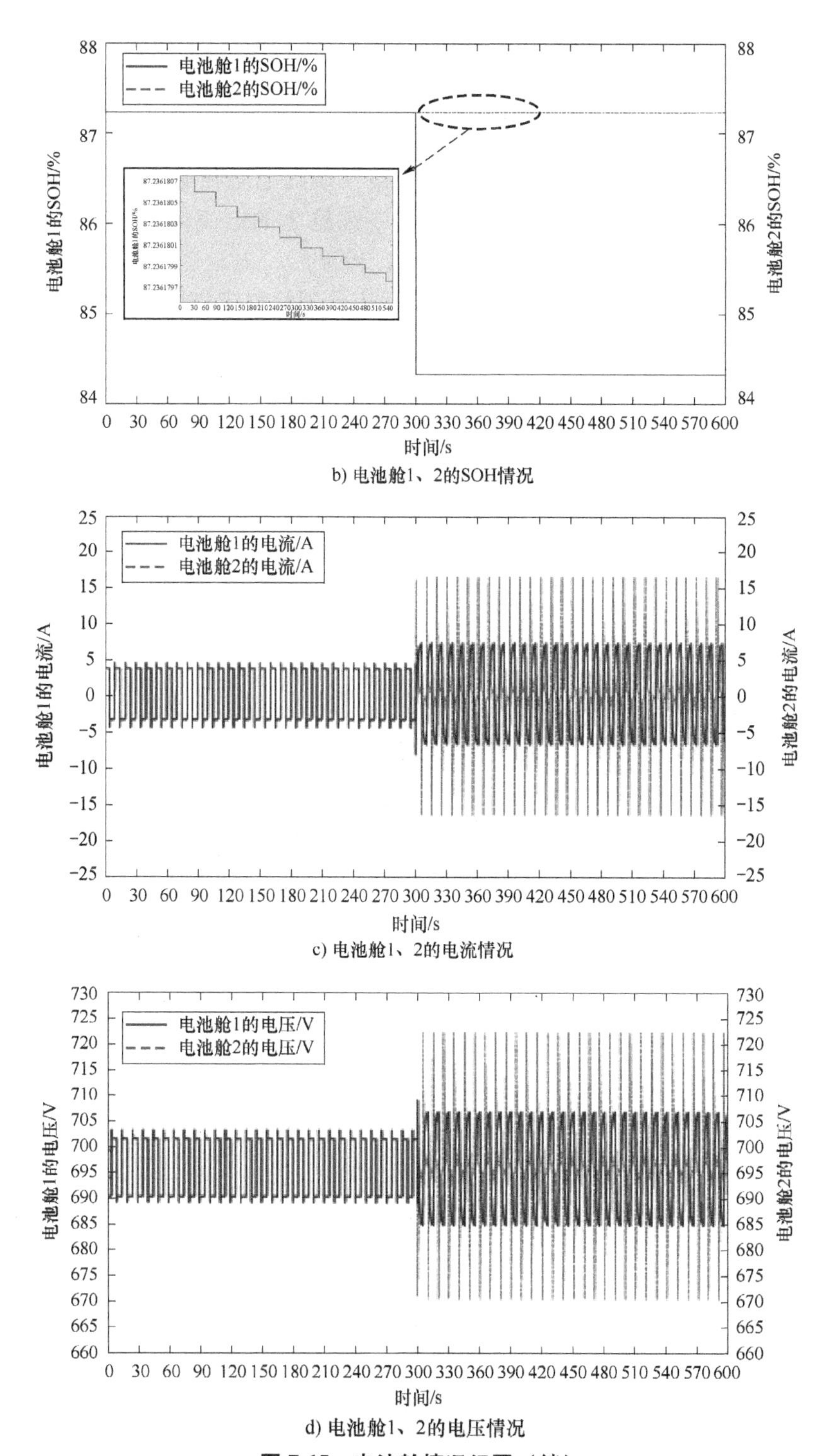

b) 电池舱1、2的SOH情况

c) 电池舱1、2的电流情况

d) 电池舱1、2的电压情况

图 7-15　电池舱情况组图（续）

0.84 左右。在 300~600s 期间，$S_{SOH1}<S_{SOH2}$，依据 SOH 级策略模式 3 自适应分配，电池舱 2 分担多。从电池舱 1 的 SOH 的局部放大图中可以看出，在整个运行周期 600s 内，电池舱 1 的 SOH 整体呈下降趋势。

图 7-15c 及图 7-15d 分别表示 2 个退役电池舱的电流和电压。可以看出 300s 前二者电流幅值相同，300s 后，SOH 高的电池舱 2 的电流幅值升高，电池舱 1 电流幅值下降。同时在电压图中也能看出，300s 后，电池舱 2 的电压幅值高于电池舱 1。验证 SOH 级策略中的模式 3 自适应分配策略起作用。

（2）PCS 变换情况

图 7-16a、b 分别为退役电池储能系统中逆变器 1、2 的三相电流情况，对比可以看出，300s 前二者电流幅值相同，300s 后，逆变器 1、2 的工作状态均发生变化，逆变器 2 的三相电流幅值高于逆变器 1。图 7-16c 为 2 个逆变器的有功功率，明显看出 300s 前均分，300s 后逆变器 2 的有功大于逆变器 1。

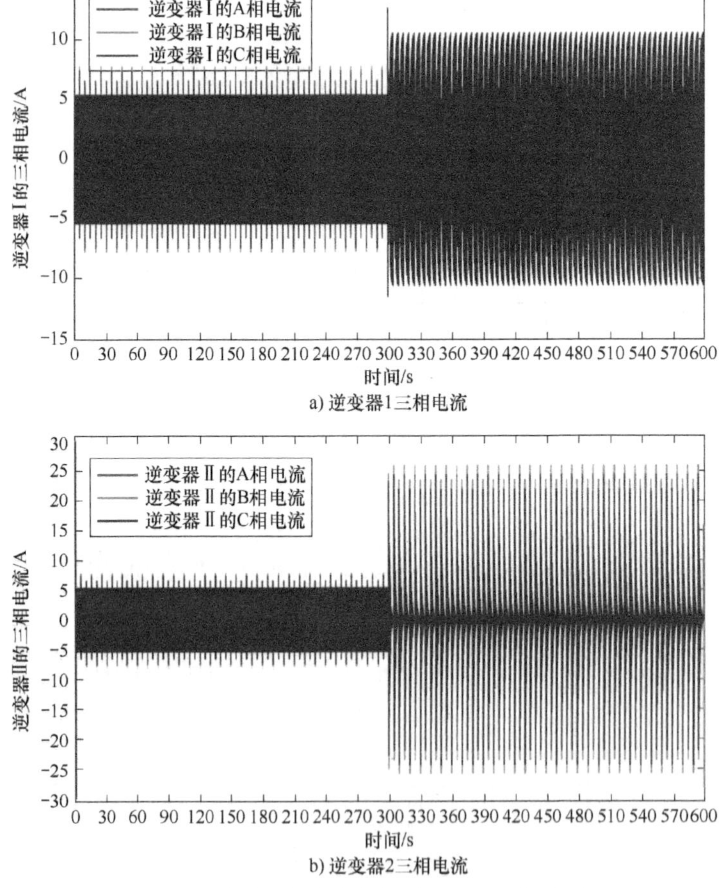

图 7-16　梯次电池储能系统逆变器情况

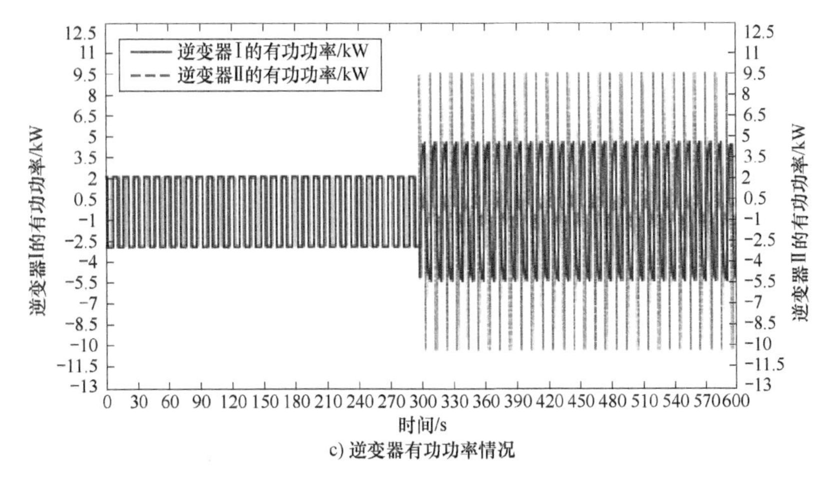

c) 逆变器有功功率情况

图 7-16 梯次电池储能系统逆变器情况（续）

通过退役电池储能系统两个逆变器的变化情况印证所建立仿真拓扑的有效性，并且印证 SOH 级功率分配策略的模式 1 功率均分和模式 3 自适应分配的有效性。

（3）退役电池储能系统功率分配情况

图 7-17a 为梯次电站总功率指令与 2 个退役电池舱有功和的追踪情况。可以看出，对于给定充放电功率 5kW，2 个电池舱出力之和实现精准追踪。图 7-17b 中，在 0~300s 内，2 个电池舱各自的有功出力均为 2.5kW，占总有功指令的一半。在 300s 时，由于电池舱 S_{SOH1} 跳变，2 个电池舱的有功出力也因此改变。在 300~600s 期间，由于 $S_{SOH1}<S_{SOH2}$，从图 7-17b 中可以看出电池舱 2 的有功指令幅值升高，表明其承担有功大于电池舱 1。

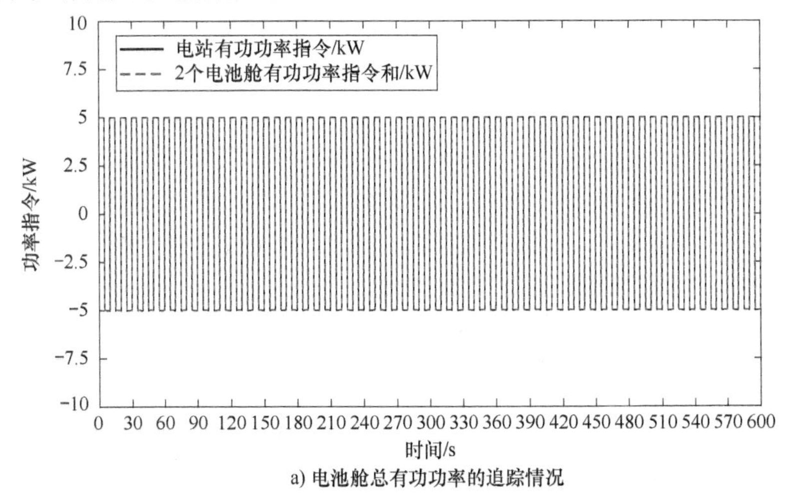

a) 电池舱总有功功率的追踪情况

图 7-17 总功率追踪情况

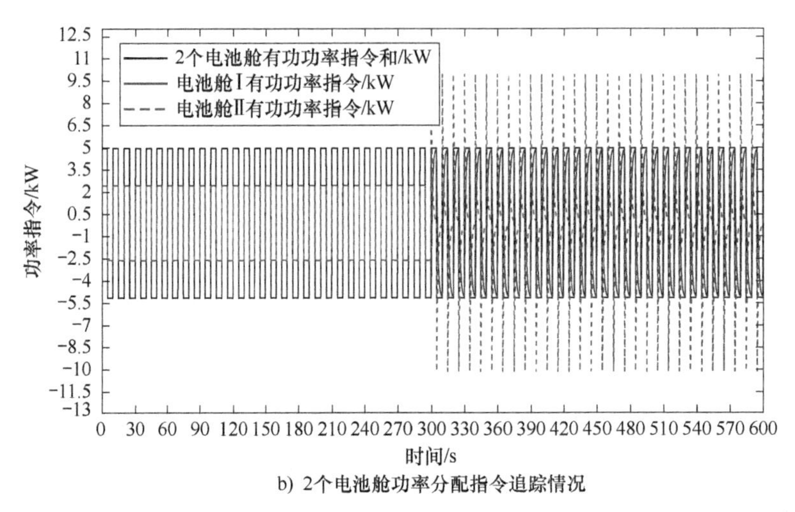

b) 2个电池舱功率分配指令追踪情况

图 7-17　总功率追踪情况（续）

（4）单独出力与自适应分配策略对比

为验证所提的 SOH 级功率分配策略中的模式 3 自适应分配和模式 2 单独出力模式。为此，本算例设置 2 个电池舱初始值，如表 7-7 所示：

表 7-7　算例二参数表

电池舱类别	SOH_{init}	SOC_{init}	SOH 跳变时间/s
电池舱 1	$S_{SOH1}=0.92(t\leqslant300)+0.75(t>300)$	$SOC_{init}=0.5$	300s
电池舱 2	$S_{SOH2}=0.88$	$SOC_{init}=0.5$	不发生跳变

具体仿真结果如下：

（1）电池舱情况

图 7-18a 为 2 个电池舱的 SOC 情况，在 0~300s 内，2 个电池舱的 SOC 都呈下降趋势，但下降速率相异，表明二者均在承担不同大小的功率指令。300s 后，电池舱 1 的 S_{SOC1} 为 0，S_{SOC2} 仍持续下降，说明 300s 后只有电池舱 2 单独出力。图 7-18b 为 2 个退役电池舱的 SOH 情况变化，在 0 ~ 300s 内，$S_{SOH1}>S_{SOH2}$，在 300s 电池舱 1 的 S_{SOH1} 发生跳变后骤降为 0.75，整个 600s 周期内 S_{SOH2} 恒为 0.88，在 300s 后电池舱 1 的 SOH 衰退程度明显较电池舱 2 更严重，无法承担功率指令。此时满足 $\left|\frac{S_{SOH1}}{S_{SOH2}}-1\right|<0.05$，依据 SOH 级策略中模式 2 单独处理模式，说明此时由电池舱 2 承担全部有功出力。

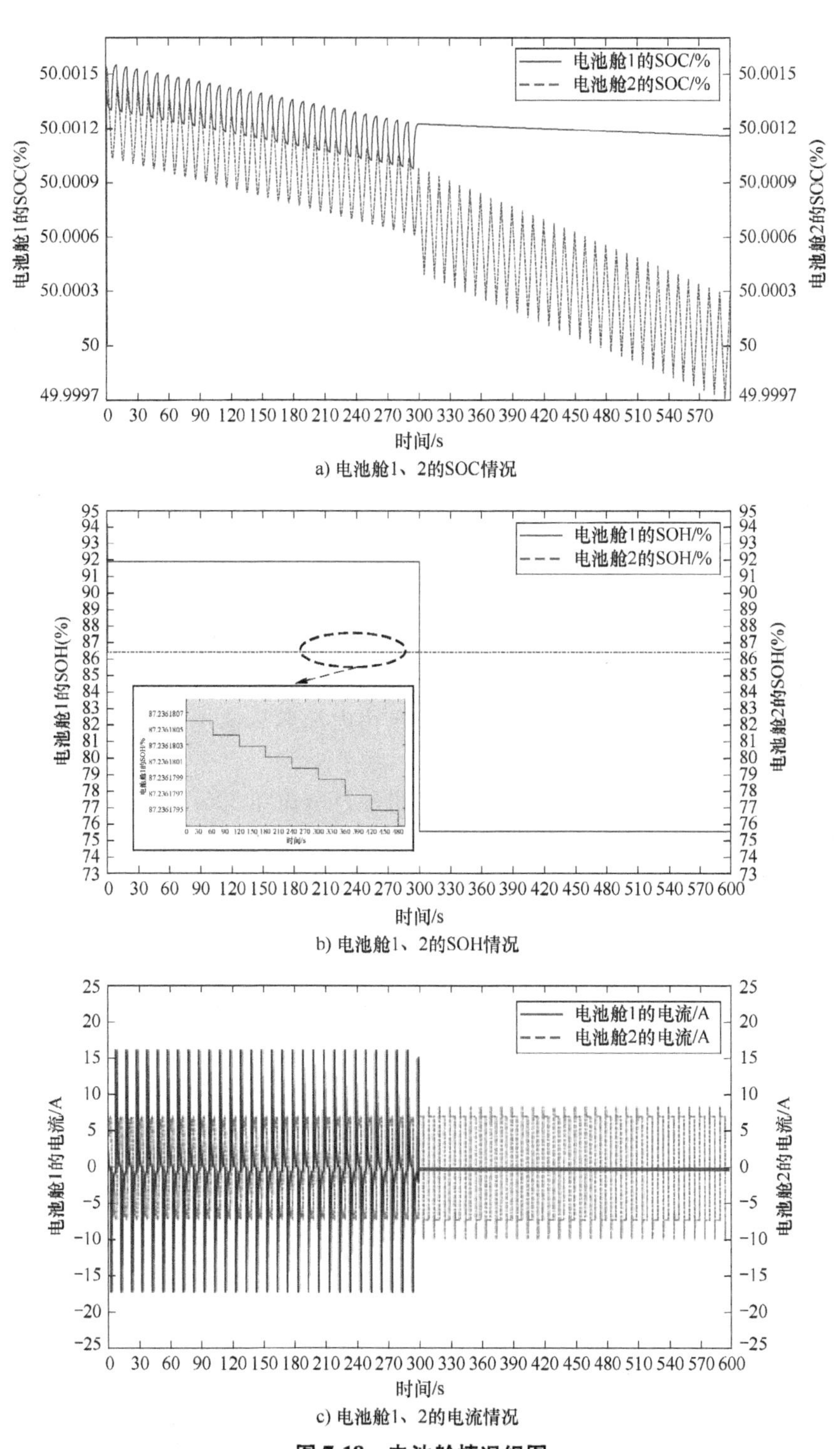

图 7-18　电池舱情况组图

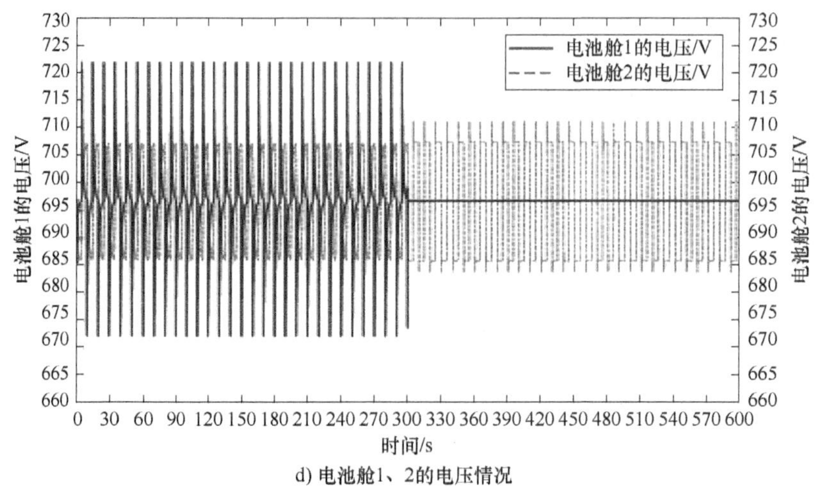

d) 电池舱1、2的电压情况

图 7-18 电池舱情况组图（续）

图 7-18c 及图 7-18d 分别表示 2 个退役电池舱的电流和电压。可以看出 300s 前，SOH 高的电池舱 1 的幅值高于电池舱 2，说明此时二者均承担功率指令，并且电池舱 1 出力更多。在 300s 后，电池舱 2 的幅值升高较 300s 升高，但电池舱 1 的电流、电压幅值均下降为 0。表明 300s 由电池舱 2 承担全部有功出力指令，电池舱 1 不出力。

通过两个退役电池舱的 SOC、SOH、电压及电流在 300s 及整个周期的表现，验证电池舱响应 SOH 级功率分配策略的自适应分配及单独出力模式的有效性。

（2）PCS 变换情况

图 7-19a、b 分别为退役电池储能系统中逆变器 1、2 的三相电流情况，对比可以看出，在 0~300s 前，逆变器 1 的三相电流幅值高于逆变器 2，300s 后逆变器 1 的电流幅值下降为 0，而逆变器 2 的电流幅值升高。图 7-19c 为 2 个逆变器的有功功率，明显看出 300s 电池舱 1、2 均出力且电池舱 1 出力更多，300s 后逆变器 2 的有功指令降为 0，而逆变器 1 出力增大。说明 0~300s 期间，2 个逆变器均承担功率指令，且逆变器 1 承担更多，300s 后逆变器 1 功率指令为 0，只有逆变器 2 执行功率指令。

（3）梯次电池储能系统功率分配情况

图 7-20a 为梯次电站总功率指令与 2 个退役电池舱有功和的追踪情况。可以看出，对于给定充放电功率 5kW，2 个电池舱出力之和实现精准追踪。图 7-20b 中，在 0~300s 内，2 个电池舱均承担有功出力，且电池舱 1 承担更多出力。在 300~600s 期间，电池舱 2 的有功出力升高，电池舱 1 有功指令为 0，表明此时只有电池舱 2 承担全部有功指令，因此验证 SOH 级策略中的模式 3 自适应分配和模式 2 单独出力模式的情况。

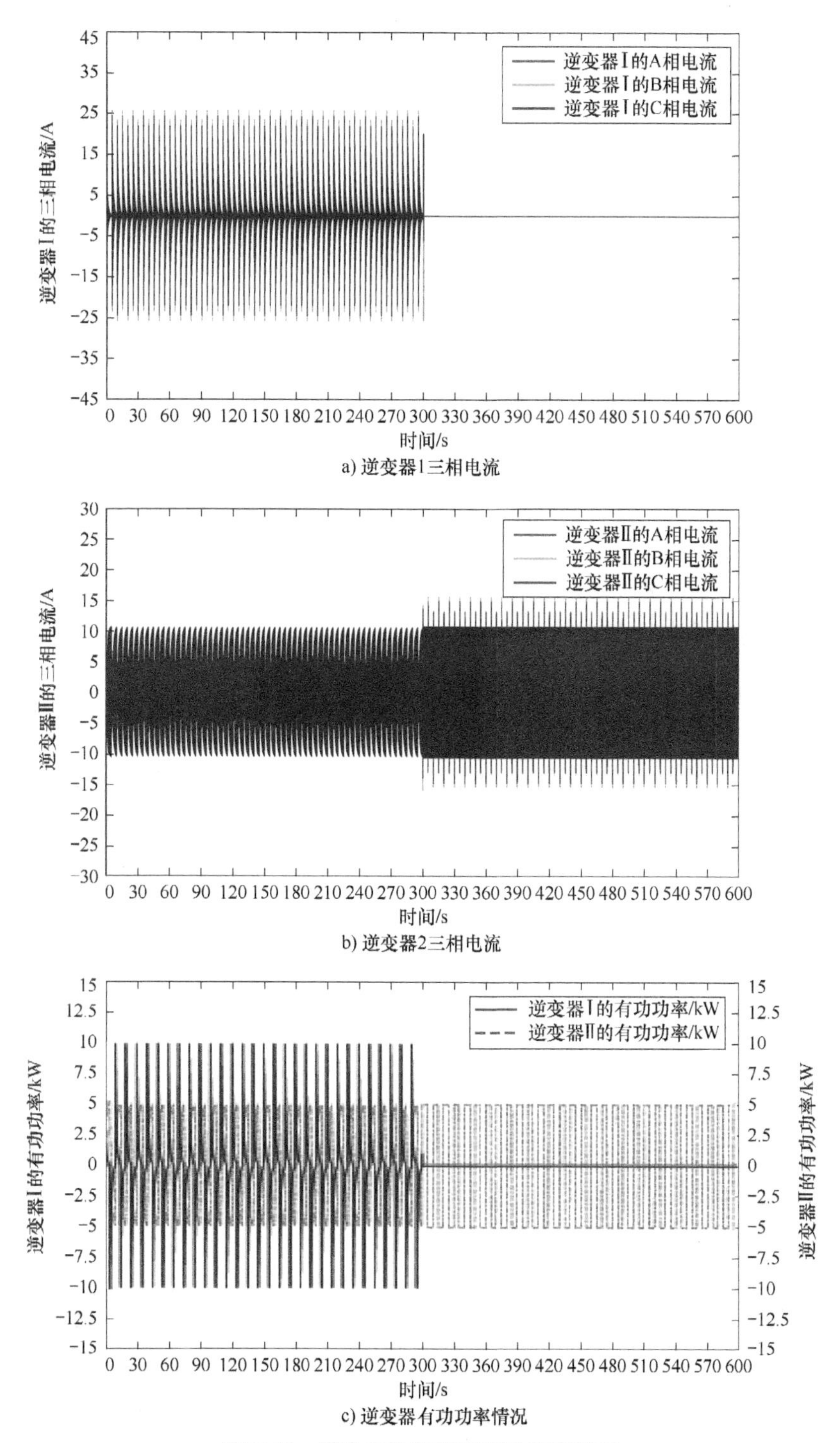

a) 逆变器1三相电流

b) 逆变器2三相电流

c) 逆变器有功功率情况

图 7-19　梯次电池储能系统逆变器情况

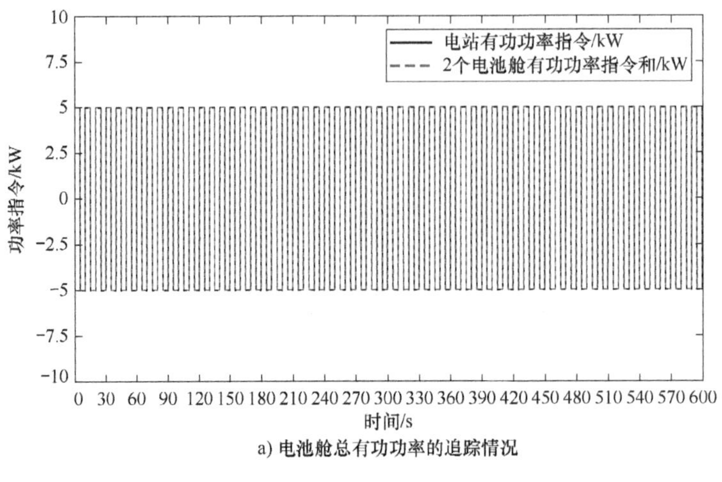

a) 电池舱总有功功率的追踪情况

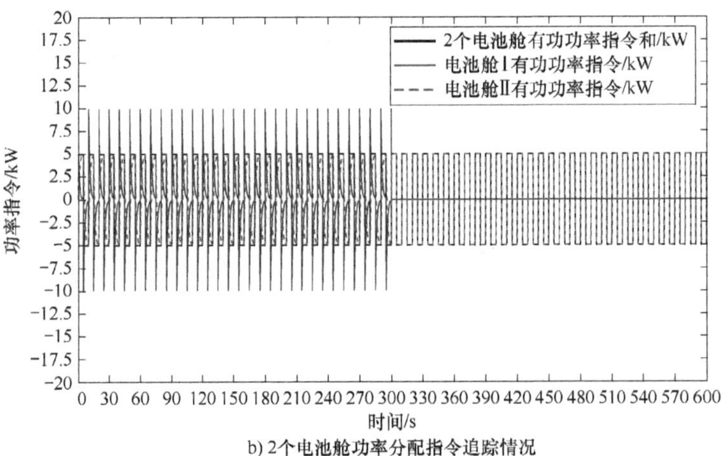

b) 2个电池舱功率分配指令追踪情况

图 7-20　总功率追踪情况

（4）SOH-SOC 双层控制

本算例主要验证第二层 SOC 级功率分配策略有效性，基于 SOH 级功率分配结果，对 SOC 发生越限的电池舱进行重新分配，以充分保证退役电池舱及梯次电站系统运行的安全性。基于梯次电站运行安全性考虑，碍于篇幅限制，本节算例验证 SOC 级策略下防止放电完全情况的有效性。为此，算例设置 2 个电池舱初始值，如表 7-8 所示。

表 7-8　算例三参数表

电池舱类别	SOH_{init}	SOC_{init}	SOH 跳变时间/s
电池舱 1	$S_{SOH1}=0.88(t\leqslant300)+0.85(t>300)$	$SOC_{init}=0.5$	300s
电池舱 2	$S_{SOH2}=0.88$	$SOC_{init}=0.099$	不发生跳变

具体仿真结果如下：

（1）电池舱情况

图 7-21a 为 2 个电池舱的 SOC 情况，可以看出在 0~600s 整个周期内，C_{SOC1}呈持续下降态势，而 C_{SOC2}则持续上升。表明整个周期内，电池舱 1 在持续放电，而电池舱 2 则处于充电状态。图 7-21b 为 2 个退役电池舱的 SOH 情况变化。图 7-21c 表示 2 个退役电池舱的电流情况。可以看出经 SOC 级策略控制，电池舱 2 的电流均为负值，表明电池舱 2 在整个周期均处于充电状态，并且在 300s 后充电电流幅值增大。而电池舱 1 的电流方向正负均有，并且在 300s 后放电电流幅值增大，表明电池舱 1 承担全部放电任务。

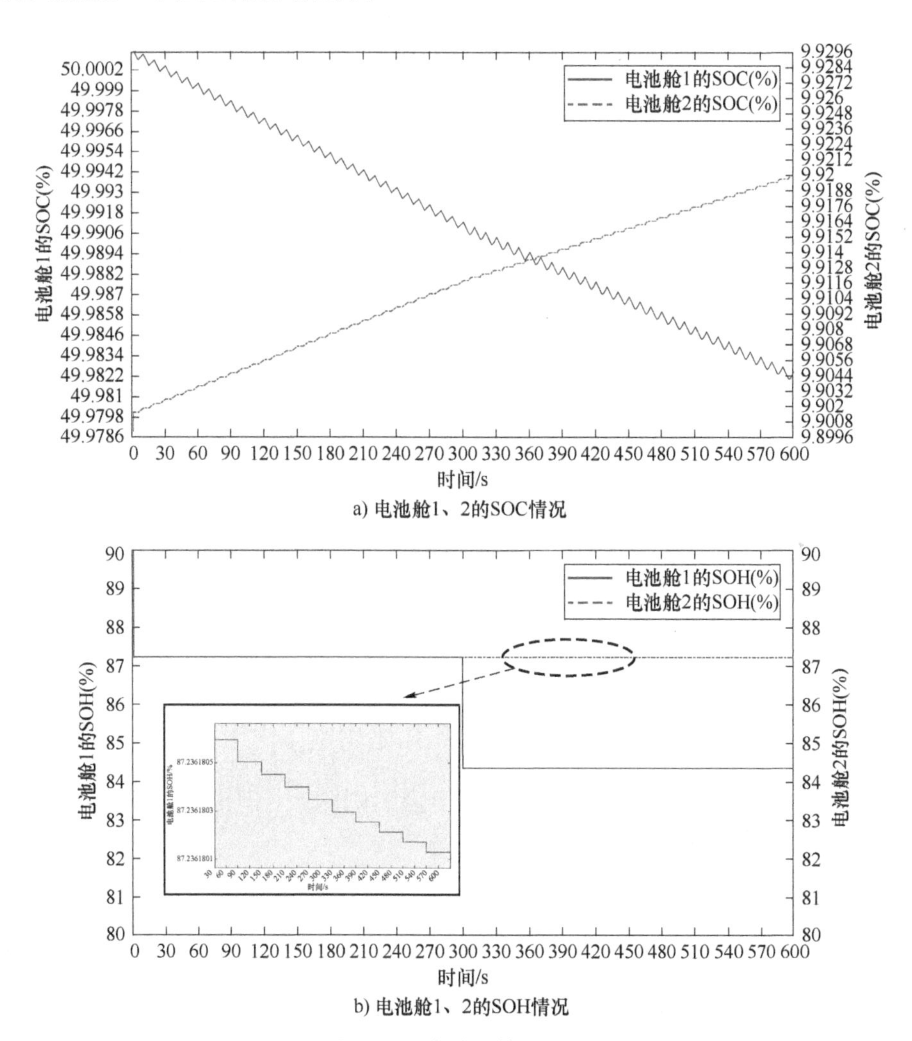

a) 电池舱1、2的SOC情况

b) 电池舱1、2的SOH情况

图 7-21　电池舱情况组图

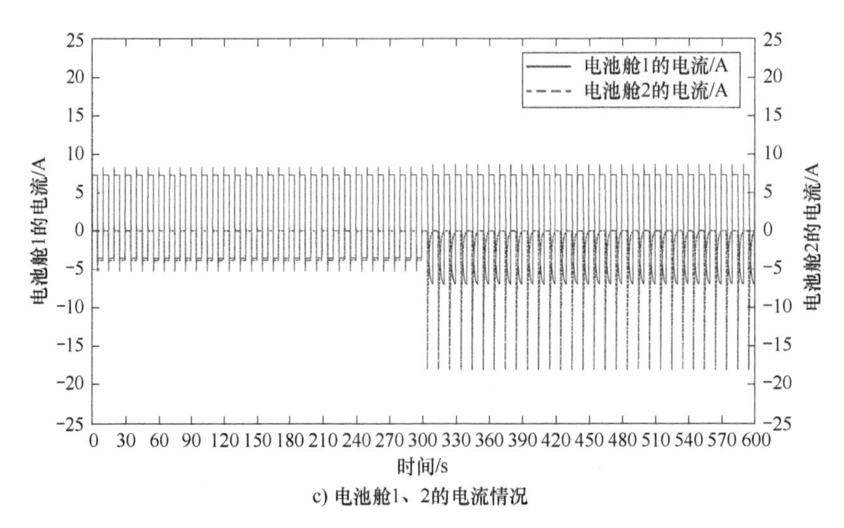

c) 电池舱1、2的电流情况

图 7-21　电池舱情况组图（续）

通过 2 个退役电池舱的 SOC、SOH 及电流在整个周期的表现，验证 SOC 级功率分配策略的防止放电完全情况的有效性。

（2）逆变器变换情况

图 7-22a、b 分别为退役电池储能系统中逆变器 1、2 的三相电流情况，对比可以看出，逆变器 1 在整个周期内均处于工作状态，并且在 300s 后其电流幅值增大。而逆变器 2 在 300s 前正常工作，在 300s 后电流幅值变为 0。图 7-22c 为 2 个逆变器的有功功率，明显看出在 0~300s 期间，逆变器 1 承担全部放电功率指令，在 300s 后承担部分充电指令，但充电功率小于逆变器 2。而逆变器 2 在整

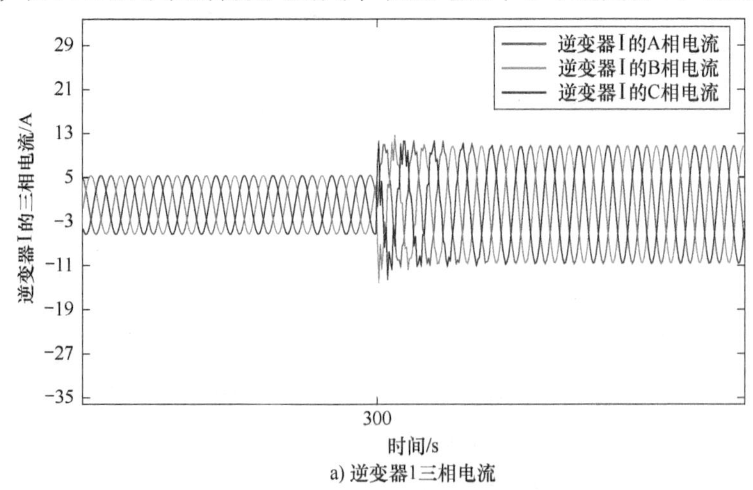

a) 逆变器1三相电流

图 7-22　梯次电池储能系统逆变器情况

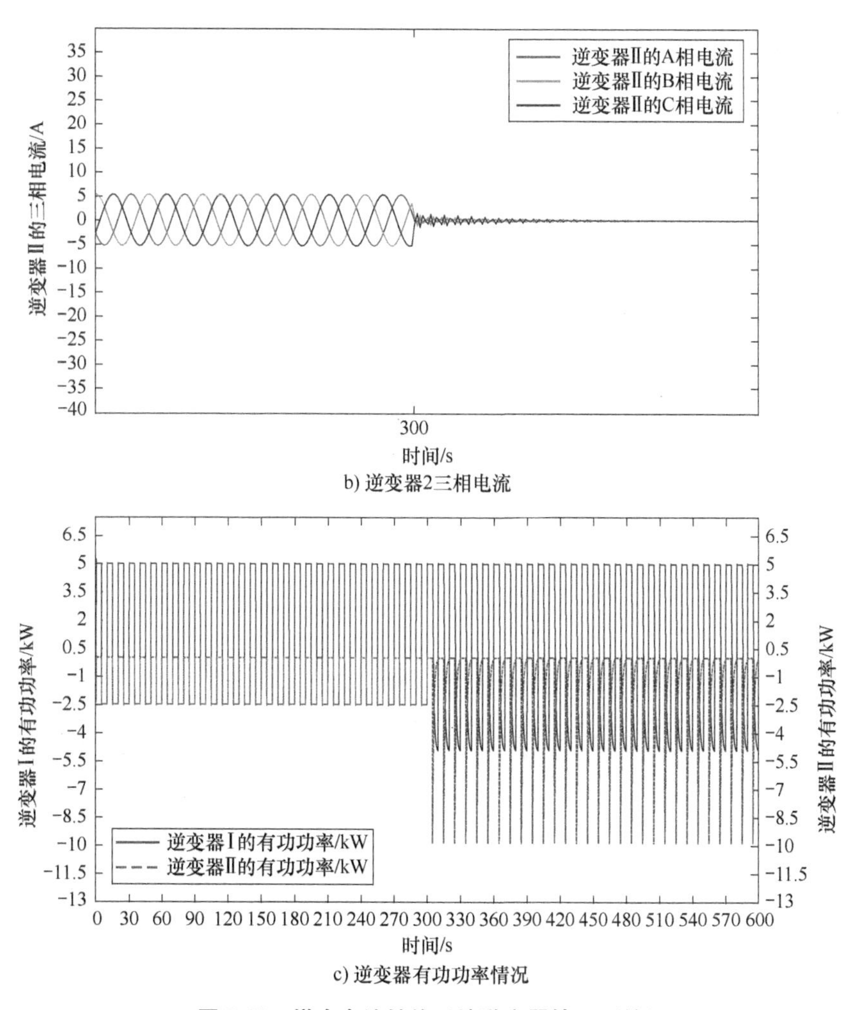

b) 逆变器2三相电流

c) 逆变器有功功率情况

图 7-22 梯次电池储能系统逆变器情况（续）

个周期均执行充电指令，并且在 300s 后其充电功率升高，且高于逆变器 1。说明电池舱 2 满足 SOC 级控制下的越限条件，因此 SOC 控制策略作用，使电池舱 2 始终执行充电指令。

以上，从退役电池储能系统两个逆变器的变化情况可以看出，SOC 级功率分配策略对防止放电完全情况进行效性响应。

（3）退役电池储能系统功率分配情况

图 7-23a 为梯次电站总功率指令与 2 个退役电池舱有功和的追踪情况。可以看出，对于给定充放电功率 5kW，2 个电池舱出力之和实现精准追踪。图 7-23b 中，在 0~300s 内，电池舱 1 承担全部放电指令，在 300s 后电池舱 1 的充电功率增加，但增加程度小于电池舱 2。而在整个周期中，电池舱 12 均处于充电状态，

并且在 300s 后其充电功率增大。同时整个周期内，电池舱 1、2 的有功指令和完全符合给定值。表明此时 SOC 级控制策略作用，验证 SOC 级功率控制策略有效。如图 7-24 为退役电池舱 2 功率分配实际输出情况。

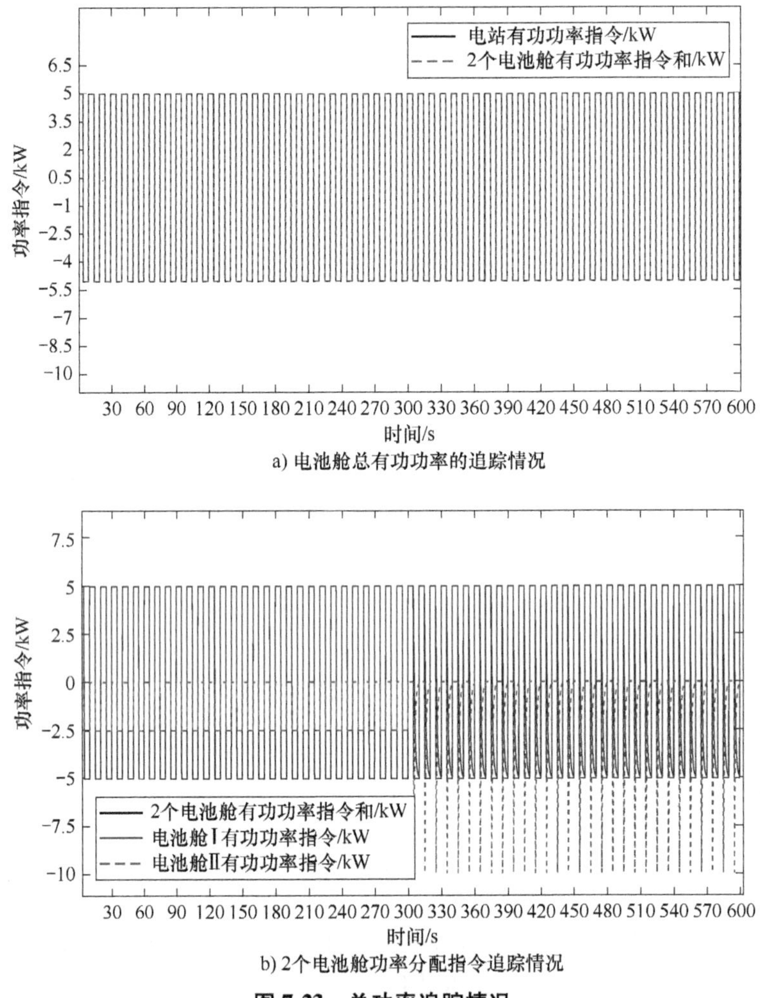

a) 电池舱总有功功率的追踪情况

b) 2个电池舱功率分配指令追踪情况

图 7-23　总功率追踪情况

图 7-24a 为电池舱 2 的 SOH-SOC 级功率指令情况。可以看出 SOH 级功率指令下，电池舱 2 应在整个周期处于正常充放电工作状态，并且在 300s 后其充放电功率增大。由于电池舱 2 满足 $S_{SOC2}<10\%$，$P_2>0$，因此 SOC 级功率指令作用如图所示，在整个周期内电池舱 2 只进行充电操作，不再执行之前 SOH 级的模式 3 自适应分配策略的功率指令。从而保证电池舱 2 安全运行。图 7-24b 为电池舱 2 的 SOC 级功率指令追踪情况。可以看出电池舱 2 的实际输出有功对其 SOC 级功率指令实现精准追踪。

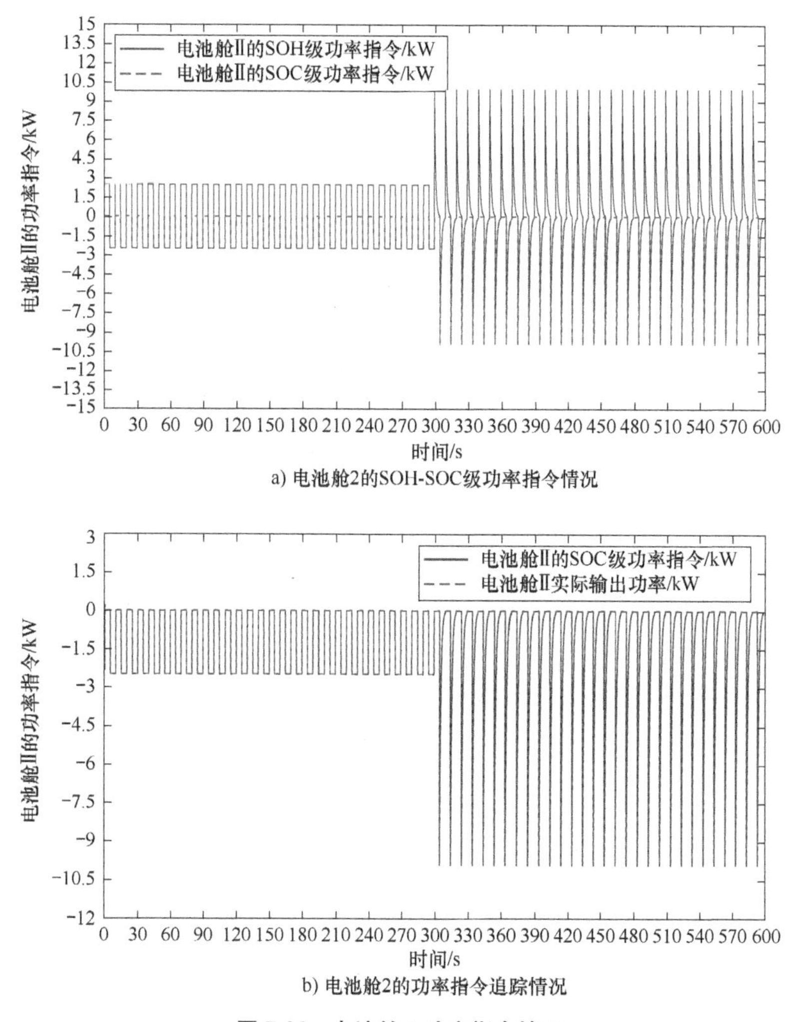

a) 电池舱2的SOH-SOC级功率指令情况

b) 电池舱2的功率指令追踪情况

图 7-24　电池舱 2 功率指令情况

7.2.2　新能源侧应用场景下退役动力电池运行控制策略

1. 平滑光伏功率输出

为使光伏并网功率满足分钟级/10min 级最大有功功率变化量限值要求，基于电池储能系统来平滑光伏输出功率波动，以电池储能系统 SOC 为反馈信号的能量管理控制策略，如图 7-25 所示。为使光伏并网功率波动满足并网要求，以改善光伏电站出力特性、缩减光伏并网功率波动为目的；以优先满足分钟级光伏并网功率并网要求为控制原则，利用电池储能系统的充/放电特性，使分钟级的光伏功率在±P 的范围内波动，其次使 10min 级的光伏功率波动接近/满足的最大有功功率变化限值的要求[22]。

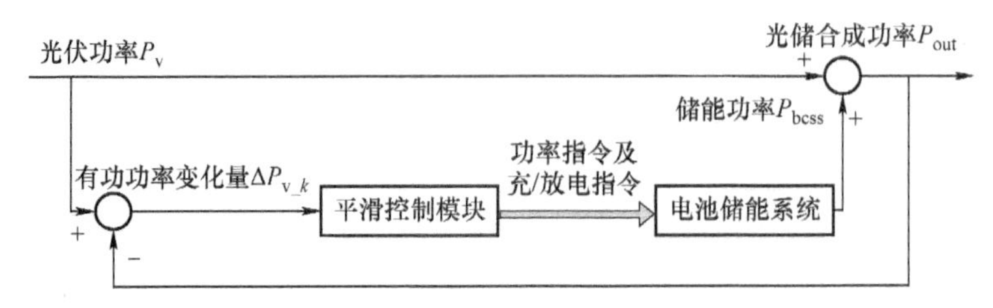

图 7-25　平滑光伏出力波动控制框图

2. 跟踪计划出力

基于日前预测功率的光伏电站发电计划曲线与次日实际光伏功率输出存在较大偏差，为使光伏发电尽可能地与日前发电计划曲线匹配，减少两者间的偏差，提高光伏发电的可调度性，利用电池储能系统跟踪光伏发电计划出力的控制框图如图 7-26 所示（分布式应用的储能中暂无该功能）。受储能输出功率、容量限制，光储输出功率曲线无法严格与调度计划一致，在尽可能满足光储输出曲线与调度曲线一致的前提下，充分考虑电池储能系统 SOC 变化，为留有足够充电和放电容量，在 SOC 反馈控制中使用模糊控制策略，尽可能使电池储能系统工作于 50% SOC 附近，进而可在兼顾对发电计划跟踪的同时对 SOC 进行调整，较好地完成跟踪计划出力的工作。

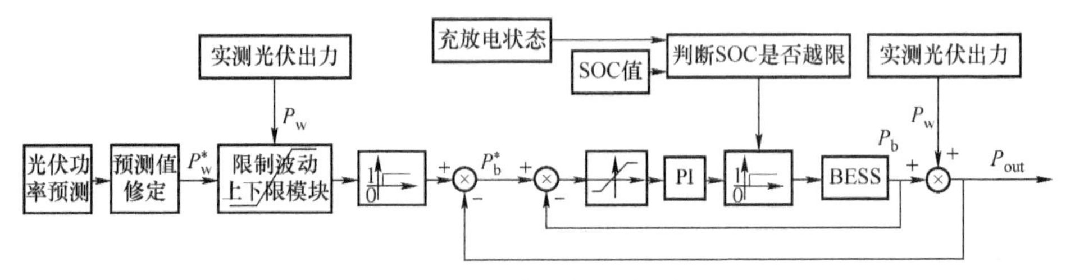

图 7-26　跟踪计划出力控制框图

7.2.3　电网侧应用场景下退役动力电池运行控制策略

1. 源网荷互动

源网荷切负荷互动是储能电站配合调度实现负荷紧急控制的功能[23]，是由储能电站通过控制 EMS 或 PCS 实现储能系统的“充电转放电”或“待机备用转放电”的快速切换。利用储能系统快速放电能力，在减少储能充电负荷的同时，为电网提供额外的电源支撑[24]。

储能系统参与源网荷控制通过“源-网-荷”精准切负荷系统（以下简称源网荷系统）实现。源网荷系统由控制中心站、控制子站、就近变电站、负控终端组成。控制中心站主要功能是接收协控总站切负荷容量命令，结合频率防误判据，切除本地区负荷；就地判断低频，按层级切除负荷。控制子站主要功能是接收控制中心站切负荷层级命令，结合频率防误判据，切除对应层级负荷。就近变电站主要安装光电转换装置，无扰动稳定控制装置，主要功能是接收控制子站并向负控终端发送切负荷命令。负控终端安装在储能站侧，主要功能是接收就近变电站光电转换装置发来的切负荷命令并通过以太网口发送至网荷互动终端；网荷互动终端的主要功能是统计本终端可切负荷总量并上送至对应控制子站，并执行切负荷命令。

源网荷控制策略控制过程包括切负荷控制策略和允许恢复负荷控制策略。

1）切负荷控制：

首先，主站发送切负荷控制指令到互动终端，终端收到紧急指令后，立即通过硬接点向各 PCS 发送切负荷开出命令。其次，PCS 接到终端紧急控制指令后，实现变流器放电反转，向电网满发出力（最大功率）。然后，为确保储能系统工作，终端同时通过通信向 EMS 发送紧急切负荷指令。最后，EMS 接到终端紧急控制指令（比前者稍慢），根据储能设备电池状况、储能容量，并根据源网荷所需支撑设定 EMS 延时，使储能系统以经济运行方式出力。

2）恢复负荷控制：

首先，主站下发“允许恢复负荷指令”（故障后几分钟或稍长时间），终端接收到指令后发送给 EMS。其次，EMS 接到负荷恢复指令，恢复 EMS 正常工作逻辑运行，控制 PCS 停止放电，不再向电网倒送电。然后，EMS 控制 PCS 转充电或转热备运行。

源网荷系统控制架构如图 7-27 所示，采用硬接点（开关量）和串口通信两路指令同时下发的策略，调度中心通过光纤传输下达至网荷互动终端，经硬接点直接下发至 PCS 设备，同时经串口通信下发至 EMS，PCS 先接到指令并立即执行满功率输出，EMS 接到指令后通过综合判断储能电站运行状态后接管控制权，向 PCS 下发功率指令，使电站以经济方式运行。这种控制方式使调度指令由华东协控总站下发至储能电站的时间控制在毫秒级，最大限度地缩短响应时间，储能系统可在 200ms 内响应调度紧急控制指令，并实现满功率输出。

2. AGC

电网 AGC 调节的主要目标是在保证电网频率质量和区域间功率交换计划的前提下按最优分配的原则协调出力[25]。储能系统可以设置本地控制模式，或通过响应上级调度的 AGC 指令，参与电网调频服务。EMS 可根据调度 AGC 调节指令结合站端各储能单元当前状态实时生成站端 AGC 控制命令，在实现调度 AGC 指令跟踪的同时有效保护电池运行安全。储能系统接收调度指令参与 AGC 调节的过程，如图 7-28 所示。由调度主站、调度数据网通道和储能电站计算机监控

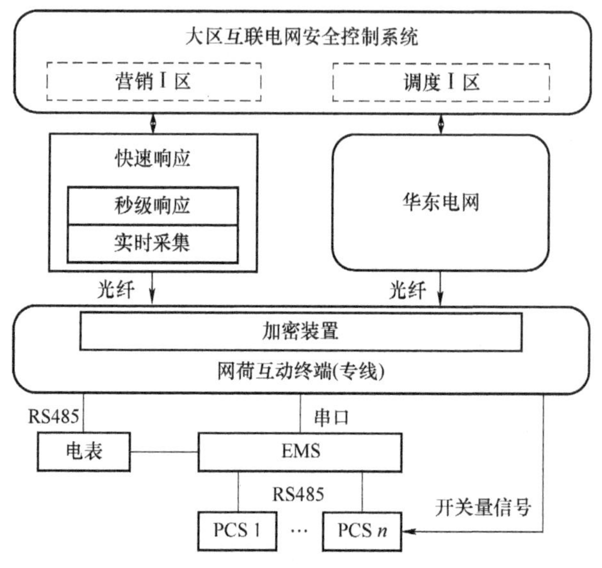

图 7-27　源网荷系统控制架构

系统组成。储能电站监控系统的有功功率控制模式包括调度指令控制、AGC 控制、日前计划控制及本地自行控制，优先级从高到低依次为调度指令控制、AGC 控制、日前计划控制及本地自行控制。

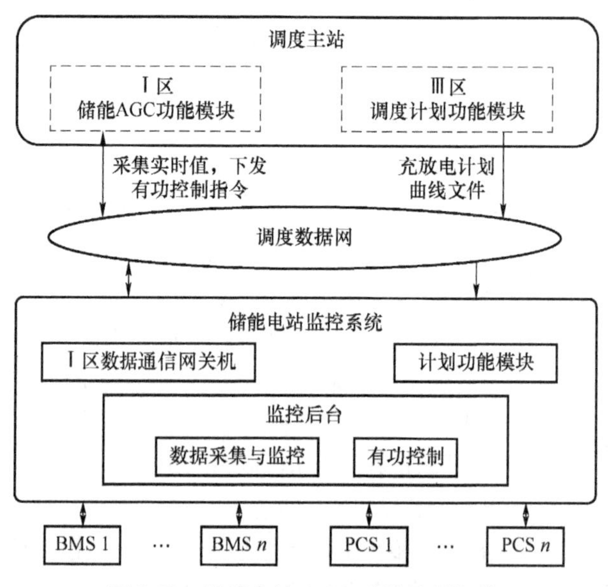

图 7-28　储能电站 AGC 功能控制架构

调度主站侧储能 AGC 功能模块运行于智能电网调度控制系统，实时计算各储能电站的有功出力设定值，并下发至接入 AGC 控制的储能电站。接入 AGC 控制的储能电站由数据通信网关机与调度机构通信，上传 AGC 控制相关的实时信息，接收调度主站下发的有功控制指令。储能电站监控系统根据控制模式和储能电站运行情况，合理分配输出功率值并发送至 PCS 执行。调度主站 I 区储能 AGC 功能模块，通过调度员下发充放电功率指令对各分布式储能电站进行直接控制。该系统通过收集各储能站上传的可用功率及荷电状态（SOC）信息，实时告知调度员每一时刻储能可用功率，以及该可用功率下的可用时间。当各站 SOC 情况不同时，以图表形式告知。调度主站Ⅲ区调度计划功能模块，通过每日 08:00 读取当日的负荷预测数据后，给出未来 24h 的建议储能调度曲线，调度根据该曲线与实际情况给储能下达调度指令。

3. 一次调频

储能电站参与一次调频是当储能系统检测到并网点频率异常，主动做出功率调整，使频率恢复到正常范围内的功能。当电网供电大于负荷需求，系统频率上升时，储能系统从电网吸收电能；当电网供电小于负荷需求，系统频率下降时，储能系统释放电能至电网。一次调频对系统的响应速率要求较高，储能系统要求在 400ms 内达到频率调节目标值，因此由站内 PCS 设备就地实现。PCS 具备频率采集功能，通过下垂控制实现，将调频死区、下垂系数等参数内嵌至 PCS 控制系统中，当检测到系统频率发生变化时，能够迅速实现功率响应。储能辅助电网一次调频的控制原理如图 7-29 所示[26-28]。设储能系统充电功率为正，放电功率为负。当负荷增加，负荷功频特性曲线由 $L_1(f)$ 移至 $L_2(f)$，运行点由稳定运行点 a 移至 b 点，频率从额定频率 f_n 下降至 f_1。此时，根据下垂特性曲线，储能系统放电，出力为 P_E，运行点由 b 点移至 c 点，则频率回升至 f_2。ΔP_{L0}为频率变化对应的功率变化量。

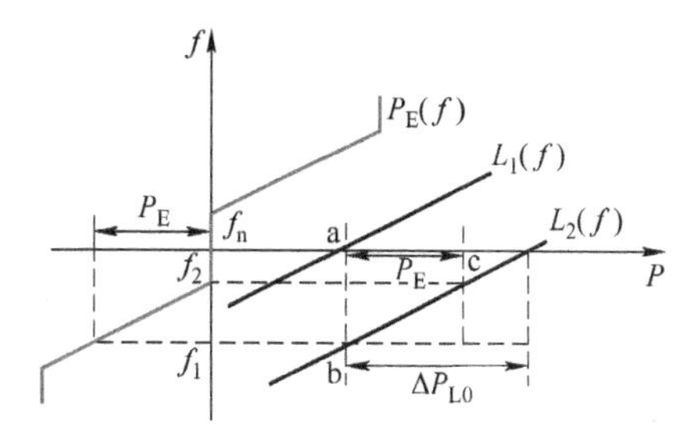

图 7-29　一次调频控制原理图

PCS 参与一次调频的功率参考值计算公式：

$$\Delta P_{dr}=\begin{cases}\Delta P_{max} & \Delta f\leqslant f_{min}-50\text{Hz}\\ -\dfrac{1}{R_{dr1}}\Delta f & f_{min}-50\text{Hz}\leqslant\Delta f\leqslant 0\\ \dfrac{1}{R_{dr1}}\Delta f & 0<\Delta f\leqslant f_{max}-50\text{Hz}\\ -\Delta P_{max} & \Delta f>f_{max}-50\text{Hz}\end{cases}\tag{7-33}$$

式中，ΔP_{dr}为 PCS 参与一次调频的功率参考值；ΔP_{max}为 PCS 最大出力变化量；R_{dr1}为一次调频调节系数；Δf为系统频率偏差；f_{min}和f_{max}分别为系统允许的频率下限和上限值。PCS 将功率变换成输出电压频率和幅值，然后依据调整后的功率与输出电压信号的反作用关系，来达到自我调节、自动分配功率的目的[29]，如图 7-30 所示，图中f_s为并网点频率，ΔP_{dr}^*为调整后的功率参考值。当频率超出设定范围，PCS 对充放电功率限制以确保电网频率稳定[30,31]，如式（7-33）所示。当 PCS 检测到并网点频率小于 48Hz 时，与电网断开；当频率大于等于 48Hz 且小于 49. 5Hz 时，禁止以充电方式运行；当频率大于 50. 2Hz 时，禁止以放电方式运行。

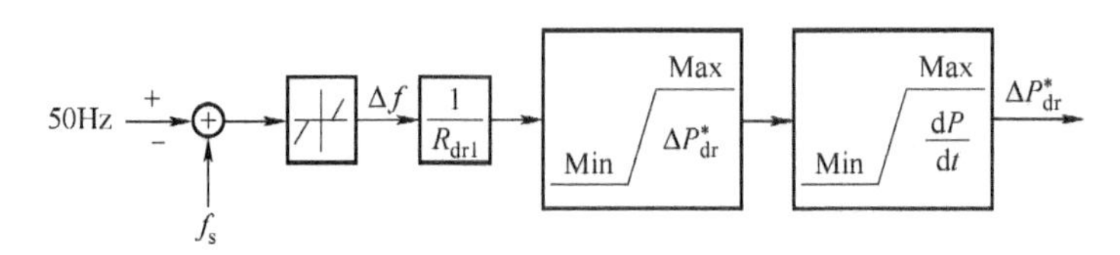

图 7-30　PCS 参与一次调频控制框图

4. AVC

AVC 是储能电站的无功补偿设备，SVG 根据电力调度指令进行自动闭环调整，辅助电网调度使无功/电压满足要求[32-34]。电网调度通过 D5000 调控技术支持系统Ⅰ区 AVC 系统监视电网内母线电压越限及功率因数越限信息，根据设定的限值，向各分布式储能电站下发投切指令，储能电站中的 SVG 装置将按调度指令动作，提供无功支撑[35,36]。在实际运行中，储能电站根据不同季节的负荷特性，采取不同的运行模式。在夏季高峰时期，采用两充两放或一充一放运行模式参与早晚用电高峰调节，平抑高峰负荷。在春秋 2 个季节，储能电站根据负荷水平变化，优化调控策略，采用 AGC 模式，设定响应优先级。在国庆等特殊假日期间，储能电站将切换成新能源跟踪模式，用于平滑镇江光伏发电功率。

7. 2. 4　用户侧应用场景下退役动力电池运行控制策略

1. 辅助光伏功率并网应用

《储能系统接入配电网技术规定》（Q/GDW564—2010）中对电池储能系统接入配电网的接入方式做了一般性技术规定。分布式储能在用户侧电网中有多种运行模式，不同的运行模式、不同用户需求，储能系统接入方式不同，现以 110（35）kV 变电站为例，研究储能系统在用户侧辅助光伏功率并网应用模式中的接入方式。利用储能系统不仅可以最大限度地平抑用户侧光伏输出功率波动，且可实现跟踪计划出力，其典型接线如图 7-31 所示。

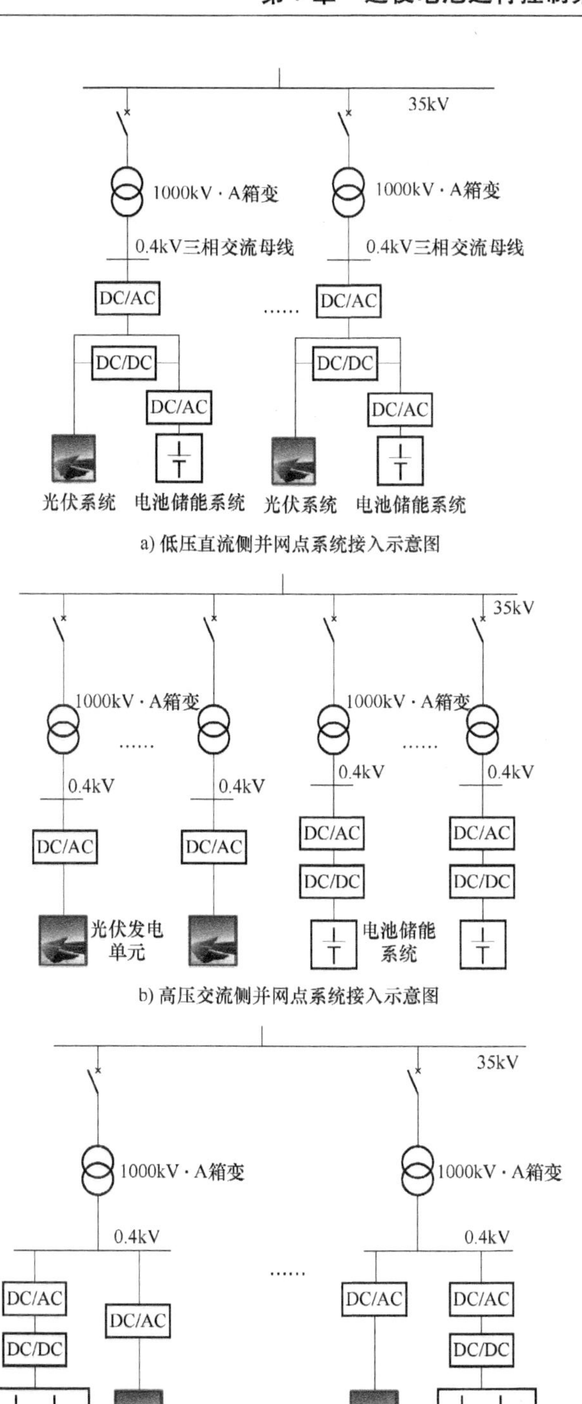

a) 低压直流侧并网点系统接入示意图

b) 高压交流侧并网点系统接入示意图

c) 交流低压侧并网点系统接入示意图

图 7-31　辅助光伏并网的储能系统系统接入方式示意图

图 7-31a 为并网储能系统接入光伏低压直流侧的系统接入示意图，电池储能单元和光伏发电单元共用光伏逆变器，需要配置储能 DC/DC、DC/AC 模块，储能和光伏共用光伏逆变器对光伏逆变器的要求较高，设计中需考虑光伏逆变器控制策略和参数。当光伏逆变器出现故障时，责任体不明确。储能系统功率输入/输出受光伏输出功率和光伏逆变器约束。图 7-31b 为并网储能系统接入光伏交流高压侧并网点的系统接入示意图，该交流母线连接方式，需要配置储能升压变，适合集中管理，且技术成熟度相对成熟，控制策略简单，储能系统功率输入/输出较独立。图 7-31c 为并网储能系统接入光伏交流低压侧并网点的系统接入示意图，该接入方式中为低压交流母线接入方式，模块化设计，配置灵活，节省储能升压变的投资，控制策略相对图 7-31a 所示接入方式简单、较图 7-31b 所示接入方式复杂；相比图 7-31a 所示接入方式中减少了 DC/DC 的投资，需配置储能 DC/AC。储能系统功率输入/输出受光伏输出功率和上级升压变容量约束。

减少光伏电站弃光控制策略是基于当前各发电单元的光伏发电量功率数据和其对应的单元储能系统当前容量状态，通过储能集群控制器下发各储能单元的功率指令到基本并网控制单元，各单元储能系统通过充放电控制，达到减少光伏电站弃光限电的目的，具体程序流程如图 7-32 所示。

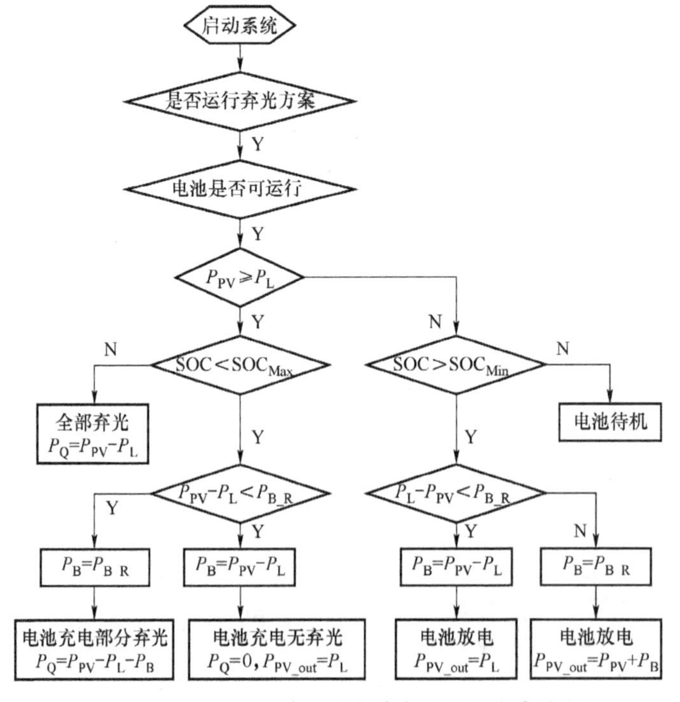

图 7-32　电池储能系统减少光伏电站弃光方案流程图

根据当前光伏电站实际功率数据和整体储能电站系统容量以及当前光伏电站整体输出功率 P_{PV} 与当前光伏电站限电功率指令 P_L，对储能电站输出/入功率值 P_B 进行分配，具体流程如图 7-33 所示。

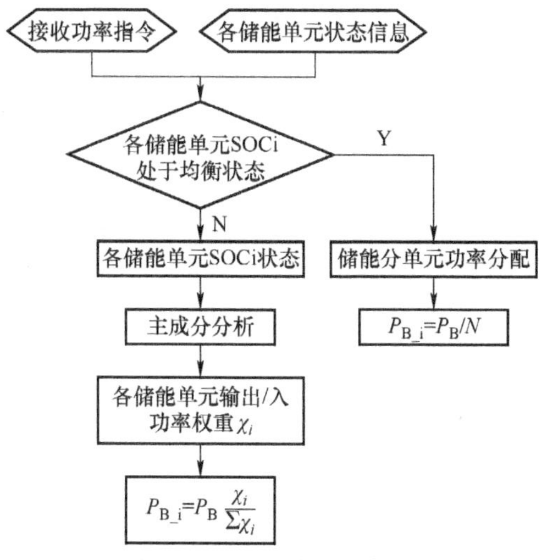

图 7-33 电池储能单元功率指令分配流程图

2. 负荷侧削峰填谷应用

基于当地的峰谷电价差，针对典型日负荷曲线，利用电池储能系统充放电控制，可实现园区/用户负荷用电的削峰填谷作用，降低园区负荷购电成本。负荷侧削峰填谷应用的电池储能系统典型接入拓扑结构如图 7-34 所示。

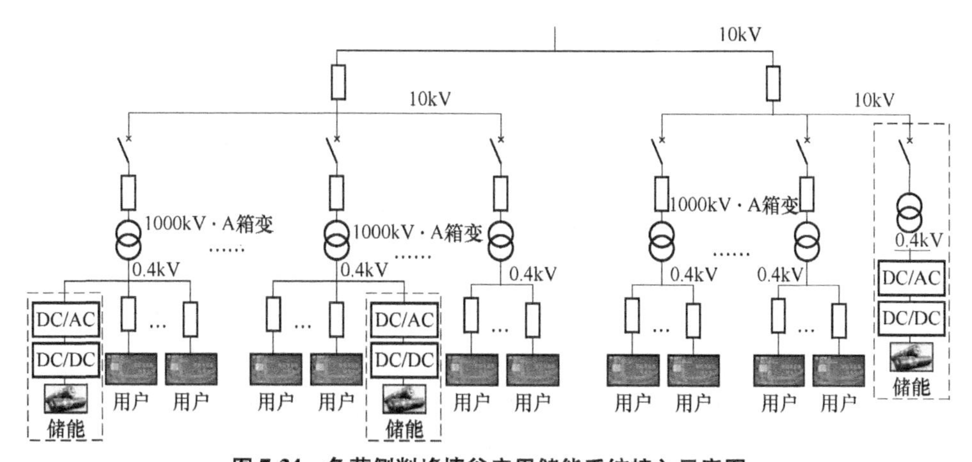

图 7-34 负荷侧削峰填谷应用储能系统接入示意图

电池储能单元可接入用户侧交流母线低压侧，与用户共用上级升压变，也可作为独立的基本单元经储能系统自身升压变接入用户侧上级高压交流母线并网点。国家发展改革委对江苏地区工商业上网电价进行了规定（发改价格〔2015〕748号），规定江苏地区用电高峰时间段为8:00~12:00和17:00~21:00，电价1.1002元/kW·h；谷段时间段为24:00~08:00，电价为0.3200元/kW·h；平段时间段为12:00~17:00和21:00~24:00，电价为0.6601元/kW·h，如图7-35所示。

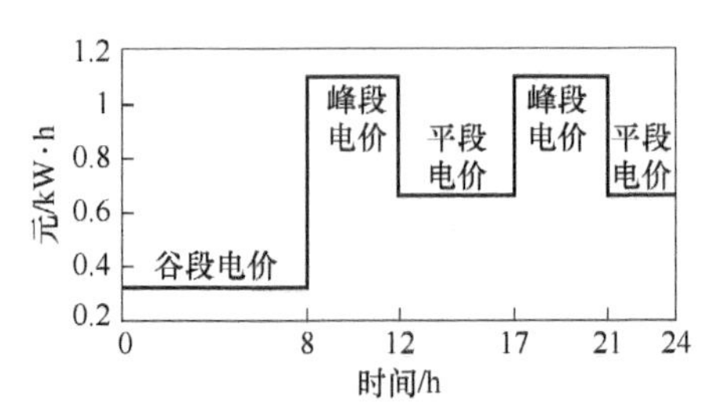

图7-35　江苏某地峰谷电价曲线

基于当地的峰谷电价差进行充放电控制，可充电时间为0:00~8:00和12:00~17:00，可放电时间为8:00~12:00和17:00~19:00，实现园区负荷用电的移峰填谷作用，减少园区负荷用电成本。

3. 提高电能质量与供电可靠性

为保证某园区内重要负荷供电可靠性，以保证精密仪器加工成品率，在园区屋顶安装光伏容量460kWp，锂电池储能容量为500kW/660kW·h。园区一级负荷约30kW，重要负荷约为500kW，该园区微网储能接入如图7-36所示，图7-36a、图7-36b分别为储能系统接入直流、交流微电网时的系统接入拓扑结构示意图。

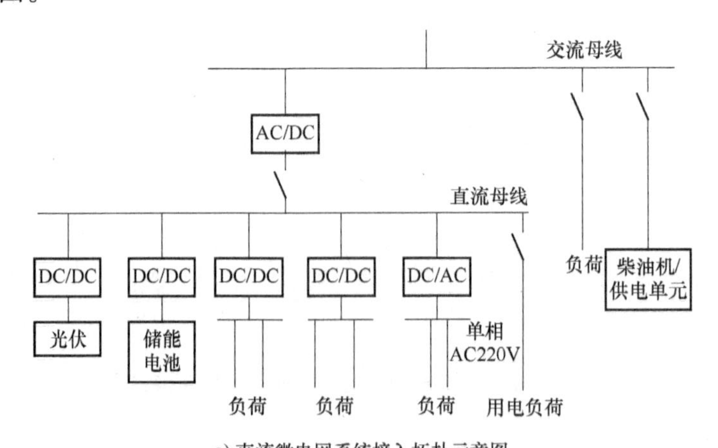

a) 直流微电网系统接入拓扑示意图

图7-36　微电网中储能系统接入示意图

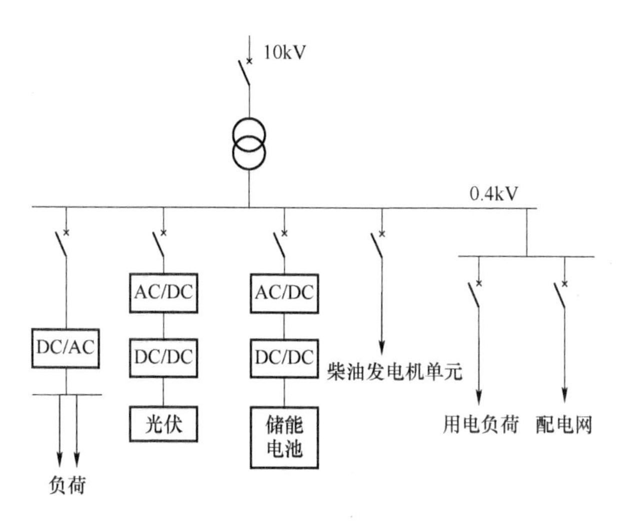

b) 交流微电网系统接入拓扑示意图

图 7-36　微电网中储能系统接入示意图（续）

该园区储能系统可实现并网、离网之间的主动无缝切换。微网系统能够在外电网计划停电前，根据监控系统的控制指令，实现在 PQ 模式和 VF 模式之间的无缝切换，实现系统主电源的无缝切换。园区储能系统的并网转离网运行，由微网监控系统发起，监控系统调节系统内各设备功率，使其功率稳定至并网点处于小功率。令储能 PCS 迅速转换为 VF 运行模式，断开并网点开关。由储能作为系统孤网运行的功率支撑，这一过程中，微网内重要负荷不断电。离网转并网运行，由监控系统控制模式控制器。模式控制器发出命令，储能控制器调整自身运行状态，与外部电网同步后闭合固态开关，微能源网转入并网运行模式，切换过程中能确保负荷的正常供电，各能源系统恢复正常工作状态。为实现微电网内主储能 PCS 在 PQ 和 VF 两种控制模式之间的平滑切换，控制结构如图 7-37 所示。通过主电源逆变器在恒功率和恒压控制模式之间的快速切换，实现微电网运行模式的切换。

4. 光储充一体化应用

目前，电动汽车充电桩采用的恒流/恒压充电方式调节负荷的能力有限，单独靠电动汽车充电进行负荷调节效果不理想[37]。电动汽车充电负荷具有时空双尺度的可调节性，利用此特性可在时间和空间上进行双尺度的负荷调度，使电动汽车充电负荷对电网运行产生积极的作用。电池储能系统接入含分布式光伏的电动汽车充电站的典型系统接线如图 7-38 所示。

图 7-38a 为储能系统接入共交流低压侧并网点时的系统接入拓扑结构图；图 7-38b 为储能系统接入共交流高压侧并网点时的系统接入拓扑结构图。根据目前我国电网运行现状，暂不考虑充电站向电网放电的工作模式。光伏发电的首要

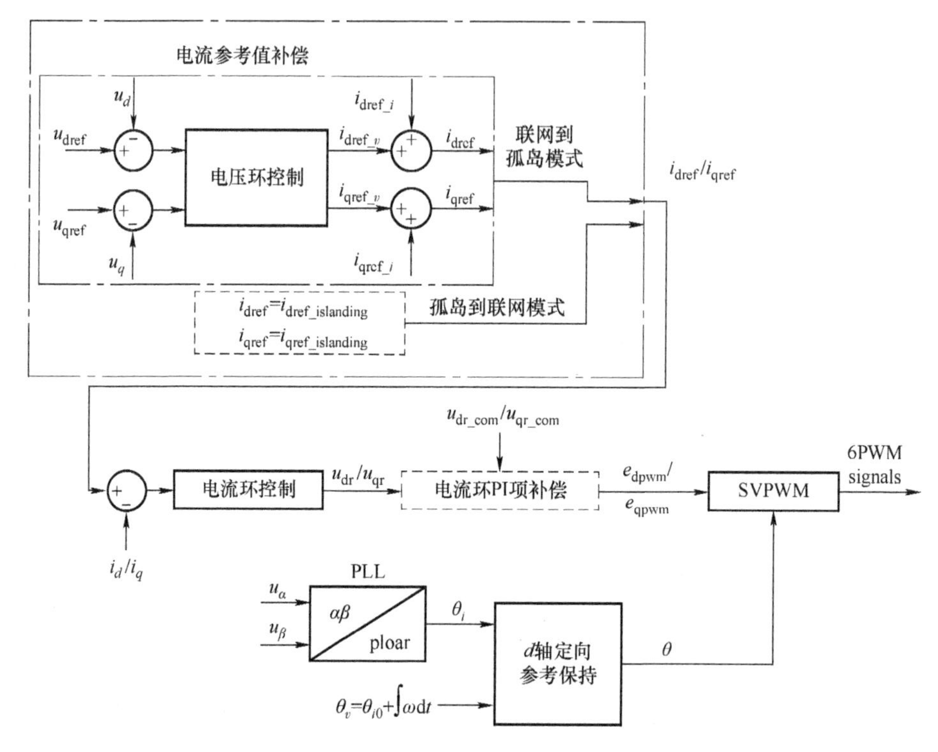

图 7-37　储能单元控制策略示意图

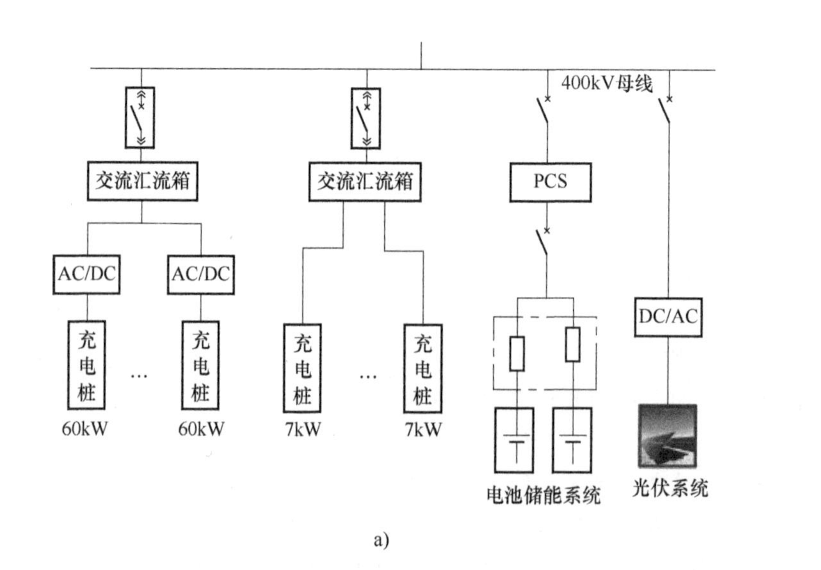

图 7-38　光储充一体化园区储能接入示意图

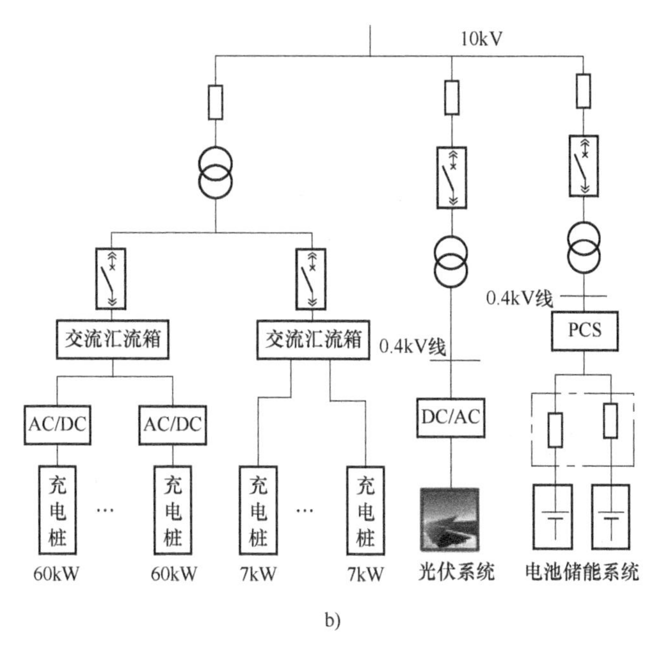

b)

图 7-38　光储充一体化园区储能接入示意图（续）

目标是服务电动汽车充电，在正常情况下光储充一体化电站并网运行，光伏发电系统优先为电动车充电桩和场站内负荷供电，电能供给不足则由电网供电；光伏发电功率较大，满足场站内电动汽车及负荷用电需求，则为电池储能系统充电，多余的电力通过双向电能计量系统送入电网。夜间电动汽车充电桩及场站负荷用电优先由电池储能系统供给，功率不足或电能质量不满足要求时再由电网购电。当电网故障停止供电时，光储充一体化电站中的监控装置需检测到异常情况，并自动断开光伏发电的系统并网侧开关及负荷侧开关，维持电动汽车充电桩和光伏控制室的电力供应，确保充电站供电的持续可靠性。

7.3　退役电池换电柜有序充电控制技术

7.3.1　换电柜有序充电模型

1. 电池荷电状态

电池的荷电状态的定义是电池剩余容量与电池满容量的比值，电池荷电状态的计算方式为：

$$\mathrm{SOC}_{ij}=\frac{Q_{ij}^{S}}{Q_{ij}^{Z}} \tag{7-34}$$

式中，Q_{ij}^{S}为第 i 个电池柜中第 j 个电池的剩余容量；Q_{ij}^{Z}为第 i 个电池柜中第 j 个电池的额定容量。

2. 电池充电功率范围

本节中各电池柜中的换电电池每小时充电功率通过改进粒子群算法求解多目标分配模型获得，t 时段各电池柜中电池的充电功率为：

$$P_{\mathrm{ch}}^{t}=\sum_{i=1}^{2}\sum_{j=1}^{12}P_{ij}^{t} \tag{7-35}$$

式中，P_{ch}^{t}为 t 时刻各电池柜中电池总充电功率；P_{ij}^{t}为 t 时刻第 i 个电池柜中第 j 个电池的充电功率。

7.3.2 系统功率分配模型

考虑到某地区电网侧负荷高/非高峰，电价高峰、平段和低谷以及电池电量，储能换电柜功率分配模型主要以储能换电柜充电电费最低和不满足用户需求的惩罚成本最低为目标。

目标函数 1：运行充电电费最低

根据所提出的控制策略，以换电柜各换电仓电池充电功率需求量为输入，建立换电站充电总日费用最小的目标函数。

当时间段处于 C1 情形时，充电策略的目标函数，如式（7-36）所示：

$$\begin{cases}Q_{\mathrm{c}}=\dfrac{x}{p_{\mathrm{fast}}}\cdot x\cdot m(h)\\ Q=\sum\limits_{h=1}^{24}Q_{\mathrm{c}}+Q_{\mathrm{p}}\end{cases} \tag{7-36}$$

式中，Q_{c} 为一个小时内充电费用；p_{fast}为快充功率；$m(h)$ 为分时电价；Q 为换电站日总充电费用；Q_{p}为每日运维成本。

当时间段处于 C2 和 C4 情形时，充电策略的目标函数，如式（7-37）所示：

$$\begin{cases}Q_{\mathrm{c}}=\dfrac{x}{p_{\mathrm{slow}}}\cdot x\cdot m(h)\\ Q=\sum\limits_{h=1}^{24}Q_{\mathrm{c}}+Q_{\mathrm{p}}\end{cases} \tag{7-37}$$

式中，p_{slow}为慢充功率。

当时间段处于 C3 情形时，充电策略的目标函数，如式（7-38）所示：

$$\begin{cases}Q_{\mathrm{c}}=\dfrac{(0.8C-x)^{2}}{p_{\mathrm{fast}}}\cdot m(h)\\ Q=\sum\limits_{h=1}^{24}Q_{\mathrm{c}}+Q_{\mathrm{p}}\end{cases} \tag{7-38}$$

当时间段处于 C5 情形时，充电策略的目标函数，如式（7-39）所示：

$$\begin{cases} Q_{\mathrm{c}} = \left[\dfrac{(0.8C - x)^2}{p_{\mathrm{fast}}} + \dfrac{(0.2C)^2}{p_{\mathrm{slow}}}\right] m(h) \\ Q = \sum\limits_{h=1}^{24} Q_{\mathrm{c}} + Q_{\mathrm{p}} \end{cases} \tag{7-39}$$

式中，C 为电池最大功率需求。

目标函数 2：负荷峰谷值最低/不满足用户需求的惩罚成本最低

$$F = \sum_{r=1}^{24} (P_{\max} - P_{\min}) \tag{7-40}$$

式中，$P_{\max}$为该日储能换电柜最高充电功率；$P_{\min}$为该日储能换电柜最低充电功率。

换电柜约束条件：

（1）储能换电柜充电约束

$$P_{\mathrm{ch\_ij}}^{\min} \leqslant P_{\mathrm{ij}}^{t} \leqslant P_{\mathrm{ch\_ij}}^{\max} \tag{7-41}$$

式中，$P_{\mathrm{ch_ij}}^{\min}$为第 i 个换电柜中第 j 个换电电池充电功率最小值；P_{ij}^{t}为第 i 个换电柜中第 j 个换电电池待充电功率；$P_{\mathrm{ch_ij}}^{\max}$为第 i 个换电柜中第 j 个换电电池充电功率最大值。

（2）储能换电柜总充电约束

$$0 \leqslant P_{T} \leqslant P_{T}^{\max} \tag{7-42}$$

式中，P_{T}为 T 时刻储能换电柜总充电功率，$P_{T}^{\max}$为 T 时刻储能换电柜允许的最大充电功率。

（3）储能电池电量约束

$$\mathrm{SOC}_{\min} \leqslant \mathrm{SOC}_{ij} \leqslant \mathrm{SOC}_{\max} \tag{7-43}$$

式中，$\mathrm{SOC}_{\min}$为换电电池电量的最小值；SOC_{ij}为第 i 个换电柜中第 j 个换电电池的电量；$\mathrm{SOC}_{\max}$为换电电池电量的最大值。

7.3.3　储能换电柜有序充电控制策略分析

1. 储能换电柜有序充电控制策略

储能换电电池的有序充电控制策略可以通过储能换电柜中的逻辑管理单元等设备来实现，该策略可以在保证满足用户的换电需求情况下尽可能花费较少的充电费用，合理为换电电池充电，提高储能换电柜运行的经济性和可靠性。

本节通过分析某市某地区储能换电柜充电需求量对其有序充电控制策略进行展开分析，具体如图 7-39 所示。

通过数据可以看出，电动物流车换电柜的充电功率需求量在中午 11-13 时和晚间 15-17 时较高，此时换电需求较大，电池 SOC 较低；在早上 7-11 时、下午

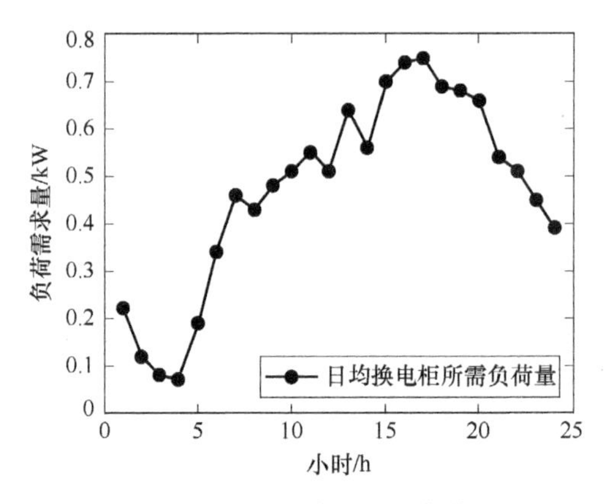

图 7-39　日均换电柜所需负荷量

13-17 时和晚间 17-21 时，电池 SOC 和电功率需求量中等，此时换电量适中；在晚间 21 时-早上 7 时之间，电池 SOC 较高，换电柜的充电功率需求量较低，此时换电需求较少。

考虑到电网侧负荷、分时电价和电池电量等因素，本节采用的换电柜总体控制策略如图 7-40 所示。

本节研究的电动物流车有序充电策略假设每小时集中换电，且处于能够满足各电池充电一小时即能充满的理想状态下，考虑电网侧负荷量，在负荷高峰时段对所有电池进行快充，在满足用户换电需求的前提下尽可能减轻电网的负荷量；在非电网负荷高峰时段内，考虑分时电价和电价高峰因素，以此实现换电站电池的有序充电策略。分时电价和负荷情况见表 7-9。

表 7-9　某市 24h 电价表

序号	时间段	电价/(元/kW·h)
1	01:00-08:00	0.338
2	08:00-15:00	0.618
3	15:00-21:00	0.454
4	21:00-01:00	0.338

根据上述假定条件及所考虑的方面，本节采用的总体控制策略如下：

首先根据以往经验拟合出储能换电柜 24h 内需求曲线，然后再进行如下三种情况的判断：

C1：当当前时间段处于负荷高峰期时，储能换电柜中所有电池均以快充方式进行充电；

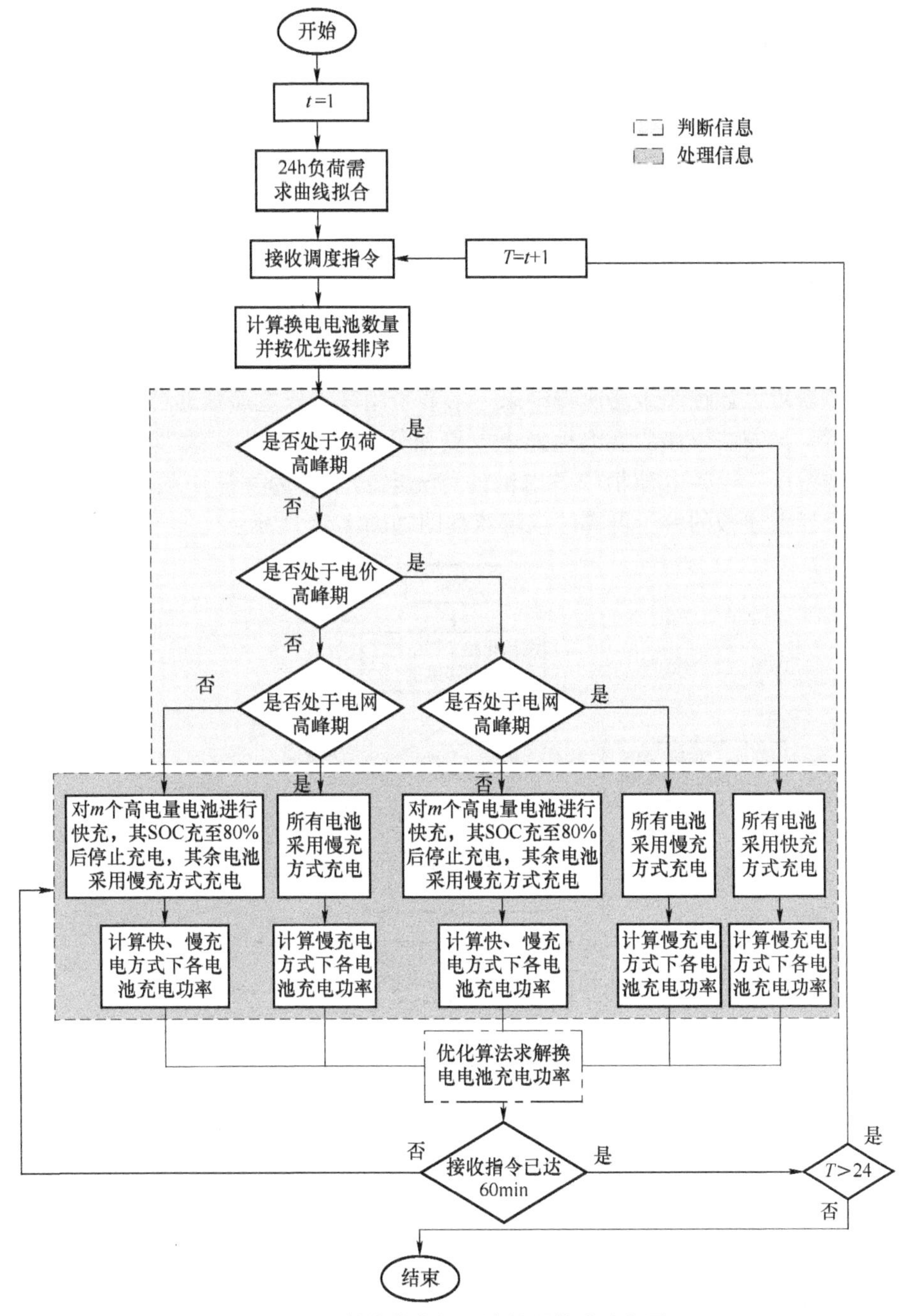

图 7-40　储能换电柜系统控制策略流程图

C2：当当前时间段处于非负荷高峰期、电网和电价处于高峰期时，储能换电柜中所有电池均以慢充方式进行充电；

C3：当当前时间段处于非负荷和非电网高峰期、电价处于高峰期时，优先对电量较高的 m 个电池进行快充，且在电池 SOC 充至 80%后停止充电，其余电池均慢充至 70%停止充电；

C4：当当前时间段处于非负荷和非电价高峰期、电网处于高峰期时，储能换电柜中所有电池均以慢充方式进行充电；

C5：当当前时间段电网、负荷和电价均处于高峰期时，优先对电量较高的 m 个电池进行快充，且在电池 SOC 充至 80%后采用慢充方式，其余电池均慢充。

根据上述 5 种不同情况，采用改进粒子群算法计算不同充电方式下各小时各电池的待充电功率，直至计算到 24h 后结束运算。

为了获得上述控制策略所得结果，本节采用基于权重递减的粒子群算法对其进行求解。该方法以储能换电柜充电电费最低和电池 SOC 一致性作为最优人工鱼的食物浓度，以各电池柜中各电池的待充电功率作为算法中最优粒子所在位置。基于权重递减的粒子群算法求解流程图如图 7-41 所示：

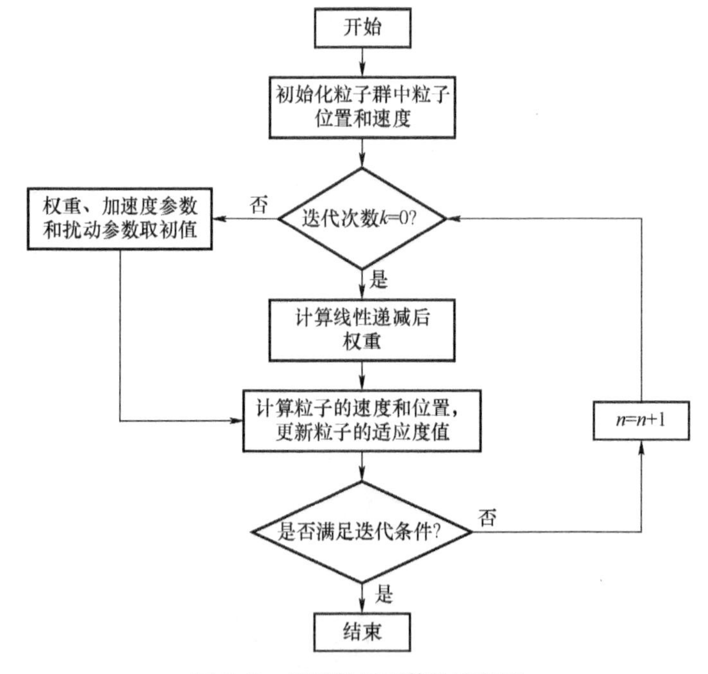

图 7-41　改进粒子群算法流程图

基于权重递减的粒子群算法流程如下：

步骤 1：初始化粒子的移动速度 V、各粒子初始位置、种群规模、步长 s、迭代次数等；

步骤 2：计算初始粒子群各个体的适应值，取最优粒子的状态及其值赋予记录；

步骤 3：将各粒子当前适应值与其历史最佳位置（p_{best}）适应值比较，若当前位置适应值高于历史最佳位置适应值，则历史最佳位置更新为当前位置；

步骤 4：将各粒子当前位置的适应值与其全局最佳位置（g_{best}）适应值比较，若当前位置适应值更高，则全局最佳位置更新为当前位置；

步骤 5：更新各粒子位置与速度，具体依据式（7-44）；

步骤 6：未达到迭代次数时，则返回步骤 2，若达到迭代次数时，输出全局最佳位置（g_{best}）即输出全局最优解。

其中，改进粒子群算法通过设置初始粒子的位置和速度，然后通过多次迭代找到最优解。其中每一个解都相当于一个独立的粒子，而这些解共同构成上面所述的粒子群。所有的粒子都有一个被优化的函数决定的当前位置的适应值，并且有一个速度决定它们搜索的速率。粒子通过跟踪两个“极值”即个体极值和全局极值来更新自己的速度与位置。在 D 维目标搜索空间中，由种群数为 m 的粒子组成粒子群，其中，第 i 个粒子在第 d 维的位置为 X_{id}，其速度为 v_{id}，该粒子当前搜索到的最优位置为 p_{id}，整个粒子群当前的最优位置为 p_{gd}。速度与位置更新如式（7-44）所示。

$$\begin{aligned} v_{id}(t+1) &= wv_{id}(t)+c_1r_1(p_{id}-x_{id})+c_2r_2(p_{gd}-x_{id}) \\ X_{id}(t+1) &= X_{id}(t)+v(t+1) \end{aligned} \tag{7-44}$$

式中，t 为时间步长；c_1、c_2为加速度参数；通常取值为 2；r_1、r_2为［0，1］之间的随机数。

在粒子群算法中，较大的权重惯性有利于全局搜索，较小的权重有利于局部搜索，所以采用线性递减的方式来实时更新权重，保证权重在计算时的合理性。权重更新公式如式（7-45）所示。

$$\omega=\omega_{max}-\frac{t*(\omega_{max}-\omega_{min})}{t_{max}} \tag{7-45}$$

式中，ω_{max}为粒子迭代过程中最大惯性权重；ω_{min}为粒子迭代过程中最小惯性权重。

2. 换电柜功率分配策略仿真分析

为验证储能换电柜各个换电仓中电池的待充电功率，将换电柜功率分配策略编程后利用 Matlab 软件进行仿真分析，以某天为例，储能换电柜总体充电策略适应度曲线如图 7-42 所示。

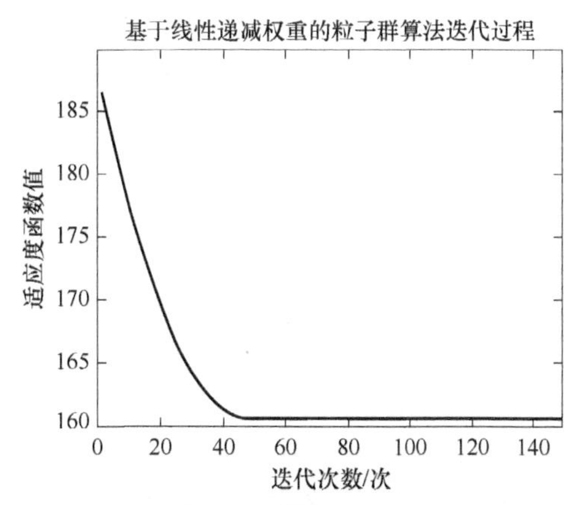

图 7-42　改进粒子群算法的求解过程对比图

图 7-42 为改进粒子群优化算法

求解过程的收敛曲线图，从图 7-42 中可看出，在迭代次数为 43 次以后基本可以实现该策略。

本节运用所提策略和算法进行仿真后求得某日充电费用和两个换电柜在各小时的待充电功率，并与无序充电策略下仿真运行进行了对比，对比结果如图 7-43 和图 7-44 所示。

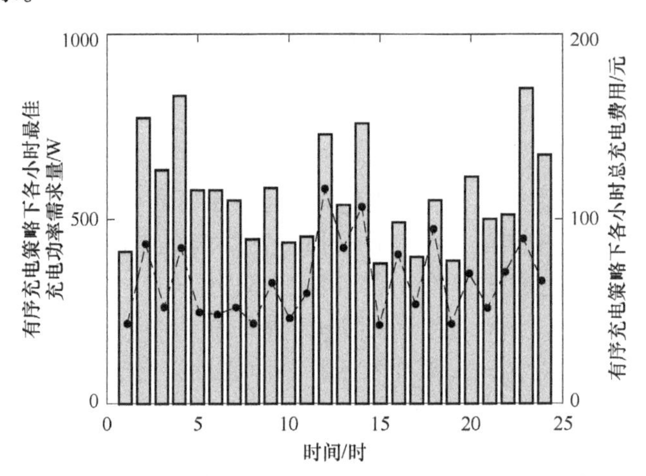

图 7-43　有序与无序充电策略下储能换电柜某日功率分配与充电费用曲线示意图

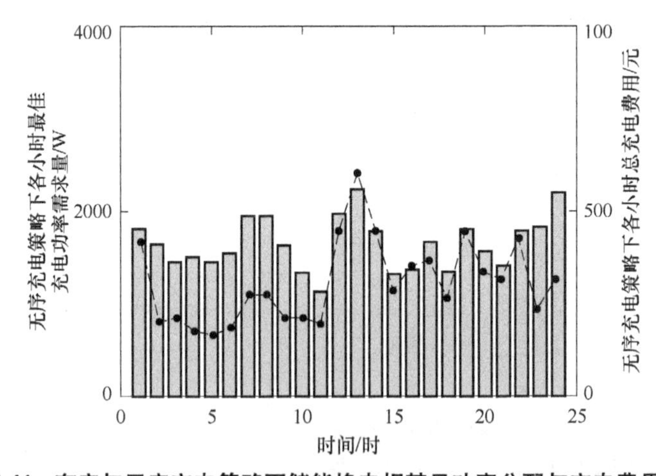

图 7-44　有序与无序充电策略下储能换电柜某日功率分配与充电费用曲线

由图 7-43 和图 7-44 可知，与无序充电策略下储能换电柜相比，有序充电策略下储能换电柜的每日功率需求曲线较为平缓，减小了负荷峰谷差，且充电费用减少了近 69.51%。

本节对搭建的退役电池换电站进行仿真验证。首先测试电池充放电情况，将仿真时间调至 1s，在 0～0.5s 时设置－900W 的充电功率，在 0.5～1s 时设置

900W 的放电功率，电池的 SOC、电流和电压仿真波形如图 7-45 所示。

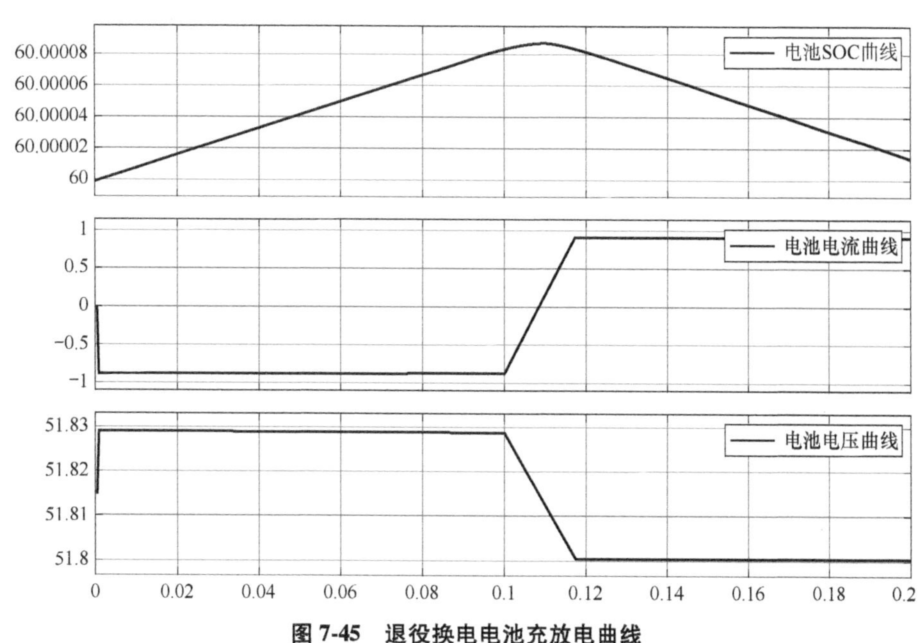

图 7-45 退役换电电池充放电曲线

因仿真时间过长软件运行速度较慢，因此将模型仿真时长设置为 2.5s，该模型与实际呈 4∶1 比例搭建，将有序充电策略计算出的前三块电池数据带入到仿真模型的功率指令中，将功率指令输入至仿真的三块电池中。图 7-46～图 7-48 模拟这三个退役换电电池的每日充放电曲线，以有序充电策略为例，分别展示了退役电池的 SOC、电压和电流曲线。

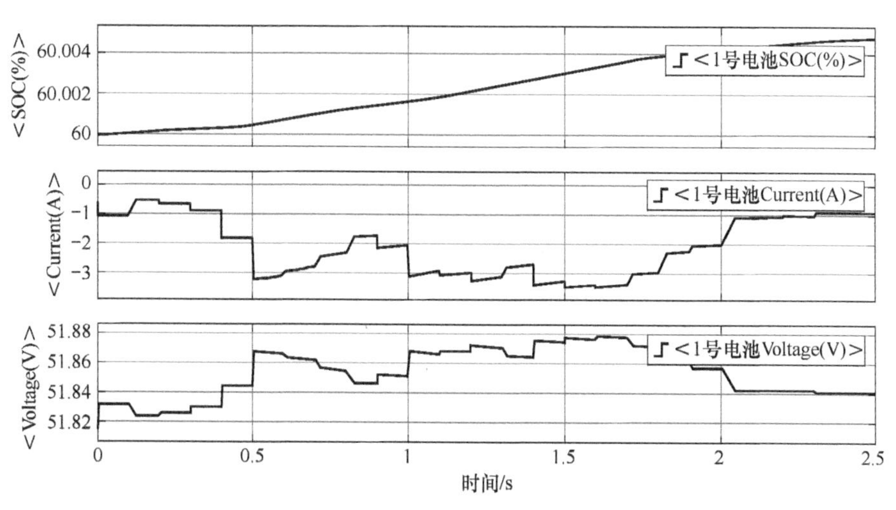

图 7-46 1 号退役换电电池充放电曲线

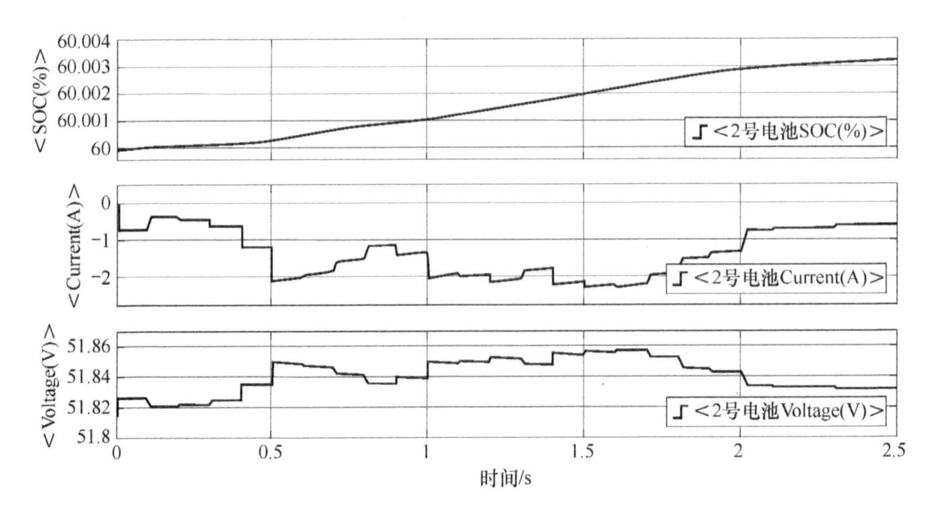

图 7-47　2 号退役换电电池充放曲线

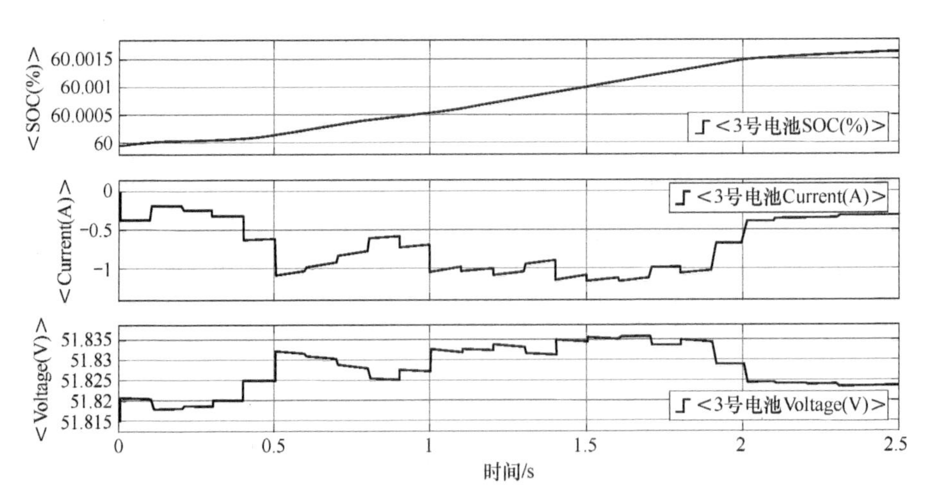

图 7-48　3 号退役换电电池充曲线

由图 7-46～图 7-48 可知，电量高的电池快充，电量低的电池慢充，以在短时间内尽可能地满足用电用户的需求。在图 7-46～图 7-48 中，由于每 0.1s 需要变换一次功率信号，所以每间隔 0.1s，三块电池的电流和电压值会出现阶跃的情况，共计 24 次。

假设在 2.1s 时刻将换电柜 1 号电池取出，更换另一块电池，更换前和更换后电池的 SOC、电流和电压波形如图 7-49 和图 7-50 所示。由图可知，更换前电池在 2.1s 前一直处于充电状态，在 2.1s 后停止充电，更换后的电池由静置转为充电状态。

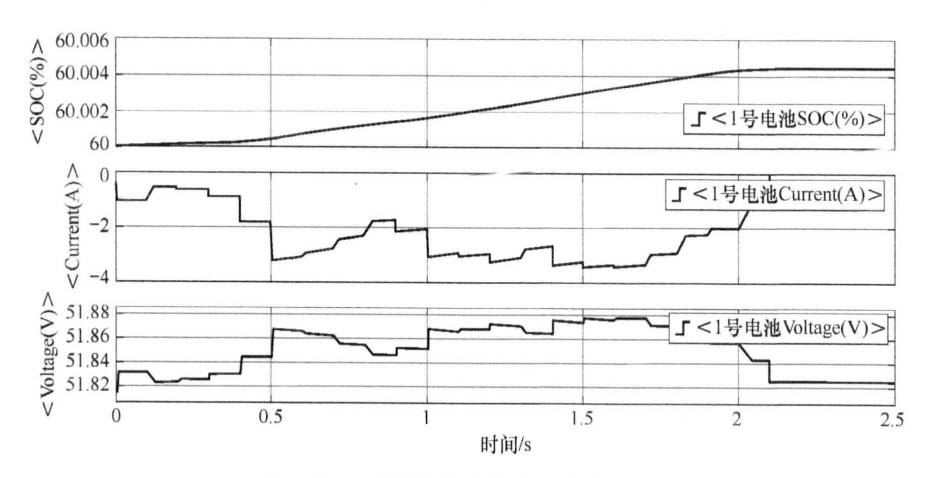

图 7-49　1 号退役换电电池更换过程曲线

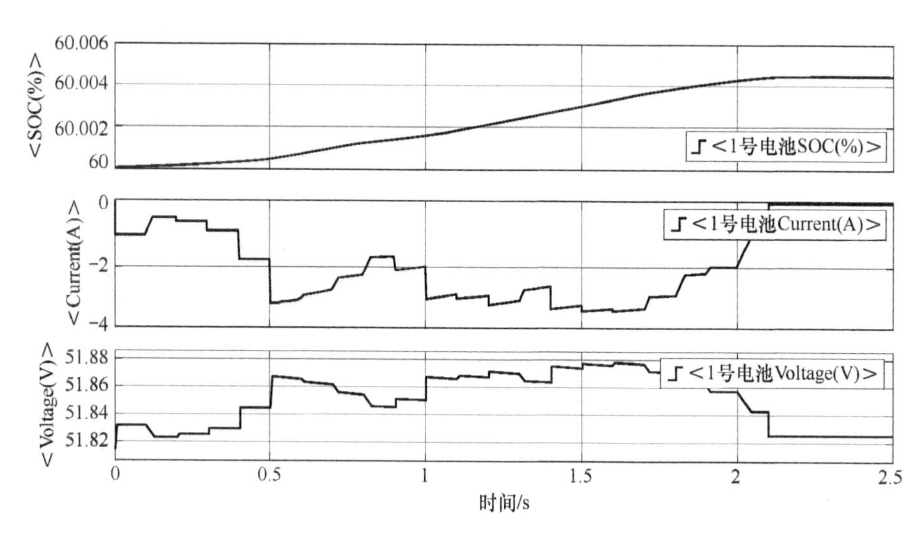

图 7-50　1 号退役已更换换电电池曲线

图 7-51 和图 7-52 模拟了运行有序控制策略时的 3 块电池充放电状态，可以更清晰地观察 3 块电池的电流电压变化。由于 3 块电池的电量大小依次为 1 号电池、3 号电池和 2 号电池，因此电池电流大小依次为 1 号电池、3 号电池和 2 号电池，电池电压大小顺序与电池电流大小相反。

图 7-53 和图 7-54 为 1 号退役换电电池直流侧功率外环控制曲线和 3 号退役换电电池电流内环控制曲线，因仿真输入信号为步长为 0. 1s 的阶跃信号，幅度较大，因此控制曲线中信号变化时会产生一些突变，属于正常现象，在实际运行中不会出现此现象。

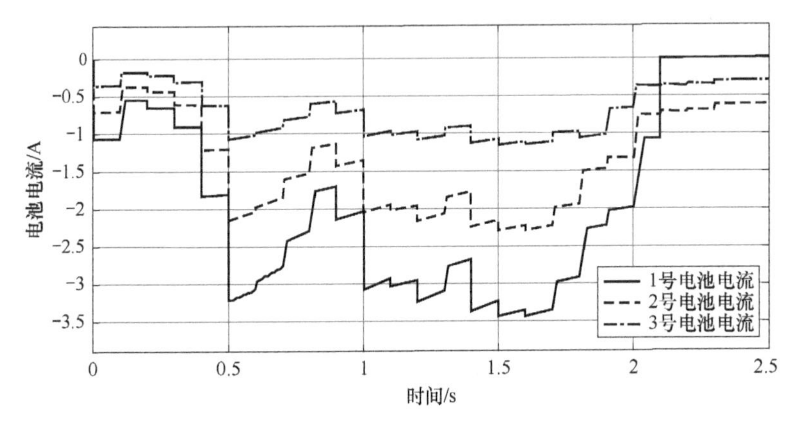

图 7-51　三块电池电流变换曲线

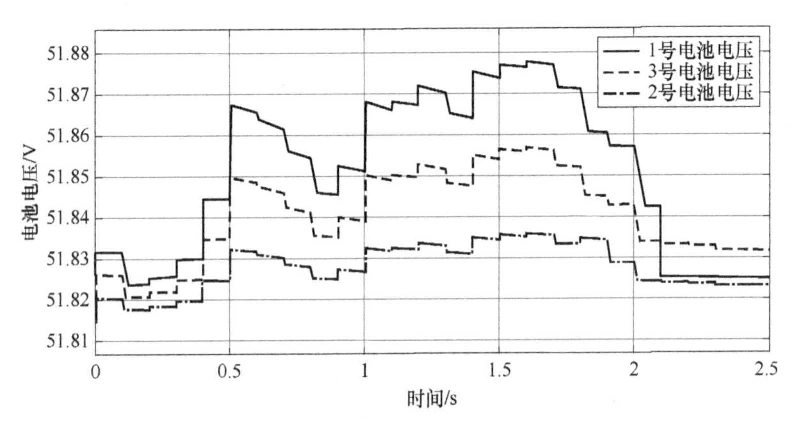

图 7-52　三块电池电压变换曲线

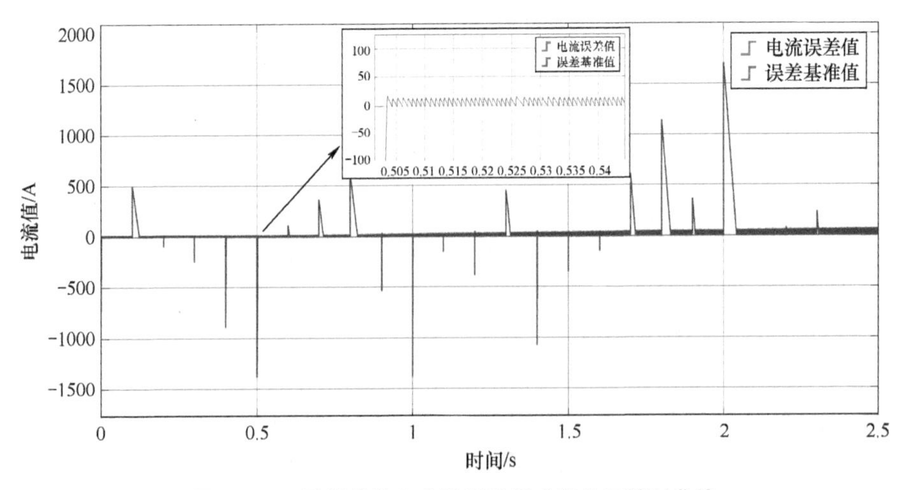

图 7-53　1 号退役换电电池直流侧功率外环控制曲线

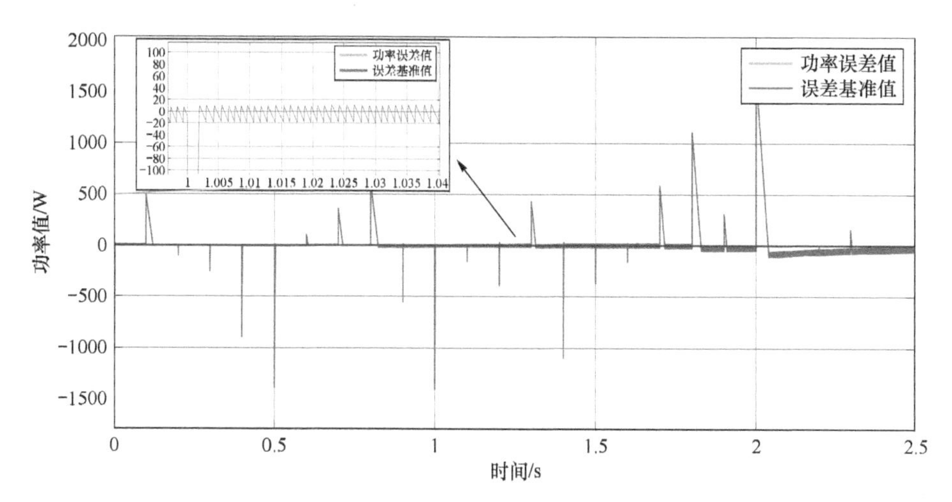

图 7-54　3 号退役换电电池电流内环控制曲线

图 7-55 为直流侧功率跟踪曲线，可以看到，该模型可实现给定功率的正常跟踪，模型中的 PI 控制器构成了换电电池电路的反馈控制。

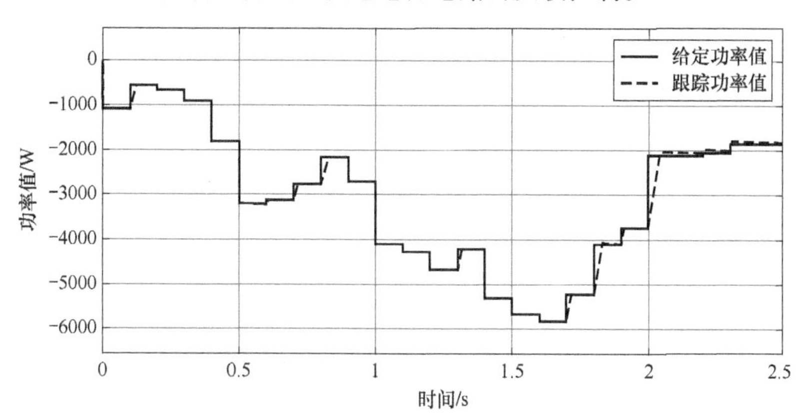

图 7-55　1 号电池直流侧功率跟踪曲线

图 7-56 为退役电池换电柜交流侧电压环波形图，由图可知，该模型交流侧电压环可以正常跟踪，模型中的双闭环 PI 控制器可实现换电柜电路的反馈控制。

图 7-57 为退役电池换电柜的线电压波形图，模型中设置电压值为 311V，经仿真验证，波形较为准确，满足模型设置的要求。

3. 退役电池控制策略半实物仿真验证

本节的验证总体可分为 2 部分，第 1 部分为长时间尺度验证，包括 3 块电池 24h 内的 SOC、电流和电压等参数的变化，此部分主要采用仿真结果验证，第 2 部分为短时间尺度验证，包括单次换电过程和电池功率指令变换后阶跃响应等结

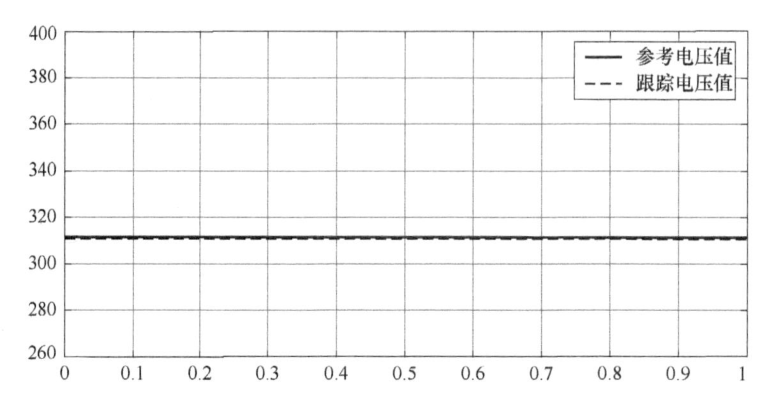

图 7-56　退役电池换电柜交流侧电压环波形图

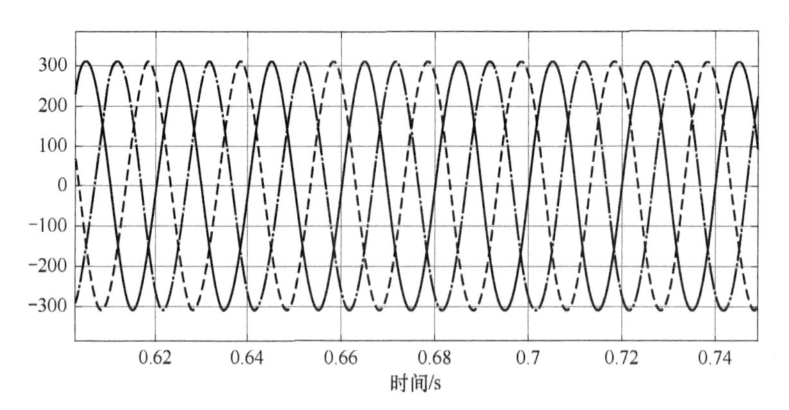

图 7-57　退役电池换电柜线电压波形图

果，此部分主要采用半实物仿真平台进行验证。为了进一步验证换电柜仿真模型及控制策略的准确性，将仿真模型和控制策略结果带入到半实物仿真平台中。

本实验采用上位机、硬件在环仿真（HIL）、MTRealTime for Linux_64 和示波器等设备进行电池的 24 次电流电压阶跃响应以及电池单次变化功率和单次换电过程验证，使用设备如图 7-58 所示。

硬件在环仿真（Hardware-In-Loop，HIL）可实时运行 Simulink 被控对象模型（模拟被控对象），受真实控制器的控制，能够对控制模型进行测试。其易于将 Simulink 模型编译、下载到原型控制器中，I/O 及通信接口灵活且丰富，能够满足不同应用的需求，不同应用的接口需求也大不相同。

首先，将 Simulink 仿真模型编译，待编译完成后打开 StarSim HIL 软件，将仿真模型与 MTReal Time for Linux_64 相连，并在 HIL 软件中加载仿真模型，然后将待测信号与 MTReal Time for Linux_64 的引脚对应连接好，可进行波形验证。图 7-59 和图 7-60 分别为电池充电电流和电压半实物仿真波形。

图 7-58　半实物仿真测试环境图

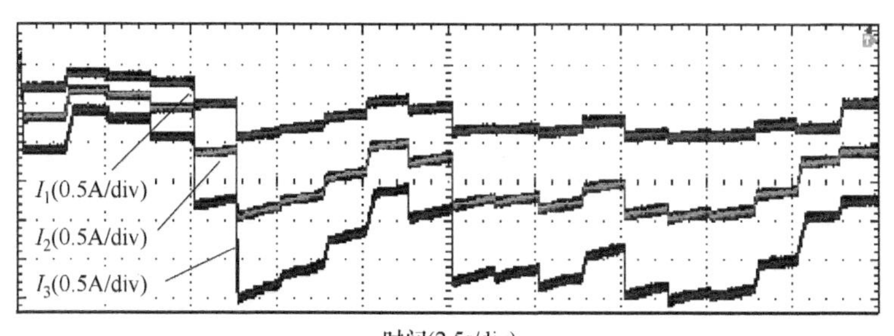

图 7-59　退役电池换电柜 3 块电池充电电流半实物仿真波形

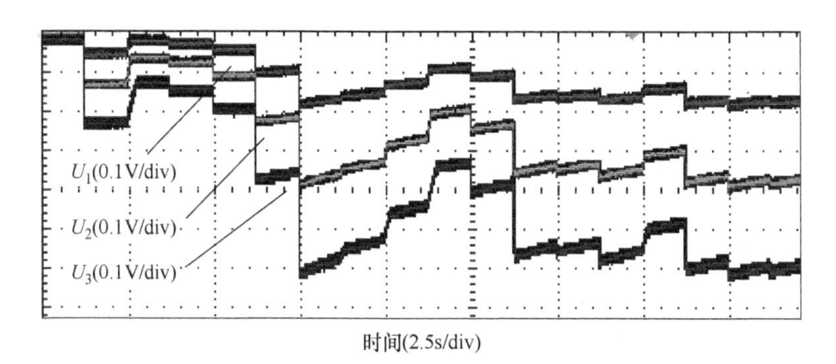

图 7-60　退役电池换电柜 3 块电池充电电压半实物仿真波形

将 HIL 输入信号设置为 1、2、3 号电池的实时充电电流，并将 HIL 的输出设置为引脚 CH00、CH01 和 CH02，再将 CH00、CH01 和 CH02 依次和示波器的三个信号接口相连，由图 7-59 可以看到，该波形与图 7-51 基本保持一致。

将 HIL 输入信号设置为 1、2、3 号电池的实时充电电压，并将 HIL 的输出设置为引脚 CH00、CH01 和 CH02，再将 CH00、CH01 和 CH02 依次和示波器的三个信号接口相连，由图 7-60 看以看到，该波形与图 7-51 基本保持一致。

图 7-61 为退役电池单次换电过程电流变化波形图，单次换电过程如下：首先将换电电池的功率指令取消，然后切断电池充电的电路，再将待换电电池接入充电电路中并接通，最后通过有序充电策略计算出该电池待充电功率并下达功率指令至电路中。

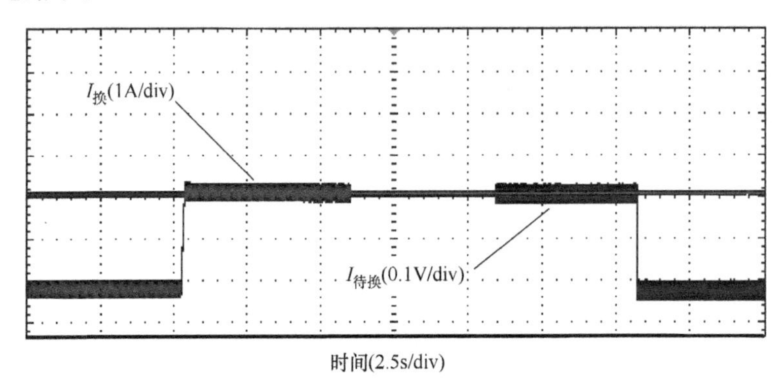

图 7-61　退役电池换电单次换电过程电流变化波形图

图 7-62 为换电柜中 1 号电池在某小时功率指令由 1100W 降为 800W 时的阶跃响应变化曲线。可以看出，该模型可以正常反映动态响应。

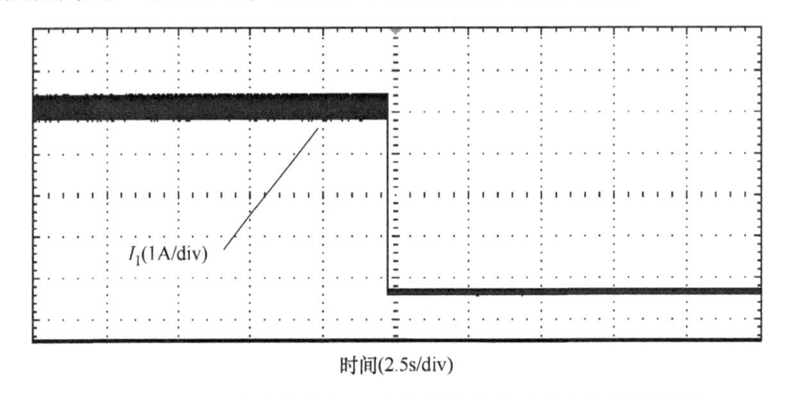

图 7-62　退役电池换电柜 1 号电池单个小时功率变换波形图

7.4 小结

本章详细阐述了退役电池在梯次利用前进行的运行控制技术，重点围绕退役电池的能量管理系统和运行控制策略展开描述。其中，能量管理系统延伸为电量、均衡和充放电管理；运行控制策略通过新能源侧、电网侧和用户侧三种场景下进行论述。然后，建立了基于退役电池的换电柜有序充电模型，并构建运行充电电费最低和负荷峰谷值最低的目标函数，最后通过编程软件证明了充电策略的有效性，为后续仿真和软件平台的搭建提供模型基础。以退役电池荷电状态作为有序充电模型选取策略的评判依据，退役电池健康状态作为有序充电策略的边界条件。未来，所述退役电池换电柜能量管理策略还需要改进，如何确认电网处于高峰期，需要根据储能换电柜与其他接入电网的用电设备的运行状态以及其他影响因素来判断。

参考文献

[1] KIM T H, PARK J S, CHANG S K, et al. The current move of lithium ion batteries towards the next phase [J]. Advanced Energy Materials, 2012, 2 (7): 860-872.

[2] 刘云，王海欣，黄海宏. 退役锂电池充放电系统 [J]. 电器与能效管理技术，2019 (06): 53-57.

[3] 任军，王凯，任宝森. 基于改进模型和无迹卡尔曼滤波的锂离子电池荷电状态估计 [J]. 电器与能效管理技术，2019 (04): 64-70+78.

[4] 王震坡，孙逢春，林程. 不一致性对动力电池组使用寿命影响的分析 [J]. 北京理工大学学报，2006 (07): 577-580.

[5] 李杰. 纯电动汽车电池均衡管理系统设计与研究 [D]. 太原：太原理工大学，2018.

[6] 张凤麒. 车辆用锂离子动力电池特性分析 [J]. 机电技术，2021 (01): 48-52+67.

[7] 刘宗锋，姜宁，汪卫东，等. 不同温度下三元锂电池自放电量预测方法 [J]. 重庆理工大学学报（自然科学），2021, 35 (01): 25-30.

[8] 裴普成，陈嘉瑶，吴子尧. 锂离子电池自放电机理及测量方法 [J]. 清华大学学报（自然科学版），2019, 59 (01): 53-65.

[9] ZHANG H, ZHAO L, CHEN Y. A lossy co-unting-based state of charge estimation meth-od and its application to electric vehicles [J]. Energies, 2015, 8 (12): 13811-13828.

[10] Plett G L. Extended Kalman filtering for batt-ery management systems of LiPB-based HE-V battery packs: Parrt3. State and paramete-r estimation [J]. Joumal of Power sources, 2004, 134 (2): 277-292.

[11] Zhang W, Shi W, Ma Z. Adaptive unscented Kalman filter based state of energy and pow-er capability estimation approach for lithium-ion battery [J]. Journal of Power Sources, 2015, 289: 50-62.

[12] Zeng X, Li J, Singh N. Recycling of spent li-thium-ion battery: a critical review [J]. Critical Reviews in Environmental Science and Tec-hnology, 2014, 44 (10): 1129-1165.

[13] 徐虹，贺鹏，艾欣. 电动汽车充电功率需求分析模型研究综述 [J]. 现代电力，2012, 29 (3): 51-56.

[14] Shannon C E, A Mathematical Theory of C-ommunication [J]. Bell System Technical Journ-

al, 1948, 27 (3): 379~423.

[15] 叶宗裕. 关于多指标综合评价中指标正向化和无量纲化方法的选择 [J]. 浙江统计, 2003, (4): 24-25.

[16] 李晴, 陈鹏宇. 指标无量纲化方法对熵权法评价结果的影响 [J]. 科技资讯, 2019, (7): 184-186.

[17] 刘思峰, 杨英杰. 灰色系统研究进展 (2004—2014) [J]. 南京航空航天大学学报, 2015, 47 (1): 1-18.

[18] ChawlaN V, Japkowicz N, Lcz A K. Editorial: Special Issue on Learning from Imbalanced Data Sets [J]. ACM SIGKDD Explorations Newsletter, 2004. 6 (1): 1-6.

[19] Shawe-Taylor J, Cristianini N. Kernel Methods for Pattern Analysis [M]. Cambridge University Press, 2004.

[20] Poli R, Kennedy J, Blackwell T. Particle swarm optimization [J]. Swarm intelligence, 2007 (1): 33-57.

[21] Kennedy J. Particle swarm optimization [M]. Encyclopedia of Machine Learning. Springer US, 2010: 760-766.

[22] HAN S, SEZAKI K. Development of an optimal vehicle-to-grid aggregator for frequency regulation [J]. IEEE Trans on Smart Grid, 2010, 1 (10): 65-72.

[23] 冯雷, 蔡泽祥, 王奕, 等. 计及负荷储能特性的微网荷储协调联络线功率波动平抑策略 [J]. 电力系统自动化, 2017, 41 (17): 22-28.

[24] 李建林, 徐少华, 惠东. 百 MW 级储能电站用 PCS 多机并联稳定性分析及其控制策略综述 [J]. 中国电机工程学报, 2016, 36 (15): 4034-4046.

[25] 廖小兵, 刘开培, 汪宁渤, 等. 含风电的交直流互联电网 AGC 两级分层模型预测控制 [J]. 电力系统自动化, 2018, 42 (8): 45-50.

[26] KHANI H, FARAG H E Z. Optimal scheduling of energy storage to mitigate power quality issues in power systems [C]// IEEE Power & Energy Society General Meeting, July 16-20, 2017, Chicago, USA: 1-5.

[27] LEI M, YANG Z, WANG Y, et al. Design of energy storage control strategy to improve the PV system power quality [C]// IEEE Conference of the IEEE Industrial Electronics Society, 2016: 2022-2027.

[28] LI J, BI J, YAN G, et al. Research on improving power quality of wind power system based on the flywheel energy storage system [C]// 2016 China International Conference on Electricity Distribution (CICED), August 10-13, 2016, Xi'an, China.

[29] GAO C, TANG X, KONG L. Research on coordinated control strategy for improving the frequency and voltage quality of power system based on adaptive fuzzy control using wind power and energy storage [C]// IEEE International Conference on Energy Internet, April 17-21, Beijing, China: 142-147.

[30] GUO Binqi, NIU Meng, LAI Xiaokang, et al. Application research on large-scale battery energy storage system under global energy interconnection framework [J]. Global Energy Inter-

connection，2018，1（1）：79-86.

[31] 张新闻，同向前. 电容耦合型动态电压恢复器参数建模与控制［J］. 电工技术学报，2016，31（6）：212-218.

[32] 张忠，王建学，刘世民. 计及网络拓扑下微电网有功调节对电压控制的适应性分析［J］. 电力自动化设备，2017，37（4）：22-29.

[33] 江全元，龚裕仲. 储能技术辅助风电并网控制的应用综述［J］. 电网技术，2015，39（12）：3360-3368.

[34] 杨锡运，董德华，李相俊，等. 商业园区储能系统削峰填谷的有功功率协调控制策略［J］. 电网技术，2018，42（8）：2551-2661.

[35] 王成山，武震，李鹏. 分布式电能存储技术的应用前景与挑战［J］. 电力系统自动化，2014，38（16）：1-8.

[36] 袁晓冬，朱卫平，孙健. 考虑分布式电源接入的电网源荷时序随机波动特性概率潮流计算［J］. 水电能源科学，2016，34（2）：203-207.

[37] 赵天意. 基于改进卡尔曼滤波的锂离子电池状态估计方法研究［D］. 哈尔滨：哈尔滨工业大学，2016.

第8章

退役电池安全防护技术

8

8.1 退役电池梯次利用风险评估

为达成碳达峰目标，退役电池的梯次利用是亟待解决的电动汽车行业发展中遇到的问题。而将退役电池梯次利用推广的过程中，所面临的最大阻碍就是安全管控问题。由于退役电池性能经过一定衰减，其梯次利用所面临的安全问题已经成为形成规模化产业链的核心问题，亟需研究方法简单、安全性高的安全管理技术，以促进退役电池梯次利用产业健康发展，同时电动汽车行业产业链也将得到完善，有助于推进我国电动汽车发展以及碳达峰政策的落实。退役电池必须通过严格筛选重组才能梯次利用于储能电站等场景，而退役电池重组后健康状态不同，其安全管理技术也存在差异，因此有必要评估不同健康状态退役电池的安全风险，根据其风险情况制定针对性安全管控策略[1-4]。退役电池安全管控技术可以分为电池电管理技术和电池热管理技术。其中，电管理技术为对电池的初步管理，根据电池外特性如电流、电压等对电池荷电状态（State Of Charge，SOC）进行估计与管控。参考文献［5］以 SOC 作为变量，提出适用于多电池的功率分配策略，实现了电池间的荷电状态均衡。参考文献［6］利用级联 H 桥变换器实现了电池故障隔离，并实现了考虑功率平衡的多层级控制。但对退役电池而言，其性能已经部分衰减，因此要求电管理技术易实现且具有高安全性，其电管理技术尚未达到应用阶段。

碳达峰政策需要减少我国碳排放量，而传统汽车碳排放量一直高居不下。电动汽车行业的发展有助于减少传统汽车数量及其碳排放，但电动汽车退役电池的梯次利用发展受到其安全性阻碍，也在一定程度上影响了电动汽车行业的全产业链化。由于部分动力电池性能无法满足其使用要求，因此对其退役处理[7]以应用于储能电站、通信基站等场景[8]。在锂电池衰退过程中电池发生形变、金属锂沉积等变化，使其安全风险增加，因此需要对其梯次利用风险进行评估。经过分选[9]重组后的退役电池可根据其健康状态（State Of Health，SOH）大致分为4类，如式（8-1）所示。

$$S=\begin{cases}S_1 & 60\% \leqslant \mathrm{SOH} \leqslant 80\% \\ S_2 & 45\% \leqslant \mathrm{SOH} \leqslant 60\% \\ S_3 & 30\% \leqslant \mathrm{SOH} \leqslant 45\% \\ S_4 & \mathrm{SOH} \leqslant 30\%\end{cases} \tag{8-1}$$

当退役电池处于S_1状态时，其材料结构发生变化，密封性降低，出现部分形变位移，此状态梯次利用较为安全；处于S_2状态时，其金属锂沉积、固体电解质界面膜（Solid Electrolyte Interface，SEI）膜增厚，此状态退役电池需要加强对其安全管控；处于S_3状态时出现活性锂损失、内部缺陷等现象，此状态退役电池需要应用于低应力场景；处于S_4状态时出现集流体腐蚀、微短路等现象，表明退役电池已经报废，不具有梯次利用价值[10]。

当退役电池梯次利用于储能电站中，机械滥用即外力导致电池形变损坏的场景不会发生，此时电池故障可分为电池电滥用及热滥用，其中电滥用为过电流、过电压等操作不当引起的充放电故障，因此电滥用可以基于单一风险因子进行特征分析[11-12]；而热滥用为电池持续运行时，热管理措施不充分导致温度热失控引发的热故障，热滥用的演化进程为电、热、流体等特征因子耦合作用，因此需分析其多物理场模型建立作为热滥用风险特征分析的基础[13]。因此退役电池安全风险可以从电滥用风险特征因子及热滥用模型分析两个角度分别进行研究。

8.1.1 退役电池电滥用风险特征分析

退役电池之间存在不一致性，同时电池性能部分损耗，电池包出现结构变化，导致其电滥用风险的增长[14-15]。退役电池电滥用的主要起因是性能老化导致的电池析锂使内短路以及过充风险增长。进入梯次利用阶段的电池，正极容量衰减导致正极无法容纳所有的锂离子，更多的锂滞留在负极，导致负极平均嵌锂浓度提高，负极固相电势减小，进而导致析锂风险的增加。电池固液相电势差可以在一定程度上反映电池析锂风险，此电势差可以用式（8-2）计算：

$$\Delta\varphi=\varphi_{\mathrm{S}}-\varphi_{1}=\eta_{\mathrm{act,n}}+U_{\mathrm{OCV,n}}+R_{\mathrm{Ohm}}I \tag{8-2}$$

式中，φ_{S}为电池固相电势；φ_{1}为电池液相电势；$\eta_{\mathrm{act,n}}$为负极固液相交界面处的反应极化过电势；$U_{\mathrm{OCV,n}}$为负极开路电势；R_{Ohm}为电池内阻；I为充电电流。某电池1C、2C恒流充电过程中负极固液相电势差$\Delta\varphi$的趋势图如图8-1所示。

从图8-1中可以看出，在同样的充电应力下，随着电池的老化，$\Delta\varphi<0$的析锂条件更易触发，电池内短路的风险逐渐升高；同样老化状态的电池，充电电流

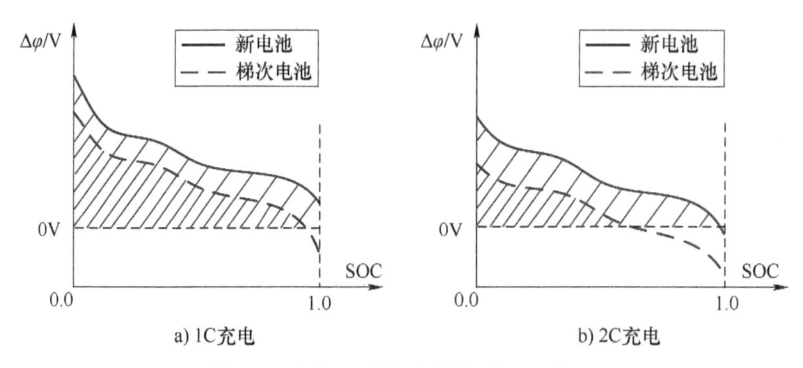

图 8-1　负极固液相电势差波形示意图

越大，电池发生内短路的风险随充电电流的增大而增大。基于上述分析，梯次利用的退役电池风险可以采用典型应力下的 $\Delta\varphi$ 曲线 0V 以上部分面积的归一化数值进行表征。

针对电池的过充问题，业内相关研究已有一定进展。参考文献［16］研究了在不同充放电倍率下电池温度分布与不同方向温差的对比，但过充实验未将短路因素列入参考。参考文献［17］通过对不同滥用条件的实验，提出用电压判断过充的发生，得出了过充相比过温、内短路等存在一定反应时间，但其破坏程度也大于内短路的结论。目前，多数电池滥用实验未考虑电池老化带来的过充风险增长。由于电滥用问题随着电池衰老程度的增加而增长，因此与 60%≤SOH≤80%的退役电池相比，应加大对 30%≤SOH≤60%的退役电池电滥用风险管控力度。

退役电池梯次利用中可以选择电压作为电滥用风险动态表征，但过充与内短路的滥用特性存在差异，应使用不同方法进行分析。内短路发生速度快，因此梯次利用时应对电压进行预测，提前发现内短路风险过高并制定相应管控策略；过冲滥用存在缓冲时间，但过充滥用后果更为严重，因此后续研究还应针对不同位置的电压与发生过充滥用的关联性进行探讨，以期更精确、更超前地发现过充风险并采取对策。

8.1.2　退役电池热滥用风险建模分析

退役电池热滥用的发生是多因素耦合作用的结果，在温度增长的过程中，流体散热性能的不充分、电池之间热传递对热滥用的促进作用以及电池温度上升后内部化学反应带来的助燃效果，均是热滥用风险分析时的关键影响因素，因此难以使用单一特征因子表征电池热滥用风险。

根据退役电池的当前状态，可以对典型充放电工况下的温升情况作出多时间尺度的预测，针对特征温度来评级。参考文献［18］使用外部加热的方式模拟电池电滥用情况，分析了外部热源与电池距离及功率、SOC 状态对热滥用严重程度的影响，以及不同程度热滥用的主要传热路径。但其计算复杂度较高，实际应用中还需要针对模型计算速度进行改进；退役电池热传播路径受到电池的内部结构变化、外壳形变等影响，同时其 SOC 存在不一致性，导致热传播模型将更为复杂，目前尚缺乏针对性的研究。

基于有限元方法的多物理仿真方法具有高度精确性。参考文献［19］结合材料热分解动力学与传热模型，建立模型预测锂离子电池热滥用的传播，综合考虑了力学、热学之间的耦合关系。参考文献［20］建立了包含机械、电化学、热建模的多物理仿真模型，高准确度地还原了电池短路情况下的温度变化过程，同时印证了耦合模型中考虑接触面积和短路的重要性。但其计算量大，导致无法在线应用，因此需对模型进行降阶处理，提高模型的求解效率。

本征正交分解（Proper Orthogonal Decomposition，POD）结合 Galerkin 投影是一种有效的模型降阶方法，其实质是利用 POD 技术从大量的已知数据数值解中提取特征，构成一系列的模态，作为 Galerkin 投影的试函数，通过将偏微分方程转化为线性方程组来实现模型降阶。基于上述原理，以风冷式退役电池梯次利用集装箱为例，可使用 POD 对多物理场模型降阶，从而加快运算速度。多物理场模型降阶结构如图 8-2 所示。

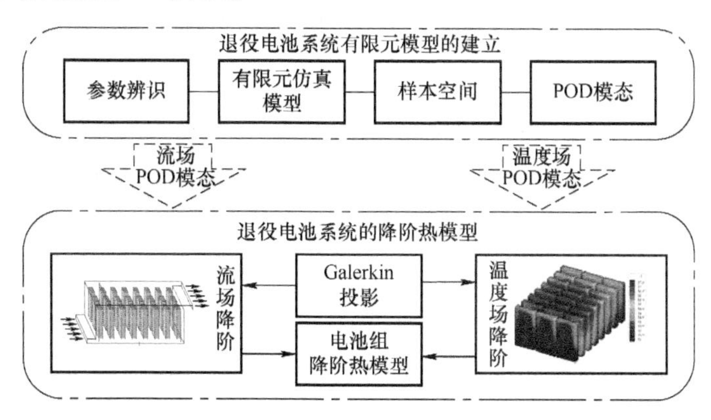

图 8-2　多物理场模型降阶结构

根据前述方法得到电池系统的有限元模型，可以进行仿真试验并按照一定的时间间隔提取流场数据和温度场数据，将这些样本数据组合在一起，构成流场样本空间 $\{U_i\}(i=1,2,\cdots,M)$ 和温度场样本空间 $\{T_i\}(i=1,2,\cdots,N)$。

从样本空间中得到流场的 POD 模态 $\{\alpha_i\}_{i=1}^{m}$ 和温度场的 POD 模态 $\{\beta_i\}_{i=1}^{n}$，分别将流场 U 和温度场 T 依据式（8-3）、式（8-4）进行线性组合：

$$U=\sum_{i=1}^{m}a_i\alpha_i \tag{8-3}$$

$$T = \sum_{i=1}^{n} b_i \beta_i \tag{8-4}$$

式中，a_i及b_i为流场及温度场中第i个模态的线性权值。

将上述模态组合形式导入到流场和温度场的相关方程，利用 Galerkin 投影将偏微分方程转化为线性方程组，就可以得到风冷式退役电池系统的降阶热模型。

8.2 退役电池故障隔离技术

退役电池梯次利用储能系统是一个复杂的电热耦合系统，仅仅从电或热单方面预测风险不能完整表达退役电池储能系统整体安全风险。目前，业内多利用风险因子表征电池电滥用风险变化，但单一风险因子对电滥用风险的表征能力有限，后续研究应考虑多个风险因子间耦合关系，使用多风险因子联合表征提高对风险的评价准确性。另一方面，电池热滥用风险与电滥用无法完全解耦，目前业内研究集中于多物理场建模仿真，在仿真过程中需要综合考虑电滥用及热滥用因素[21]，在热失控发生后还应研究机械滥用对温度模型风险的影响，多物理场模型的优势便在于对多个物理过程的耦合分析，但同时其庞大计算量阻碍了该方法的工程应用，因此，后续对模型降阶方法的研究将有助于多物理场仿真模型的实际应用。

8.2.1 退役电池梯次利用数字控制可重构网络

退役电池数字控制可重构网络[22-23]是一种电池重构控制技术。此技术核心在于通过对每个电池模组甚至电池单体加装控制开关，在毫秒级时间尺度构建当前最适的电池系统能量调度方法，并实时改变电池拓扑，以获得更好的控制效果。通过对退役电池模组间拓扑结构建模，可得到其功率约束以及电压电流约束，据此求解可得电池模组间最优拓扑网络，控制开关调整拓扑结构网络，实现对退役电池的重构。

数字控制可重构网络可为退役电池梯次利用安全性增加保障，但同时对于每个电池模组装设控制开关提高了梯次利用成本。随着退役电池梯次利用产业化的逐渐完善以及对数字控制重构网络的不断研究，此技术具备实现电池单体级控制的潜力，且其成本存在进一步降低的空间，具有一定的研究价值。

8.2.2 退役电池故障隔离技术

目前，故障隔离技术的发展方向为超前化隔离以及精确化隔离。参考文献［24］针对指标检测设备故障，基于预测提前发现设备故障并启动隔离，有效地提升了隔离动作的有效性。参考文献［25］依据状态观测器，提取电池电压残差及范数幅度、斜率以对电池进行故障检测，对电池短路、断路、传感器偏执、输入电压降等设备故障可通过不同信号特征结合进行表征，获得了更高的故障监测敏感度。与普通储能电池不同的是，目前，梯次利用电池储能系统故障隔离的研究较少，主要原因在于其受到梯次利用锂电池较低经济性的影响，难以使用高成本的成熟隔离技术；同时储能电池单体间间距小，使其故障隔离更为困难。

电力电子器件因其低成本以及高可靠性的优点，其工程应用成为业内关注热点。将金属氧化物半导体场效应晶体管（MOSFET）应用于梯次电池故障隔离可有效提高梯次电池安全性。一种结构简单的模块化电池故障隔离拓扑结构如图 8-3 所示。

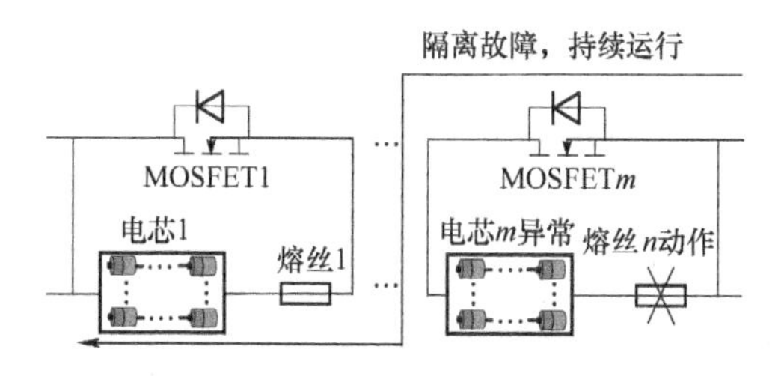

图 8-3 电池故障隔离拓扑结构示意图

从图 8-3 中可以看出，m 个电池单元的系统中，每个电芯与串联熔丝、并联 MOSFET 组成一个单元，此单元为电池模组内最小单元。当出现某电芯 SOC 不一致或呈现故障状态时，单元中 MOSFET 工作在饱和区，电池单元被短路，电阻丝断开完成故障隔离，且故障单元 MOSFET 继续导通保证其余单元正常运行。由于退役电池的梯次利用要求较高的安全性保障，其电芯级别结构应简单有效，保证低成本的情况下具有良好的运行效果，如图 8-3 中结构具有较大的实际应用潜力，将退役电池与熔丝、MOSFET 等器件结合设计故障隔离机制，将故障隔离在模组级别，最大限度地减小故障造成的损失。

上述的电池故障隔离拓扑为一种简单的故障隔离结构，其原理在于结合电力电子器件于电池电路拓扑中，通过故障时熔丝断开触发保护机制，以 MOSFET 保证电池的持续运行，通过故障隔离与电池的短路行为解耦，降低了故障对电池运行所带来的冲击。此种拓扑结构简单却迎合了退役电池对于隔离技术的低成本要求，通过常见的 MOSFET 以及熔丝之间的配合完成故障隔离。目前的研究热点将复杂的预测算法、检测算法应用于故障隔离中，具有一定的预见性以及较好的可控性，但不符合退役电池故障隔离技术的需求。此种技术可以带来启发：未来的退役电池梯次利用电池故障隔离技术将向简单化的拓扑结构发展，在实时触发、持续运行的简单结构基础上进行改进，才是退役电池故障隔离技术未来发展的方向。

8.3 退役电池梯次利用电管理技术

8.3.1 退役电池SOC估计

电池电管理是退役电池安全的第1道防线，合理的电管理技术有助于减少退役电池过电流、过电压等小型故障的发生，同时可以防止小型故障的积累导致后续电池热失控的发生。通过对其进行电管理，可以有效监控其运行状态，并针对不同SOH的退役电池制定适合的电管理策略，在保证安全管控的前提下有效节约资源。其中，SOC估计技术需要结合不同的应用场景选择不同算法应用，在实时性以及准确性之间权衡。模组及单体级功率均衡技术已有一定研究，但目前工程应用受退役电池经济性较低的影响，多数使用被动均衡技术，未来可以研究基于电力电子器件的低成本主动均衡技术，将主动均衡技术工程化、实际化。故障隔离技术在退役电池储能电站中应用较少，但该技术具有一定发展潜力，是解决退役电池安全问题的潜在答案，未来可以基于数字化可重构网络拓扑等新型技术开展研究工作，谈论其应用于低经济性的退役电池储能电站场景下的可能性。

在对退役电池梯次利用的过程中首先要对退役电池的荷电状态进行估测，SOC状态包含对电池的荷电保持能力、循环寿命、安全性等指标的评价，是在退役电池分选中非常重要的参数[26-27]。SOC估算作为电池管理系统的一个关键技术，选取合适的SOC估测方法以评估退役电池一致性工况以及电池循环使用寿命是发挥退役电池剩余价值的基础，同时还能降低动力电池全寿命周期成本。本节针对不同类型的退役电池，通过对电池不同温度条件下的工作电流、充放电深度、放电容量以及放电实验测试结果等退役电池特征量的关联度分析，提出针对不同类型的退役电池的SOC估测方法，实现对退役电池荷电状态的准确估测，以保证退役电池模组利用的一致性要求[28-29]。

电池SOC估计技术是电管理中的核心技术。由于退役电池的梯次利用中存在木桶效应，一旦某个电池的性能与其余电池产生较大差异，将影响对其余电池的控制效果，甚至导致电池故障的发生。因此，研究具有实时性、精确性的电池SOC估计技术对退役电池梯次利用的可靠化、产业化具有重要意义。目前国内外对于电池SOC估计的研究已经较为充分，其中几种典型算法及其对比如表8-1所示。

表 8-1　退役电池 SOC 估计算法对比表

方法分类	典型算法	算法机理	优点	缺点	应用场景	改进形式
直接计算	A-h 积分法	$\mathrm{SOC}(t)=\mathrm{SOC}(0)+\int_0^t \frac{\eta I(\tau)}{C}\mathrm{d}\tau$	方法简单，计算快	积累误差，需要修正	快速 SOC 估计	在短时间尺度使用 A-h 积分法
	开路电压法	见图 8-4a	基于开路电压在线推断，速度快	方法受温度影响，需要较长时间达到稳定	快速 SOC 估计	1. 不同状态拟合 SOC-OCV 曲线[30]； 2. SOC-OCV 曲线用作复位校正[31]
	等效电路法	见图 8-4b	模型简单，可准确表达出电池外特性	依赖参数整定，难以表达电池的原理性行为	电池建模仿真	1. PNGV：关注电池内部反映[32]； 2. DP：可实现大倍率在线仿真[33]
建模分析	电化学模型	$\begin{cases}\frac{\partial c_s}{\partial t}=\frac{D_s}{r^2}\frac{\partial}{\partial r}\left(r^2\frac{\partial c_s}{\partial r}\right)\\ J=a_s J_0\left(e^{\frac{F\eta}{2RT}}-e^{\frac{F\eta}{2RT}}\right)\\ \varepsilon_e\frac{\partial c_s}{\partial t}=D_e\varepsilon_e^{\mathrm{brug}}\frac{\partial^2 c_e}{\partial x^2}+\frac{1-t_+^0}{F}J\\ \sigma(1-\varepsilon_e)^{\mathrm{brug}}\frac{\partial^2\Phi_s}{\partial x^2}-J=0\\ k\varepsilon_e^{1.5}\left(\frac{\partial^2\Phi_e}{\partial x^2}-\frac{2RT(1-t_+^0)}{F}\frac{\partial^2\ln c_e}{\partial x^2}\right)+J=0\end{cases}$	机理层面模型，具有较高准确度	偏微分方程导致计算复杂，难以实际应用	高准确度 SOC 估计	降阶电化学模型，计算速度快[34]

（续）

方法分类	典型算法	算法机理	优点	缺点	应用场景	改进形式
建模分析	卡尔曼滤波	见图 8-4c	减小误差对估计准确度影响	依赖对真实系统建模准确性	工程级 SOC 估计	1. 拓展卡尔曼滤波，解决模型非线性问题[35-36]； 2. 无迹卡尔曼滤波，适用于神经网络联合估计[37-38]
数据驱动	模糊逻辑控制	见图 8-4d	综合考虑多种因素，准确度高	需要大量数据与经验积累	广泛应用于提高估计准确度	1. 结合优化算法在线优化控制[39]； 2. 模糊控制[40]
	支持向量机	见图 8-4e	适用于高维非线性电池建模	计算复杂，参数训练速度较慢	利于提高 SOC 估计准确度	结合快速优化算法优化参数，提高准确度与实时性[41]
	人工神经网络	见图 8-4f	具有高准确性	需要大量数据训练网络参数	挖掘数据特征 SOC 估计	1. 门控递归神经网络：计算简单，适用于小数据集[42-43]； 2. 长短记忆网络：用于大数据集[44]

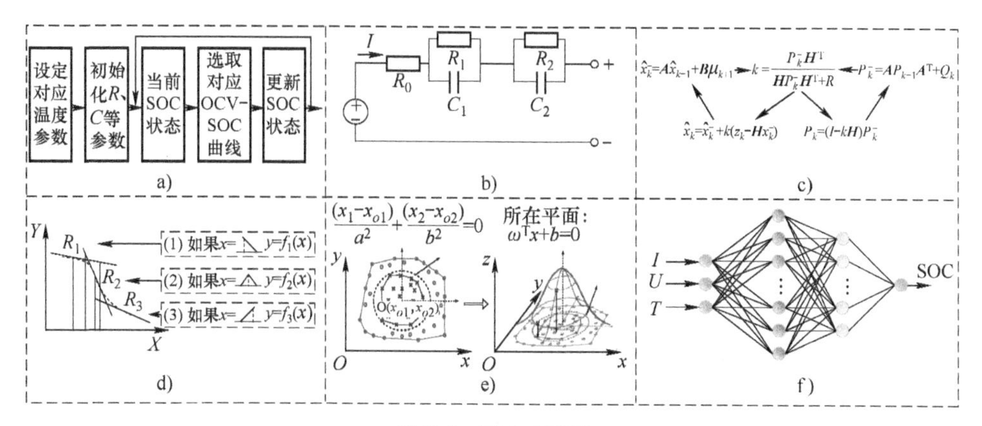

图 8-4　表 8-1 图录

从表 8-1 中可以看出，直接计算类方法与等效电路方法具有较快的计算速度，但二者均易受误差影响。由于前者计算更为简洁，可以结合其他算法提高准确度，因此目前实际应用较多；卡尔曼滤波算法可有效减小估计误差，同时为应对实际应用中的非线性系统，近年出现了 EKF/UKF 等改进型卡尔曼滤波算法，具有更为优异的实际应用效果；电化学建模方法从电池反应机理层面建立电池模型，以估计 SOC，对 SOC 的估计过程较为复杂，因此虽然具有准确的估计准确度，但电化学建模估计目前难以应用，需要在精确性与实时性之间进行取舍。数据驱动类算法均依赖大量数据，通过数据特征建立数学模型以估计 SOC，在有一定前期基础的情况下可以提前完成模型训练，可以应用于 SOC 实时估计且具有良好的准确度。

退役电池梯次利用于储能电站中，需要保证电池运行在安全范围内。对 60%≤SOH≤80%的退役电池，多用作储能电站“削峰填谷”等容量型应用，在长时间尺度运行且要求其 SOC≥0.4，因此针对误差积累带来的影响，应选用改进卡尔曼滤波算法，其对于较长时间尺度上的 SOC 估计效果较好；对于 45%≤SOH≤60%的退役电池，多用作辅助调频、二次调频等“功率型”应用，由于其短时间出力的特点，因此对其 SOC 估计技术同时存在实时性与精确性要求，需要考虑电池 SOC 大幅变化导致的内部参数改变，因此可对等效电路法作出改进，将电池温度、SOC 变化对参数带来的影响加入参考，使用改进等效电路模型估计其 SOC；对于 30%≤SOH≤45%的退役电池，此类退役电池安全风险较大，因此将其应用于备用电源等不经常动作的应用场景。当退役电池梯次利用积累了一定的数据基础后，应训练神经网络模型，在长/短时间尺度上利用如门控递归神经网络及长短期记忆网络进行数据预测以及 SOC 估计，可以在获得良好的估计准确度的同时满足实时性要求。

由于退役电池梯次利用时呈现出健康状态以及荷电状态的差异性，因此在后续的研究中，针对退役电池梯次利用的差异化健康状态进行针对性的算法选择，同时对于退役电池衰老演化机理模型的建立，将有助于指导电池 SOC 估计的快速化、精确化发展。

本节基于磷酸铁锂电池 SOC-OCV 实验数据，建立了 SOC-OCV 数据库，借助 Matlab 进行多项式函数拟合，考虑多项式一次性拟合的误差较大，采用多项式分段拟合思路，得到了完整的 SOC-OCV 分段函数。以典型 20A · h 磷酸铁锂软包电池的容量保持率与循环次数和温度高低的对应关系为基础，通过 Matlab 实现了 K_L和 K_t修正函数的多项式拟合。

1）SOC-OCV 分段函数：

$$\begin{aligned}\mathrm{SOC}_{开路}=&5.1086x_0^6-8.14369\times10^{-11}x_0^5+\\&5.40437\times10^{-7}x_0^4-0.001910916x_0^3+\\&3.79711655x_0^2-4020.376x+1772067\end{aligned}$$

（适用电压区间：2.4~3.0V） （8-5）

$$\begin{aligned}\mathrm{SOC}_{开路}=&1.30918\times10^{-11}x_0^6-2.42906\times10^{-7}x_0^5+\\&0.00187763x_0^4-7.739691915x_0^3+\\&17943.32692x_0^2-22183196.73x+11425554997\end{aligned}$$

（适用电压区间：3.0~3.2V） （8-6）

$$\begin{aligned}\mathrm{SOC}_{开路}=&3.65417\times10^{-14}x_0^6-7.05637\times10^{-10}x_0^5+\\&5.66377\times10^{-6}x_0^4-0.024184859x_0^3+\\&57.93096113x_0^2-73783.3508x+39023869.58\end{aligned}$$

（适用电压区间：3.2~3.5V） （8-7）

2）K_LK_t修正函数：

$$\begin{aligned}K_L=&-7\times10^{-20}x_1^6+4\times10^{-16}x_1^5-9\times10^{-13}x_1^4+\\&7\times10^{-10}x_1^3-9\times10^{-8}x_1^2-0.0002x_1+0.9933\end{aligned}$$

（x_1~循环次数） （8-8）

$$\begin{aligned}K_t=&3\times10^{-12}x_2^6-4\times10^{-10}x_2^5+5\times10^{-9}x_2^4+2\times10^{-6}x_2^3-\\&0.0001x_2^2+0.0074x_2+0.88\end{aligned}$$

（x_2~温度） （8-9）

基于上述 SOC-OCV 函数和 K_LK_t 修正函数，得到 t 时刻电池 SOC 计算公式为

$$\mathrm{SOC}_t=\mathrm{SOC}_{开路}+\frac{\int_0^t I(t)\,\mathrm{d}t}{K_tK_LQ_{额度}} \tag{8-10}$$

式中，K_L为电池循环寿命和温度因素对应 Q_0的修正系数；K_t为充放电电流和温

度对安时积分法的修正系数；$I(t)$ 为退役电池在 t 时刻的充放电电流，充电为正，放电为负。

8.3.2 退役电池的均衡管理

由于退役电池应用于储能系统中存在 SOC 参数一致性差的问题，而且由于连续充放电循环造成单个电池之间的差异，退役电池模组中各个电池在充放电过程中达到截止电压的时间不一致，从而阻止其他电池充满，降低了电池组中储存的总能量。因此，忽略个别电池之间的差异，而以电池组电压作为控制目标继续充电或放电是不可行的。

电池的不一致主要表现为电池单体容量、内阻和 SOC 的不一致。当前的电池组健康状态估计的相关研究中仍存在两点不足。首先，电池一致性参数呈现一定统计特性，但参数之间同时存在着较强的相关性。现有的方法多认为参数间相互独立，所建立的模型不能准确刻画参数间的相依结构，因此并不能准确表示电池一致性。此外，现有的电池组健康状态研究中只考虑电池组的容量变化，而往往忽略了电池组外部参量的演变。对此，提出了一种主被动协同均衡控制方法，在描述电池参数分布特性的同时，实现了电池参数间相关性的准确刻画。另外，不可忽视的是电池的使用寿命与时间呈负相关。事实上，电池模块的容量是由单个电池的最小容量决定的，这就是所谓的“木桶效应”[45]。随着电池的使用，由于电池容量和性能缺陷造成单个电池之间的差异变得更加严重，导致一些电池过充或过放，影响整个电池组的寿命。因此，退役电池的不一致性是影响电池存储系统寿命的致命因素。因此，在退役电池梯次利用过程中进行平衡管理有利于提高退役电池组一致性，对最大限度地提高电池的利用价值来说是十分必要的。本节基于一致性问题对均衡策略选择问题展开分析。

1. 被动均衡法

被动均衡是通过并联单个电池的分流电阻来实现电池均衡的一种方法。如图 8-5 所示，当系统检测到电池组不平衡时，分流旁路上的开关关闭并将分流电阻器连接到电路。并联电阻电流的大小与电池的端电压成正比，流入并联电阻的电流随端电压的增大而增大。这样，电池的端电压越高，就越容易被并联电阻放电，因此整个串联电池组中电池的单个端电压趋于相同。当蓄电池趋于均衡时，系统断开开关，防止并联电阻进一步放电。

这种方法是所有方法中最简单的，而且费用最低。该方法适用于混合动力电动汽车，具有成本低、简单、易于实现等优点。缺点是流入分流电阻器的能量以热量的形式损失，因此均衡电路效率低，需要进行热管理。

2. 电容均衡法

该方法采用均衡电容器作为储能元件，使每个电池的电压达到平衡。通过在各单元之间切换串联电容器，使每个单元的电压保持不变。如图 8-6 所示，当单电池电压不一致时，两电池之间的双向开关频繁切换电容，通过电容器的充放电动作，使高压电池向低压电池充电，直至电池达到均匀电压。

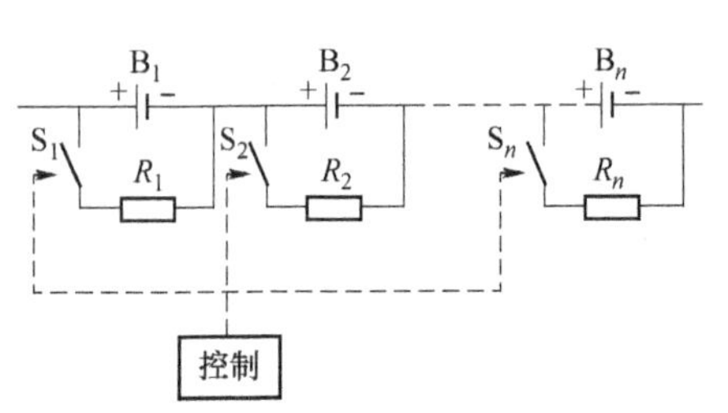

图 8-5　被动均衡原理图

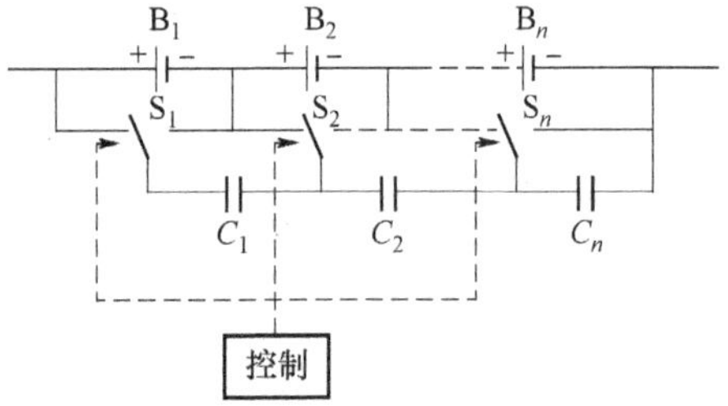

图 8-6　电容均衡原理图

该方法采用均衡电容器作为储能元件，使各个电池 SOC 保持一致。通过在各单元之间切换串联电容器，使每个单元的电压保持不变。如图 8-6 所示，当单电池电压不一致时，两电池之间的双向开关频繁切换电容，通过电容器的充放电动作，使高压电池向低压电池充电，直至电池达到均匀电压。

通过分析退役电池的荷电状态与关键参数（剩余容量、内阻以及电压等）之间的关系，建立适用于退役电池分选一致性的评估体系，研究制定退役电池一致性分选原则[46]。为此，本节选取了 134 只经过外观分选的退役电池（技术指标见表 8-2），对它们的容量、内阻及电压分别进行了测试。

表 8-2　退役电池技术指标

支持电压	600V
最大充放电电流	400A
单体电池电压测量准确度	±1mV
电流测量准确度	±2%
温度测量准确度	±1℃

同时对它们的一致性进行了分析研究，如图 8-7~图 8-9 所示。

从结果来看，退役电池的容量和内阻的一致性较差，即其离散性比较突出，按照新电池配组标准（电压误差≤200mA·h，内阻：≤3mΩ，内阻差≤20%），则退役电池无法按照要求重新配组，必须在不影响其性能的前提下放宽配组要求。而电压的一

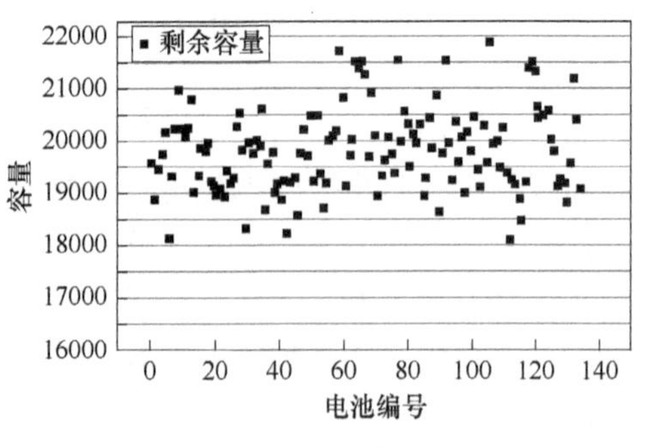

图 8-7　退役电池容量分布特性

致性保持得较理想，绝大部分甚至能够满足新电池的配组要求（电压：3.2V±0.02V）。

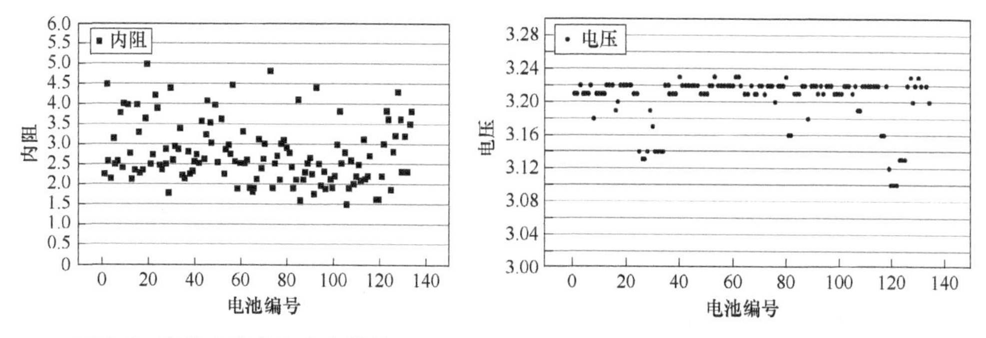

图 8-8　退役电池内阻分布特性　　**图 8-9　退役电池电压分布特性**

本节基于电池一致性参数的统计分布特性，同时考虑电池参数间的相依性以及均衡方法的优缺点，创新性地提出了主动被动协同均衡的控制策略提高退役电池 SOC 的一致性。

该均衡方案包括连接在电池两端的放电均衡模块 1 及恒流的充电均衡模块 2，充电均衡及放电均衡由电池管理系统通过开关控制，其原理如图 8-10 所示。

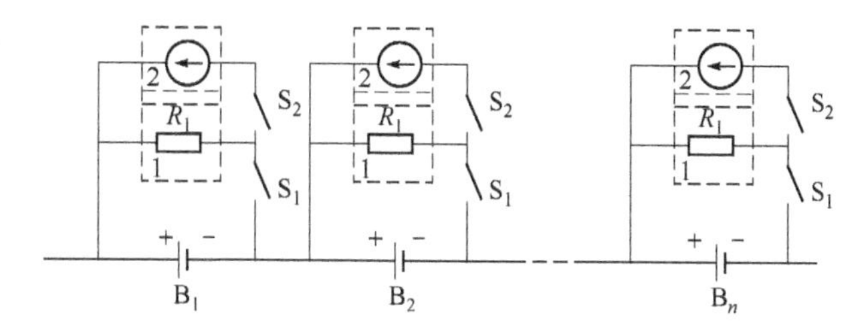

图 8-10　主动被动协同均衡原理图

该策略的工作原理为在电池组充电接近完成时，各电池的电压不一致，出现电压高低的情况，其中部分电池电压偏高，部分偏低。电池管理系统根据各单体电池的电压进行均衡控制[47-48]，单体电池的电压与平均电压进行比较，以确定是充电或放电。如果单体电池的电压大于平均电压，则进行放电均衡，如果单体电池的电压小于平均电压，则进行充电均衡。如果收到均衡停止命令，则立刻停止均衡控制，具体如图 8-11 所示。

本策略采用的是主动配合被动的均衡方法，主动均衡采用的是基于电感的均衡控制方法，被动均衡采用的是“分流”的方法[49]。基于电感的主动均衡可以实现全过程均衡，在电池充电、放电和静置的所有过程；而被动均衡只能在电池充电的时候才具有合理性；主动均衡主要是效率高，均衡电流大，可以很快地去

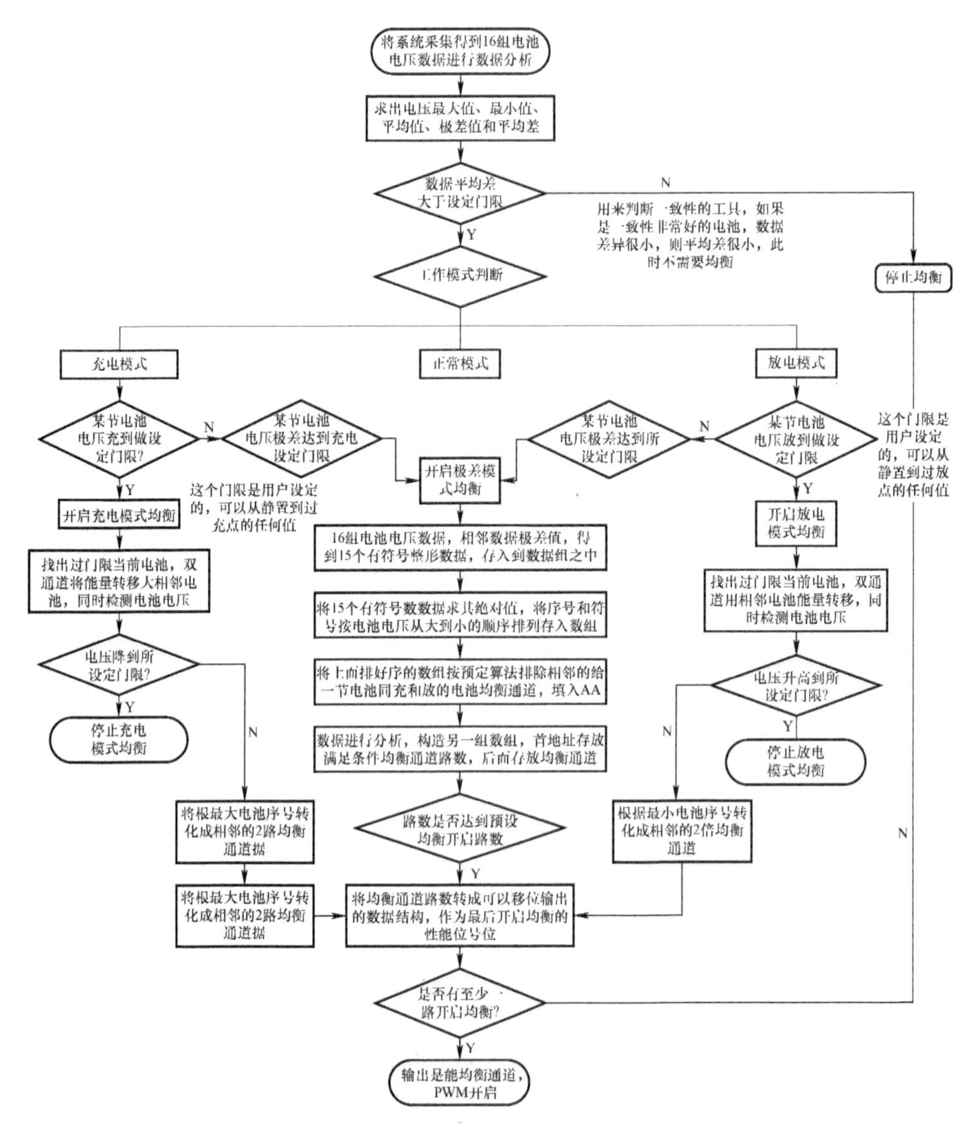

图 8-11　退役电池智能分时混合均衡电路工作原理流程图

平衡电池的一致性，被动均衡虽然电流小，并且会导致发热，但是成本低，控制简单，容易产品化，因此常用于电池的整个应用周期。在开始配组的时候电池一致性比较好，可以用可靠的被动均衡稍加修正，这时候主动均衡不启动；等到电池的一致性达到一定的程度的时候，启用主动均衡，强制高效将电池的一致性拉平。

相比于传统的单一均衡策略，该方法在电池均衡过程中做好对电池的维护；在主动均衡控制过程中使主动均衡在有必要时工作，提高均衡效果的可靠性。由于电池前期的一致性非常好，因此前期被动均衡的充电维护已经足够，主被动协同控制提高了均衡效率。

8.4 退役电池热管理技术

随着国家电网与南方电网相继在北京大兴、张北、雄安、江苏南京等地部署十兆瓦级乃至百兆瓦级退役电池示范工程。为促进退役电池的安全管控技术发展，推动退役电池梯次利用产业化进程，本节对退役电池温度模型进行建立，其次分析了退役电池温度预测技术，最后对退役电池温度管理技术进行了介绍。

为达成碳达峰政策，推进电动汽车产业链的健康发展，对退役电池梯次利用的安全管理势在必行。电管理是退役电池安全稳定运行的保障，从退役电池的电气状态着手设计电池的集成方式，对其进行监测管控；而退役电池的热管理技术是从电池的温度变化着手，监测不同滥用对电池热失控影响及其蔓延发展态势，对电芯、电池模组的温度进行监测控制，保证电池的安全运行。经过电管理之后的退役电池梯次利用储能系统仍然存在安全隐患，一旦某小型故障使退役电池温度越限，将导致热失控的发生，进而引起燃烧等严重事故。因此，需要对退役电池进行热管理，以提高其应用安全性。

8.4.1 退役电池温度模型建立

电池温度建模技术发展需要综合考虑多种物理模型耦合作用。目前，业内对于热滥用建模已有一定研究基础，但尚未达到应用于实际工程的程度，工程中多为对温度的实时采集以及对温度异常时的数据进行检测告警。除电管理外，退役电池的热管理技术同样重要。热管理技术是从电池的温度特征、放热反应入手，分析电池的产热机理，预测电池温度异常的发生，从而进行安全管控。参考文献［50］基于锂电池热失控反应机理和热传导机理，对电池单体及模组进行精确建模。参考文献［51］使用分层分布模型，依据产热与散热原理建立了热对流与热辐射结合的电池热模型。但对于退役电池而言，从热模型研究其产热原理目的在于提升对其热失控预测的准确性，因此仍需要针对所选用的温度预测方法建立适配的热演变模型。目前，电池电滥用风险分析的研究主要集中在高关联性风险因子的研究，而热滥用风险则采用降阶热模型进行分析。然而，对于风险的分析需要统筹考虑，电滥用及热滥用均对风险变化存在不可忽略的影响，因此未来可以针对电热耦合对风险的影响展开研究。

在建立退役电池温度模型的过程中，需要综合考虑热量产生以及热量传递的过程，因此建立退役电池温度模型需要考虑电池产热模型、电池散热模型、电池热失控模型。在电池正常运行的过程中，前两类温度模型时刻存在，产热与散热实时耦合作用于电池的温度模型；而当发生热失控后，电池热失控模型的加入将导致整个温度模型的变化，因此对退役电池发生故障时的温度演化模型需要结合3类模型进行电池行为描述。

1. 退役电池产热模型

根据Bernardi产热理论，认为电池内部各部分产热近似均匀，电池在充放电过程中产生的热量主要由极化热、欧姆热、反应热等3部分组成[52]，通过锂离子电池端电压与开路电势作差可以得出极化热与欧姆热部分，反应热可由吉布斯自由能相关式计算得到。由此，可以得到锂离子电池在充放电过程中产热速率q_{bat}的表达式为

$$q_{\mathrm{bat}}=\frac{I}{V}\left((E_{\mathrm{OCV}}-U)-T\frac{\mathrm{d}E_{\mathrm{OCV}}}{\mathrm{d}T}\right) \tag{8-11}$$

式中，I表示充放电电流；V表示锂电池体积大小；E_{OCV}表示锂电池开路电压；U表示锂电池端电压；T表示电池温度；$\frac{\mathrm{d}E_{\mathrm{OCV}}}{\mathrm{d}T}$表示电池充放电中的电压—温度系数。

2. 退役电池散热模型

在锂电池充放电过程中通过热传递与热对流与外界交换热量。由于存在温度梯度，因此退役电池与外界的物理接触将传递热量。退役电池的热传递可以用傅里叶定律描述，如式（8-12）所示。

$$\rho_{\mathrm{bat}}C_{\mathrm{p}}\frac{\partial T}{\partial t}=\nabla\cdot(k\nabla T)+q_{\mathrm{bat}} \tag{8-12}$$

式中，ρ_{bat}表示锂电池材料密度均值；C_{p}表示锂电池定压比热容；k表示锂电池热传递系数。

热对流是物体与环境流体因温度差发生的热传递过程，在进行退役电池热管理时，电池内部产生的热量在电池表面与外界流体（如空气、液冷系统等）接触，此部分热量传递至外界流体中从而带出退役电池。可利用牛顿冷却定律建立热对流传热模型：

$$q^{*}=h_{\mathrm{f}}(T_{\mathrm{s}}-T_{\mathrm{B}}) \tag{8-13}$$

式中，q^{*}表示对流中热流密度；h_{f}表示换热系数；T_{s}表示电池表面温度；T_{B}表示外界流体温度。

3. 电池热失控模型

电池的热失控模型需要综合考虑多种因素。其中，电池内能的增长速率$\Delta\dot{E}$由电池本身热失控过程中的产热速率Q_{gen}以及电池本身的净传热功率$\dot{\Phi}_{\mathrm{ht}}$所决定。

$\Delta\dot{E}$ 与电池的温升速率$\frac{\partial T}{\partial t}$直接相关。热失控过程中的产热速率 Q_{gen} 为化学反应产热功率 Q_{chem} 以及内短路电能释放功率 Q_{ele} 的代数和。传热功率 $\dot{\Phi}_{ht}$ 包括热传导功率、热对流功率以及热辐射功率。热失控的拓展模型如图 8-12 所示。

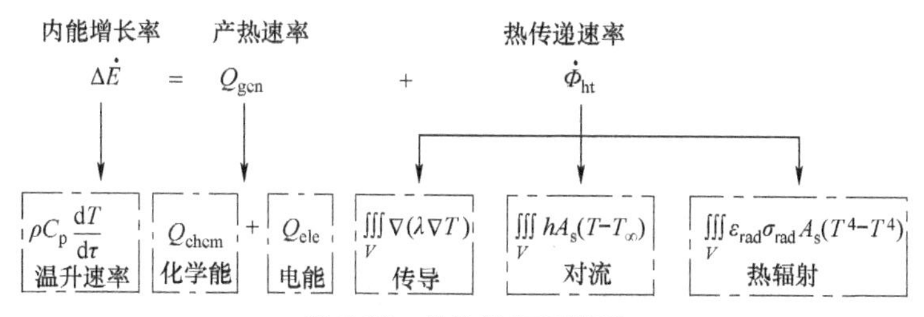

图 8-12 热失控拓展模型

图中，h 为电池的平均散热系数；A_s为总散热面积；T 代表电池温度；T_∞ 代表环境温度。

化学反应产热功率 Q_{chem} 由 SEI 膜分解反应产热、锂金属在失去 SEI 膜保护的情况下与电解液发生反应产热、隔膜熔化吸热、电解质溶液整体分解反应产热、正极材料分解产热等几部分构成。通过对热失控进行建模，可以准确地描述电池故障的衍化过程[53]，还可以以模型作为基础对电池温度发展进行预测。

8.4.2 退役电池温度预测技术

电池系统的产热存在延迟特性，同时热失控具有无法停止的特性，当检测到温度越限后再采取动作，可能错过了最佳的干预时机进而导致热失控无法逆转，因此需要对潜在的热失控提前预估并制定有效的温度控制策略[54]。使用非线性模型预测控制对退役电池的温度进行预测，其流程图如图 8-13 所示。

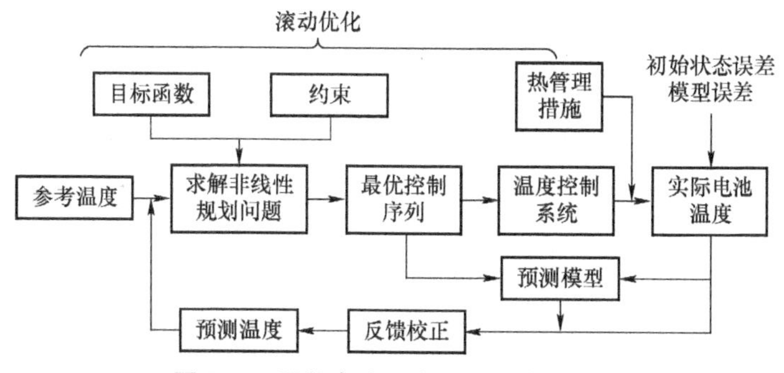

图 8-13 退役电池温度预测系统流程图

非线性模型预测控制[55]是依赖所建立模型进行预测的闭环优化控制策略，划分预测目标为多个阶段，滚动优化每一阶段的优化目标，在取得较好优化准确度的同时计算较为简单，适用于解决退役电池温度的预测问题。使用预测的方式监测退役电池的温度异常，能提高退役电池的安全性，并为热管理的策略制定提供支撑。

8.4.3 退役电池温度管理技术

由于对退役电池的温度进行管控具有一定的延时性，目前国内使用较多的风冷、液冷等均为延时降温，因此需要根据对温度的预测结果制定退役电池热管理策略。热管理控制策略流程图如图 8-14 所示。

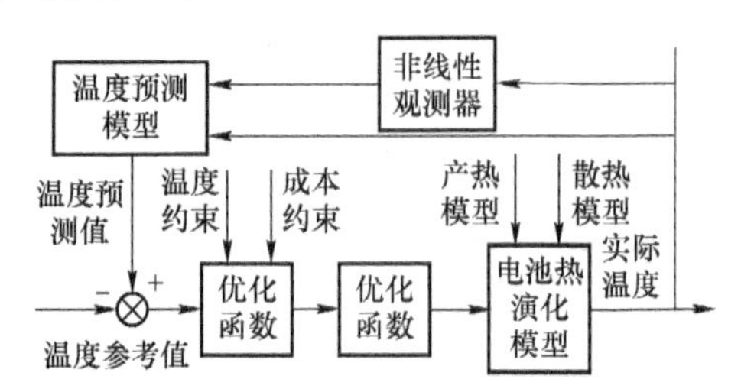

图 8-14 梯次利用储能系统温度控制策略框图

将电池系统当前的控制参数（充放电电流、入口风速、空调温度等）代入降阶后的退役电池热模型中，可以预测退役电池未来温度演化过程。将温度参考值与温度预测值进行比较，在线求解出最优的控制量作用到电池系统中。其中退役电池的温度控制存在两个基本约束，即跟踪温度约束以及成本最低约束。温度控制技术的优化目标函数为：

$$J(k)=\zeta_{\mathrm{T}}\sum_{i=1}^{N_{\mathrm{p}}}\|\overline{T}(k+i)-T_{\mathrm{r}}\|^2+\zeta_{\mathrm{u}}\sum_{j=0}^{N_{\mathrm{c}}-1}\|\overline{u}(k+j)\|^2 \tag{8-14}$$

式中，$J(k)$ 为温度控制技术优化目标函数；ζ_{T}、ζ_{u}为权值向量，用来调控对不同部分温度的重视程度；T_{r}为期望的输出；$\overline{T}(k+i)$ 为预测的输出；$\overline{u}(k+j)$ 为预测的控制输入。等号右边第 1 部分用于跟随给定温度，N_{p}为温度观测点数量；第 2 部分用于实现降低功耗的目标，即尽可能用最低的成本将电池系统的温度控制在安全裕度内，N_{c}为不同类型成本的数量。经过分析，对于退役电池的热管理技术可作如下改进：

1）建立更为精确的电池散热模型，可以依据实际退役电池梯次利用的集成结构，将风冷、液冷、隔板材料导热性等计入参考因素中，建立多层级热演化建模。

2）对退役电池的温度预测技术可以结合多种方法进行改进，如电化学模型从机理角度分析影响温度变化的高关联性因素，而神经网络可以依据前期数据建立高精确性的预测模型。

3）针对不同健康状态的退役电池，可合理制定成本与温度的权重比例，同时可以将 SOC、SOH 等储能自身状态加入约束条件中，建立多层级的热管理策略，以精细化管理退役电池梯次利用的温度变化。

8.5 小结

本章为研究退役电池梯次利用面临的安全问题，提高退役电池梯次利用，以提高其安全应用性，本章对退役电池的电热管理技术进行了探讨，分别从电、热风险分析，电管理技术以及热管理技术分析了关键技术的发展现状。基于退役电池一致性问题，讨论了主动被动协同均衡的控制方法，主被动协同均衡控制方法显著降低了电池组的不一致性。最后探讨了退役电池温度建模技术。未来温度建模应研究降阶热模型，降低模型计算量，加快模型计算速度，以提高实际应用价值；同时在对退役电池热失控进行建模时还应将电滥用、机械滥用对温度带来的正面、反面影响纳入考量，以提高温度模型实际性。另一方面，对电池温度的管理可以结合预测方法，通过温度的预测进行超前建模及异常诊断，提早发现热失控征兆，可以较好地提高退役电池梯次利用中的安全性。

参考文献

[1] 李建林，李雅欣，吕超，等. 退役电池梯次利用关键技术及现状分析［J］. 电力系统自动化，2020，44（12）：172-183.

[2] Huiming Zhang，Jiying Huang，Ruohan Hu，et al. Echelon utilization of waste power batteries in new energy vehicles：Review of Chinese policies［J］. energy，2020，（206）：1-13.

[3] Yang Hua，Sida Zhou，Yi Huang，Xinhua Liu，et al. Sustainable value chain of retired lithium-ion batteries for electric vehicles［J］. Journal of Power Sources，2020，（478）：1-16.

[4] 李建林，王哲，许德智，等. 退役电池梯次利用相关政策对比分析［J］. 现代电力，10. 19725/j. cnki. 1007-2322. 2020. 0403.

[5] 刘仕强，王芳，柳东威，等. 磷酸铁锂动力电池梯次利用可行性分析研究［J］. 电源技术，2016，40（03）：521-524.

[6] 白恺，李娜，范茂松，等. 大容量梯次利用电池储能系统工程技术路线研究［J］. 华北电力技术，2017，（3）：39-45.

[7] XIE，JIALE，LI，ZENGCHAO，JIAO，JIANfang，et al. Lumped-parameter temperature evolution model for cylindrical Li-ion batteries considering reversible heat and propagation delay［J］. Measurement，2021，173.

[8] 吴鸣，孙丽敬，寇凌峰，等. 考虑需求侧响应的主动配电网电池梯次储能的容量配置方法［J］. 高电压技术，2020，46（1）：71-79.

[9] 张淑婷，陆海，林小杰，等. 考虑储能的工业园区综合能源系统日前优化调度［J］. 高电压技术，2021，47（1）：93-103.

[10] 李建林，李雅欣，周喜超，等. 储能商业化应用政策解析［J］. 电力系统保护与控制，2020，48（19）：168-178.

[11] 郑岳久，李家琦，朱志伟，等. 基于快速充电曲线的退役电池模块快速分选技术［J］. 电网技术，2020，44（05）：1664-1673.

[12] 王帅，尹忠东，郑重，等. 基于电压曲线的退役电池模组分选方法［J］. 中国电机工程学报，2020，40（08）：2691-2705.

[13] 李建林，修晓青，刘道坦，等. 计及政策激励的退役电池储能系统梯次应用研究［J］. 高电压技术，2015，41（08）：2562-2568.

[14] GAO Zhen，ZHANG Xinhui，YAN Yong，et al. Division of echelon utilization state interval of retired lithiumion battery［J/OL］. Battery：1-5［2021-04-18］. https://kns-cnki-net. webvpn. ncepu. edu. cn/kcms/detail/43. 1129. TM. 20210328. 1914. 008. html.

[15] 郭自清，熊庆，梁博航，等. 基于桥接电容电流特性的锂离子电池组一致性检测方法［J/OL］. 高电压技术：1-11［2021-06-20］. https://doi. org/10. 13336/j. 1003-6520. hve. 20201504.

[16] 王建霞，张成，闫双双. 基于卷积神经网络的宠物猫品种分类研究［J］. 河北工业科技，2020，37（06）：407-412.

[17] 张婷，钱丽萍，汪立东，等. 基于多层卷积模型的恶意 URL 特征自动提取［J］. 计算机工程与设计，2020，41（07）：1821-1828.

[18] Huang LI，Haodong CHEN，Guobin ZHONG，et al. Experimental study on thermal runaway risk of 18650 lithium ion battery under side-heating condition［J］. Journal of Loss Prevention in the Process Industries，S0950-4230（19）30238-4.

[19] 李相俊，马锐. 考虑电池组健康状态的储能系统能量管理方法［J］. 电网技术，44（11）：4210-4217.

[20] 孙丙香，任鹏博，陈育哲，等. 锂离子电池在不同区间下的衰退影响因素分析及任意区间的老化趋势预测［J］. 电工技术学报，2021，36（03）：666-674.

[21] 王榘，熊瑞，穆浩. 温度和老化意识融合驱动的电动车辆锂离子动力电池电量和容量协同估计［J］. 电工技术学报，2020，35（23）：4980-4987.

[22] 慈松，刘前卫，康重庆，等. 从“信息-能量”基本关系看信息能源深度融合［J］. 中国电机工程学报，2021，41（7）：2289-2297.

[23] 沈冲，吴红飞，高尚，等. 基于光伏-储能集成功率模块的航天器分布式供电系统能量管理策略［J］. 中国电机工程学报，2020，40（20）：6674-6682.

[24] 许苑，李涛，周杨林，等. 退役电池储能系统中可重构电池网络技术应用［J］. 电源技术，2020，44（6）：908-910.

[25] ZHANG Jiyu，Mutasim Salman，W Zanardelli，et al. An integrated fault isolation and prognosis method for electric drive systems of battery electric vehicles［J］. IEEE Transactions on Transportation Electrification，2020：1-1. doi：101109/TTE20203025107.

[26] 严干贵，李洪波，段双明，等. 基于模型参数辨识的储能电池状态估算［J］. 中国电

机工程学报，2020，40（24）：8145-8154+8251.
［27］ 王凯丰，谢丽蓉，乔颖，等. 基于退役电池阈值设定和分级控制的弃风消纳模式［J］. 电力自动化设备，2020，40（10）：92-98.
［28］ 林哲，胡泽春，宋永华. 考虑 N-1 准则的配电网与分布式储能联合规划［J］. 中国电机工程学报，2021，3（28）：1-14.
［29］ 李相俊，马锐. 考虑电池组健康状态的储能系统能量管理方法［J］. 电网技术，44（11）：4210-4217.
［30］ GISMERO ALEJANDRO，SCHALTZ ERIK，STROE Daniel-loan. Recursive state of charge and state of health estimation method for lithium-ion batteries based on coulomb counting and open circuit voltage［J］. Energies，13（7），1811-1813.
［31］ LI LINGLING，LIU ZHIFENG，WANG Ching-Hsin. The open-circuit voltage characteristic and state of charge estimation for lithium-ion batteries based on an improved estimation algorithm［J］. Journal of Testing and Evaluation，48（2），1712-1730.
［32］ PAI Kaijun. A hybrid model integrating three-terminal switch with PNGV battery models for LiFePO4 battery chargers［C］. IEEE 2019 IEEE 4th International Future Energy Electronics Conference（IFEEC）-Singapore，1-6.
［33］ HU X，LI S，PENG H. A comparative study of equivalent circuit models for li-ion batteries［J］. Journal of Power Sources，2012，198：359-367.
［34］ 程麒豫，张希，高一钊，等. 基于降阶电化学模型估算锂离子电池状态［J/OL］. 电池：1-4［2021-04-09］https://kns-cnki-net. webvpn. ncepu. edu. cn/kcms/detail/43. 1129. TM. 20210329. 1034. 009. html.
［35］ CHENG Z，KANG L，LEI P，et al. An integrated approach for real-time model-based state-of-charge estimation of lithium-ion batteries［J］. Journal of Power Sources，2015，283：24-36.
［36］ 周娟，孙啸，刘凯，等. 联合扩展卡尔曼滤波的滑模观测器 SOC 估算算法研究［J］. 中国电机工程学报，2021，41（2）：692-703.
［37］ FENG F，TENG S，LIU K，et al. Co-estimation of lithium-ion battery state of charge and state of temperature based on a hybrid electrochemical-thermal-neural-network model［J］. Journal of Power Sources，2020，455.
［38］ YU Q，XIONG R，LIN C，et al. Lithium-ion battery parameters and state-of-charge joint estimation based on H-infifinity and unscented kalman fifilters［J］. IEEE Transactions on Vehicular Technology，2017，66（10）：8693-8701.
［39］ YAN M，PENG D，SUN Y，et al. Equalization of lithium-ion battery pack based on fuzzy logic control in electric vehicle［J］. IEEE Transactions on Industrial Electronics，2018，65（8）：1-1.
［40］ FAISAL M，M A HANNAN，PIN J KER，et al. Particle swarm optimised fuzzy controller for charging-discharging and scheduling of battery energy storage system in MG applications［J］. Energy reports，2020，6（7），215-228.

[41] HU J. N, HU J. J, LIN H. B, et al. State-of-charge estimation for battery management system using optimized support vector machine for regression [J]. Journal of Power Sources, 269, 682-693.

[42] YANG Fangfang, LI Weihua, LI Chuan, et al. State-of-charge estimation of lithium-ion batteries based on gated recurrent neural network [J]. Energy, 2019, 175 (15), 66-75.

[43] 李超然，肖飞，樊亚翔，等. 基于深度学习的锂离子电池 SOC 和 SOH 联合估算 [J]. 中国电机工程学报，2021，41 (2)：681-692.

[44] SHIN DONGHOON, YOON BEOMJIN, YOO SEUNGRYEOl. Compensation method for estimating the state of charge of Li-polymer batteries using multiple long short-term memory networks based on the extended Kalman filter [J]. Energies, 2021, 14 (2).

[45] 黄伟男，宋永丰，张维戈，等. 基于温度修正的锂离子电池协同热仿真构架 [J]. 中国电机工程学报，2020，40 (12)：4013-4024.

[46] 王凯丰，谢丽蓉，乔颖，等. 基于退役电池阈值设定和分级控制的弃风消纳模式 [J]. 电力自动化设备，2020，40 (10)：92-98.

[47] 林哲，胡泽春，宋永华. 考虑 N-1 准则的配电网与分布式储能联合规划 [J]. 中国电机工程学报，1-14 [2021-03-28].

[48] 李相俊，马锐. 考虑电池组健康状态的储能系统能量管理方法 [J]. 电网技术，44 (11)：4210-4217.

[49] 孙丙香，任鹏博，陈育哲，等. 锂离子电池在不同区间下的衰退影响因素分析及任意区间的老化趋势预测 [J]. 电工技术学报，2021，36 (03)：666-674.

[50] 郑志坤，赵光金，金阳，等. 基于库仑效率的退役锂离子动力电池储能梯次利用筛选 [J]. 电工技术学报，2019，34 (S1)：388-395. 2019，34 (S1)：388-395.

[51] 孙丙香，姜久春，韩智强，等. 基于不同衰退路径下的锂离子动力电池低温应力差异性 [J]. 电工技术学报，2016，31 (10)：159-167.

[52] 张世旭，苗世洪，杨炜晨，等. 基于自适应步长 ADMM 的配电网分布式鲁棒优化调度策略 [J]. 高电压技术，2021，47 (1)：81-93.

[53] 杨启帆，马宏忠，段大卫，等. 基于气体特性的锂离子电池热失控在线预警方法 [J/OL]. 高电压技术：1-10 [2021-06-20]. https://doi.org/10.13336/j.1003-6520.hve.20210261.

[54] 黄伟男，宋永丰，张维戈，等. 基于温度修正的锂离子电池协同热仿真构架 [J]. 中国电机工程学报，2020，40 (12)：4013-4024.

[55] 赵志刚，张纯杰，苟向锋，等. 基于粒子群优化支持向量机的太阳电池温度预测 [J]. 物理学报，2015，64 (8)：380-386.

第9章 退役电池示范工程

9

9.1 退役电池储能电站案例分析

9.1.1 退役电池梯次商业模式实践

1. 储能电站案例

据工信部统计，2022年新能源汽车在我国的产销分别达705.8万辆和688.7万辆，预测在2025年退役电池规模将达137.4GW·h左右。面对规模巨大的退役量，由工信部、科技部、环保部、交通部、商务部、国家质检总局和国家能源局等七部委联合发布《新能源汽车动力蓄电池回收利用管理暂行办法》，该指导性的文件无疑引起了新能源行业的广泛关注。伴随该政策的落地以及各地政府的跟进，使动力电池在储能领域梯次利用的商业价值又引起强烈重视。我国工信部着手展开建立车用电池回收利用试点工程，以助推各致力于汽车制造、电池生产及利用的企业建设储能领域的梯次利用示范工程（见表9-1）。这些示范项目对于实现削峰填谷以及削弱弃光率具有极大的意义，同时这些示范项目也是对电池储能的安全性、节能减排和提高电网经济性等优势的极大认可。

表9-1 梯次利用示范工程

企业单位	示范工程	要点
国家电网	北京大兴建立100kW·h梯次利用锰酸锂电池储能系统示范	组建了退役电池分选评估技术平台，制定电池配组技术规范，研制了高效可靠的电池管理系统
国家电网	张北建立1MW·h梯次利用磷酸铁锂电池储能系统示范	—
北京匠芯	梯次利用光储能系统	建设基于大数据的动力蓄电池包（组）评估系统

（续）

企业单位	示范工程	要点
北京普莱德与北汽等合作	储能电站项目、集装箱式储能项目	累计梯次利用量约 75MW·h
中国铁塔	开展梯次利用电池备电应用	突破了电池成组、容量综合评估等一批梯次利用关键技术
深圳比亚迪、国轩高科等	生产用于备电领域的梯次利用电池产品	利用退役动力蓄电池
无锡格林美与顺丰公司	将梯次利用电池用于城市物流车辆	—
中天鸿锂	通过“以租代售”模式推动梯次利用电池在环卫、观光等车辆的应用	—

中国铁塔正积极响应梯次利用的号召。从去年开始，铁塔公司已将其旗下约200万个基站的全部电池都采用了车用退役电池。同时，除了备用电源，在削峰填谷、新能源发电和电力动态扩容等方面都采用了车用退役电池。在2017年开始，弗迪电池和铁塔集团针对退役电池在备电领域的应用展开了方案论证和试点工作，经过一年多的试点运行，退役电池表现优异，完全优于铅酸电池。弗迪电池在2016年就开始开展了整包梯次利用的探索与实践，分别围绕整包备电场景以及储能场景应用展开了针对性的试点工作。在此过程中重点对整包梯次利用商业化存在的问题以及商业模式也进行了探索。

2. 电网储能案例

在电网储能领域，退役电池应用的试点也在逐步增多，2019年3月，江苏电力第二批电网侧储能的招标项目中，就包括了20MW/75MW·h的梯次利用储能电站。不久前，备受瞩目的雄安新区对外发布了储能电站项目招标，采用电动汽车退役退役电池建储能电站。2016年在深圳比亚迪园区建成了占地面积1800m^2、建设容量15MW·h/30MW·h的退役梯次储能电站，电站全部使用退役电池整包利用，是全球首个MW级旧电池梯次利用示范电站。具备调节用电峰谷、平滑光伏发电、提高电网利用率的作用，其参与用电负荷调节，可以降低用电成本，延缓电力设备投资。储能电站通过以下两种方式获取收益：①通过减少厂区最大用电功率容量来减少电费中基本费用部分的支出；②通过电价低谷时间段充电、峰值时间段放电的方式获得峰谷电价差收入。但从峰谷收益来看，每天运行3个循环，平均电价收益是0.48元/W·h，按照3000次的循环寿命计算，可增加电费收益2900万元，3年内可收回成本。由于其他电力部件有10年的寿命，后续的整包电池替换可以不再投入电池外的成本，实现正向的收益。南京江北储能电站已破土动工。该储能电站的规模在江苏全省电力第二批电网侧储能十个项目中位列第一，达到了130.88MW/268.6MW·h。在该储能电站中，不仅拥有110.88MW/193.6MW·h的集中式锂电储能，还包括20MW/75MW·h用于梯次利用的储能电站。

3. 通信备电案例

早在2018年，工业和信息化部、科技部、生态环境部、交通运输部、商务部、国家市场监管总局、国家能源局七部门联合发布了《七部门关于做好新能源汽车动力蓄电池回收利用试点工作的通知》，正式批复17省市和中国铁塔股份有限公司为试点地区和企业，中国铁塔为唯一试点企业。中国铁塔从2018年开始，把退役电池纳入了每年的集团集采项目。同时，退役电池在备电领域也走向了产业化。到目前为止，中国铁塔集采退役电池容量累计达到6GW·h。

中国铁塔有4万个光伏基站，分布在新疆、青海、西藏等地区，每个基站按照电池容量1000A·h，电池总量大约2GW·h。中国铁塔在2020年1月在西藏地区试运行了60处的整包梯次利用的光伏基站试点。采用退役整包梯次利用和双向变换器降压到48VDC平台的方案，经过1年多的实际运行验证，整包退役电池的循环性能和耐高低温特性均优于铅酸电池。按照3000次循环寿命计算，每年替换330MW·h，整包退役电池系统预估采购成本0.8元/W·h；相同配置的铅酸预估成本0.8元/W·h，铅酸电池循环寿命400次。由此可见，整包梯次利用于基站的优势非常明显。而且目前5G的大发展，5G基站的功耗是4G功耗的3倍左右，初始投入OPEX高、功耗高意味着基站电费费用高，目前行业共识是通过盘活基站备电电池的循环功效，挖掘电池的价值，通过基站电池参与到电力辅助服务调节以及削峰填谷的能量平移来减少电费的花销，减少基站的运营费用，这部分的价值挖掘也非常可观。

9.1.2 退役电池产业链各环节商业模式建议

退役电池整包利用需要稳步健全的退役电池回收交易平台、回收仓储网络的共享、梯次利用的盈利模式等各环节的商业机制来促成，形成信息透明、公平、公正、共赢的市场氛围，有利于梯次利用产业的健康发展和产业规模化发展。

退役回收环节，新能源汽车在用户使用阶段，一般整车企业都会有云端监控系统实时采集、检测电池的健康状态，那么运用监控数据进行大数据算法评估后，可以精准地评估哪些车在哪里、在何时退役以及退役时的电池性能参数以及健康状况。可以根据大数据的评价机制建立退役电池的交易平台，现在缺少的是第三方的交易平台提供公正的结算机制。我们也看到了一些数据交易平台正在探索这块市场，建议国家出台相关政策来引导和扶持退役电池的第三方交易平台的建立。

退役电池的回收仓储网点环节，目前按照国家的《新能源汽车动力蓄电池回收服务网点建设和运营指南》的要求建设收集型、集中储存型网点的成本非常高，国家也在鼓励和提倡新能源汽车生产企业在销售区域内，通过自建、共建、授权等方式建立回收服务机构。同时，汽车生产企业可以通过全国的生产工业园区、4S店等垂直整合资源，同时共享其他回收机构来进一步摊销回收网点的管理成本。

在退役电池的整包梯次利用环节，为了让动力电池整包梯次利用价值最大化，应优先使用储能场景。储能可应用于新能源电站的大储能电站、集装箱式工商业储能、户外柜式小工商业储能以及家庭户小储能系统。其次是备电场景，如通信基站的DPS和UPS备电，数据机房的UPS备电，因长时间处于浮充且充放电倍率比较低，对循环寿命要求不高，因此退役电池也完全满足此类应用场景。

退役电池整包利用企业可以参与到新能源发电侧、工商业储能的运营收益共享模式，租赁模式或者按期付款的形式来摊销业主方或独立运营方的采购资金压力，以及打消行业对退役电池质量的顾虑。同时梯次利用企业可以通过区块链服务的模式，增加云端服务来消减整体的维护成本，体现电池数字化带来的售后维护溢价。

9.2 国内外退役电池示范工程

9.2.1 十兆瓦级退役电池储能系统示范工程

为深入实施国家技术创新引导工程，贯彻落实强化科技创新战略布局，全面推动企业自主创新，充分发挥科技支撑发展、引领未来的重要作用，各个省区市的工信部门、发展改革委等部门确定了多个退役电池梯次利用示范企业，部分示范企业如表9-2所示。

表9-2 退役动力电池梯次利用示范企业

序号	项目名称	项目申报单位
1	100kW·h梯次利用电池储能系统	北京市政府、国家电网北京市电力公司等5家单位
2	兰石兰驼4MW/1.5MW·h“光-储-充”微电网	兰石恩力电池有限公司和兰石恩力微电网有限公司
3	大规模梯次再利用储能电站	国网（宁波）综合能源服务有限公司
4	动力蓄电池回收体系建设	北京金属回收有限公司
5	退役动力蓄电池价值评估与梯次利用	北京海博思创科技有限公司
6	南通积简美居兆瓦级三元电池梯次储能项目	江苏慧智能源工程技术创新研究院有限公司
7	新能源汽车动力蓄电池在铁塔基站的梯次利用	北京聚能鼎力科技股份有限公司
8	北京铁塔动力蓄电池回收体系试点	中国铁塔股份有限公司北京市分公司
9	退役动力蓄电池包智能回收拆解	格林美（天津）城市矿产循环产业发展有限公司
10	绿色再生退役动力蓄电池回收	石家庄绿色再生资源有限公司

100kW·h退役电池储能系统项目通过改变了充电设备的接入方案来满足将负荷直流快充，为退役电池产业化发展进行了初步探索。兰石兰驼4MW/1.5MW·h“光-储-充”微电网项目打造了退役电池二次分选、拆解、重组这一规范化流程，为甘肃省新能源汽车的退役电池提供了一种新的再利用方案。大规模梯次再利用储能电站项目通过组串联式架构的系统设计方案缓解了退役电池初始容量不一致的问题，并通过配置能量管理系统，实现了区域源网荷储有效协同管理。北京海博思创科技有限公司就退役电池价值评估与梯次利用制定了完整的梯次利用流程，从电池现场评估、返场测试到方案设计、装配应用等，在返场评估方面，其电池剩余价值评估技术对车辆内部电池进行评估，仅需要5h且不会影响车辆运营，电池健康度准确度在3%以内，三元及锂电池均可评估。出于国家对梯次利用的号召，又因退役电池梯次利用示范企业的成功事例让企业领导人看到了梯次利用的前景，一些试点企业也纷纷踊跃参与施行退役电池梯次利用的生产线以及体系建设。部分试点企业如表9-3所示。

表9-3　退役动力电池梯次利用试点企业

序号	试点单位	试点任务
1	中国铁塔股份有限公司福建省分公司	在国家电网推动的多站融合背景下扩大储能业务规模，在基站、家庭储能和应急电源等场景推广动力电池梯次利用
2	湖南蒙达	对回收动力电池进行余能检测与评价，将回收动力电池用于电网储能和制造备用电源
3	长沙比亚迪	与授权销售服务店合作，开展退役电池回收服务网点的建设；建设梯次利用生产线
4	中南冶金院	参与电池快速分拣和余能评价技术项目研究以及电池综合检测平台的建设
5	长沙新材料院	模块化退役电池储能系统的研制与生产；低速动力电池包的研制和生产；50kW·h以下小型储能系统的研制和生产
6	湖南绿色再生资源	梯次利用电池进行余能检测技术开发；梯次利用电池在光伏空调储能的应用技术开发；开发其他场景的梯次利用储能产品

中国铁塔股份有限公司福建省分公司和湖南绿色再生资源旨在多场景下推广电池梯次利用。长沙比亚迪、中南冶金院和长沙新材料院等单位结合了各省市各

自的产业基础和特点，加快动力蓄电池梯次利用及再生利用关键核心技术和装备研发，均对动力电池快速分选或余能检测技术进行开发并应用，研发了电池剩余生命周期预测、电池剩余价值的评估和筛选技术，以提高回收利用效率，构建出合理的电池回收服务网点。

企业建立和完善了动力蓄电池的技术开发与应用推广，并建设退役电池梯次利用生产线和相关服务网点，将每个单体电池的性能能够尽可能地发挥出来，也减轻了将大量动力电池进行直接回收这一工作的负担，同时有利于提高企业之间的竞争力，引领相关企业发挥各自的创新能力，进一步推动了梯次利用行业的发展。面对相关企业已开展的多项示范项目和试点企业，对项目和企业应用的退役电池开展溯源管理，并对其退役电池进行全生命周期管理，保证其安全的进入正规梯次利用流程中。

我国国内梯次利用总体还处于实验探究阶段[1]，未来将会迎来工业化的大规模生产和商业化的高收益突破。表 9-4 总结了近年来我国退役电池梯次利用的一些成功的应用案例，可见退役电池梯次利用场景广泛，在电网储能、通信基站、削峰填谷和削弱弃光率等方面意义重大，可以实现优化资源配置、解决用电矛盾、确保供电可靠、稳定电力系统、提高电网安全的目的[2-3]。

表 9-4　我国退役电池梯次利用成功案例

项目类型	工程	相关单位
电网储能	360kW·h 退役电池梯次利用于智能电网储能系统项目，是国际上同类型最大规模系统，是国内首创综合利用北京奥运会退役电动汽车锂电池于智能电网储能系统，为进一步大规模利用退役电动汽车动力电池奠定了良好的技术与实践基础[4]	北京海博思创科技股份有限公司、国网北京市电力公司
	动力电池梯次利用研究与示范工程，开展梯次利用项目研究，促进低碳电力发展和动力电池的高效梯次利用	江西省电力公司、中国汽车技术研究中心、奇瑞汽车股份有限公司、武汉大学
	郑州市尖山真型输电线路试验基地的电动汽车动力电池梯次利用技术研究与示范项目工程，基本建立了退役电池的混合微电网系统，联调成功，一年时间累计发电超 45MW·h，是国内首个真正意义上的基于退役电池的混合微电网系统	国网河南省电力公司、国网电科院、河南环宇赛尔
	100kW·h 梯次利用储能系统示范工程应用于家庭储能系统	国网北京市电力公司、中国电科院、北京交通大学
储能基站	开展退役电池替换铅酸试验，以停止采购铅酸电池。旗下约 200 万个基站所用电池，统一采购退役电池，是消化退役电池梯次利用的大胃王	中国铁塔股份有限公司

（续）

项目类型	工程	相关单位
调峰调频	在广州市投产南网首个有序充电试点，实现有序充电就地控制试运行的场站包括居民住宅、商业广场、政企机关以及高速公路等多种应用场景，实现有序充电的充电桩超过 500 台。配电负荷巅峰可以削减 30%，高峰时段的平移显著缓解了充电负荷叠加对配电的压力，大大增加了电网接纳充电的负荷空间	广州市供电公司、中国南方电网公司
低功率电动车	开发出 36V/48V/60V/72V，15~80A·h 等多类型低速车产品，投放快递物流三轮车，从余杭扩展到江、浙、沪、皖，锣卜科技的低速车用户涵盖邮政 EMS、顺丰、京东、三通一达等各类用户及 210 个站点	杭州锣卜科技公司
	对电动汽车退役电池的电芯进行改造重组，用于 48V 电动自行车的动力电源	国网浙江电力公司
	在电动场地车、电动叉车和电力变电站直流系统上进行改装示范，用作低速电动车动力源和电网储能	国网北京市电力公司、北京普莱德新能源电池科技有限公司、北京交通大学

9.2.2 百兆瓦级退役电池储能系统示范工程

示范方面，我国对梯次利用技术进行了积极部署和有益尝试。例如，雄安电网公司针对退役电池建立总规模为 500MW/2000MW·h 的梯次利用示范工程，单站规模约为 10MW/40MW·h，为京津冀地区的 50 个区、县提供削峰填谷、应急备用等电力保障。国家电网公司、中国铁塔股份有限公司等也相继建设了百 kW·h 级和 GW·h 级的示范工程，将退役电池用作备用电源。目前规划中的 GW 级退役电池应用工程中，已有雄安、中国铁塔股份有限公司；在建 MW 级梯次利用储能电站已在南京、北京、张北等地区开展。中国铁塔股份有限公司、北汽集团等建设的梯次储能电站已投入使用，分别应用在通信基站储能、电网侧储能以及工商业用户侧储能等低应力场景[5]，从国内这些成功的案例可以看出，梯次利用总体还处于示范性应用阶段，退役电池在不同应用领域，例如，削峰填谷、电网辅助服务等领域有一定应用潜力。

就应用领域而言，相较于国外多集中于家庭储能的梯次利用，国内的示范工程应用场景丰富，主要集中在用户侧，应用场景涉及家庭储能、小型工商业储能、电网储能、应急电源、铁塔通信基站等。梯次利用是消纳大规模退役电池的有效手段，仅目前新能源发电可消纳 120GW·h 退役电池，为电池储能系统低成本化带来机遇，应用场景需求也呈现多样化趋势[6]。同时，退役电池性能离散度高和热失控风险高所带来的叠加放大效应也越加突出，电池储能系统梯次利用一致性问题明显，因此，亟待突破快速精准的工程化筛选及评价方法，为实际应用工程提供技术支撑，提高容量利用率，减小安全失效风险。

9.2.3 国外退役电池示范工程

目前，国外对于退役电池梯次利用技术的研究及应用主要集中在用户侧以获取其经济效益，例如，美国 EnerDel 公司将本地区退役电池应用于公寓供电；美国通用电气公司联合 ABB 集团将退役电池应用于当地的风光储一体化中并进行示范应用研究；德国博世集团和瓦腾福公司将退役电池应用于柏林 2MW/2MW · h 的大型光伏储能电站中，以提高光伏消纳能力[7]。

9.3 退役电池换电站算例

9.3.1 退役电池换电站研究现状

从利用价值的角度分析，退役后进行梯次利用的动力电池在之后的利用价值越来越高，预计 2022 年梯次利用价值将达到 80 亿元以上。从实用性的角度分析，其使用成本约为 1000 元/kW · h，性价比远超过铅酸电池，因此动力电池梯次利用具有很大的竞争力。看到了梯次利用的广阔前景，一些企业发现了此领域的机遇并开始在此领域逐步探索。如北京匠芯电池研发了梯次利用光储系统，深圳比亚迪等企业生产用于备电领域的梯次利用电池等。随着越来越多的企业和用户目光转向换电，换电模式不断成熟，并逐步在制造工厂、工业园区、码头、矿山等各类场景中落地[8]。相比之下，换电模式在城市物流配送领域的发展却略显缓慢，而提高换电柜运行效率、安全保障等因素是发挥其商业价值亟需解决的关键问题。因此，对储能换电柜充换电策略问题进行深入研究显得尤为重要。

目前，储能换电柜现有充换电策略研究大多是基于储能的充放电策略及功率分配问题与实际相结合进行改进，关于此类问题已有部分学者进行研究，有专家研究以总运营成本最低为优化目标制定控制策略，建立了电池组白天和夜间有序充电二次规划模型，并通过改进遗传算法求解总运营成本和相应的动力电池组匹配关系，并通过仿真验证了该模型的有效性[9]，但遗传算法运行效率低，运行时间长；在着重分析换电需求特性后，还有专家建立了以每时段各状态的电池充电数量为控制变量的换电站有序充电模型，利用三种优化算法对其进行求解，结果表明改进布谷鸟算法收敛速度最快[10]，且利用改进布谷鸟算法求解本节提出策略可在较短时间内计算出换电站获得的经济收益，但由于考虑因素较多，模型较为复杂；为了解决实际应用中预测误差累积问题，还有专家设计了换电站实时调度策略，采用带基线的蒙特卡洛策略梯度方法对其进行求解，通过仿真验证出所提策略能对电网负荷起到一定的削峰填谷作用，但蒙特卡洛算法本身需要大量历史数据，且所建立模型较为复杂，增加了算法求解的难度[11]。

典型储能换电柜结构示意图如图 9-1 所示。由图 9-1 可知，该储能系统由 1 个储能换电柜、12 个 DC/DC 变流器和 1 个 DC/AC 变流器构成，每个储能换电柜共有 12 个可换电储能电池。

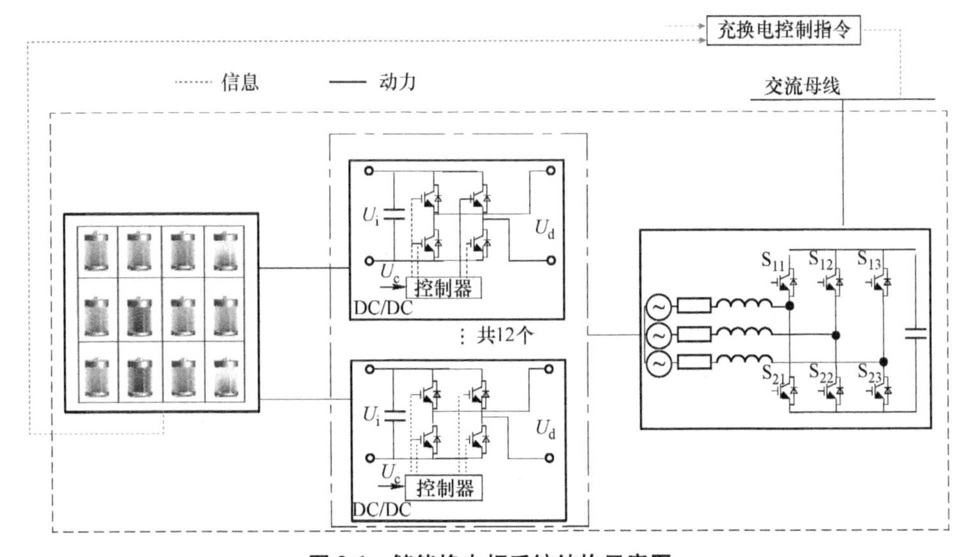

图 9-1　储能换电柜系统结构示意图

9.3.2　退役电池换电站整体仿真研究

利用 Matlab/Simulink 仿真软件搭建与实际成 4∶1 情况的退役电池换电站的运行模型，将上述改进粒子群算法求解出的储能换电站各换电仓电池的待充电功率数据导入至此运行模型中，模拟储能换电站实际运行情况，计算换电站直流侧电流电压与交流侧线电压/电流与相电压/电流实时数值，进一步验证退役电池状态估计、控制策略及优化算法等工作的准确性，调节电路中各电气设备/元器件的参数，也可为将来储能换电柜设备选型及参数设定范围提供借鉴[12-13]。本节所搭建的退役电池换电站仿真模型总图如图 9-2 所示。

图 9-2 中，左上方的框内代表了退役电池换电站交流侧电路的仿真模型；下

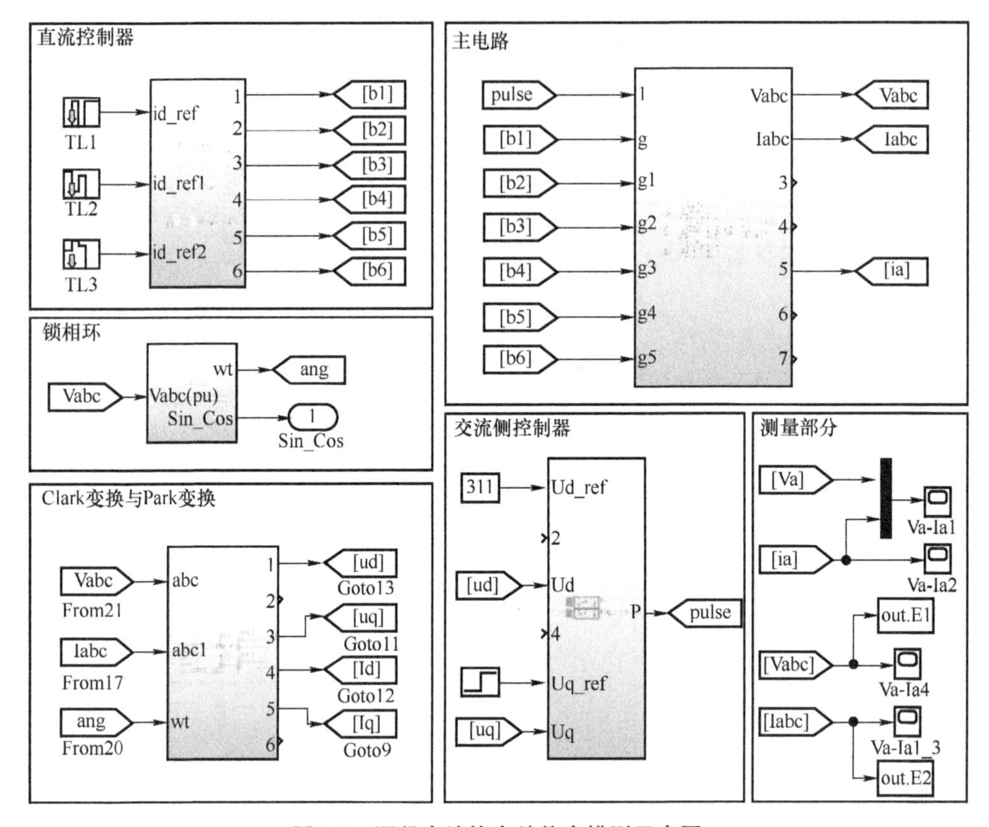

图 9-2 退役电池换电站仿真模型示意图

方主要为换电电池接收到功率需求指令后通过与交流侧电路配合进行充放电的模型。

实际电动物流车换电柜中有 12 个换电电池，考虑到 Simulink 仿真运行速度问题，本节采用实际与电动物流车换电站按 4∶1 情况搭建仿真模型，仿真步长设置为 2.5s。图 9-3 为该模型的内部结构图。

如图 9-4 所示，将各电池各小时待充功率指令作为模型输入，通过直流侧功率-电流双闭环控制连接到直流电路中，再通过交流侧电压-电流双闭环控制连接到交流电路中，最后通过 *LC* 滤波电路后接入 380V 交流电网中。其中，直流子电路采用的是 buck-boost 升降压斩波电路，符合实际要求。

本节设置的退役电池换电柜克拉克变换和派克变换如图 9-5 所示，首先通过 clark 变换将静止的三坐标系变为静止的两坐标系（三相变两相），然后通过 park 变换将静止的两坐标系变为旋转的两坐标系，即将 i_a，i_b，i_c 电流投影等效到 d、q 轴上，将定子上的电流都等效到直轴和交轴上。电路稳态时，等效之后的 i_q、i_d 为常数。

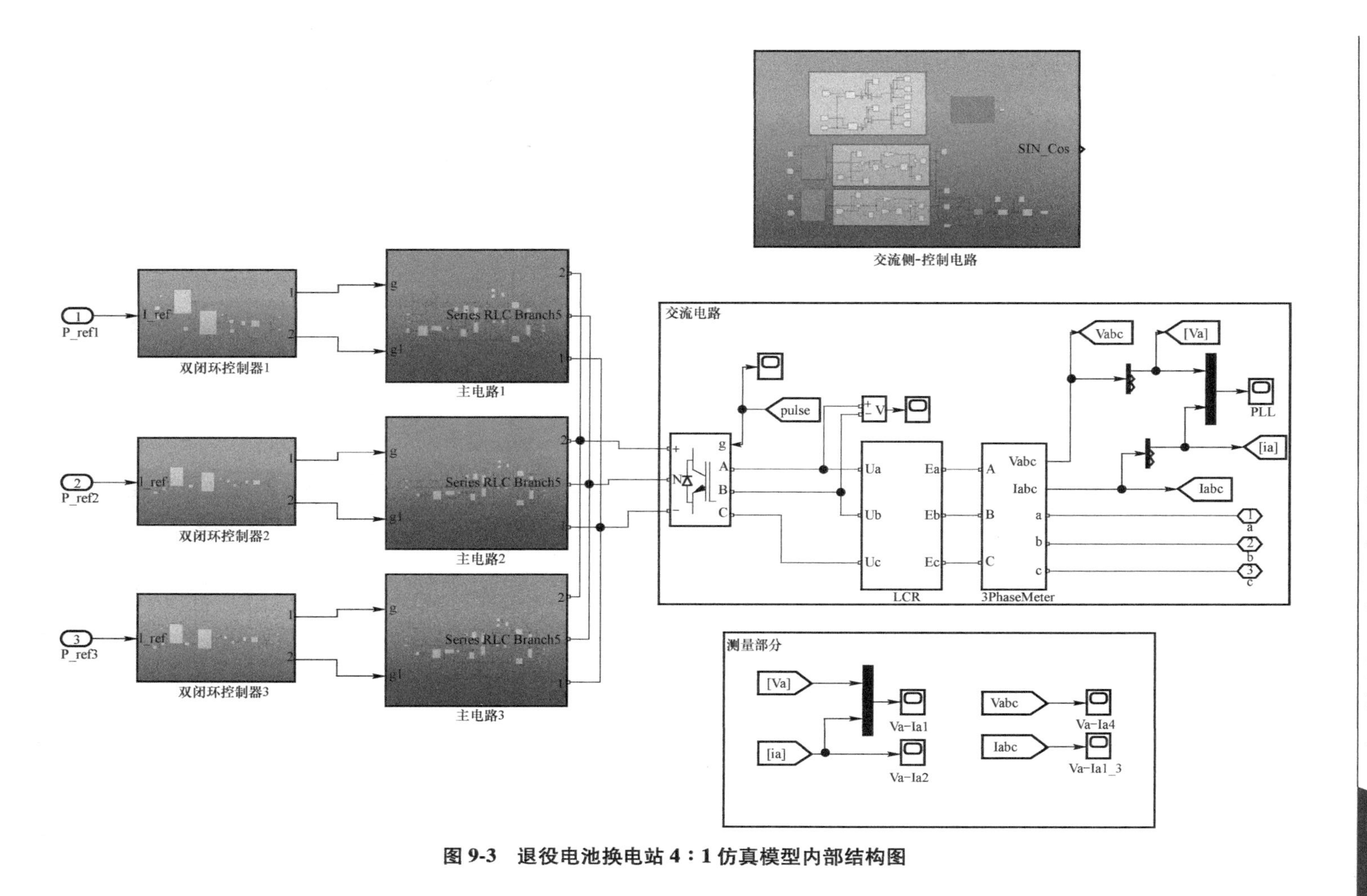

图9-3　退役电池换电站4：1仿真模型内部结构图

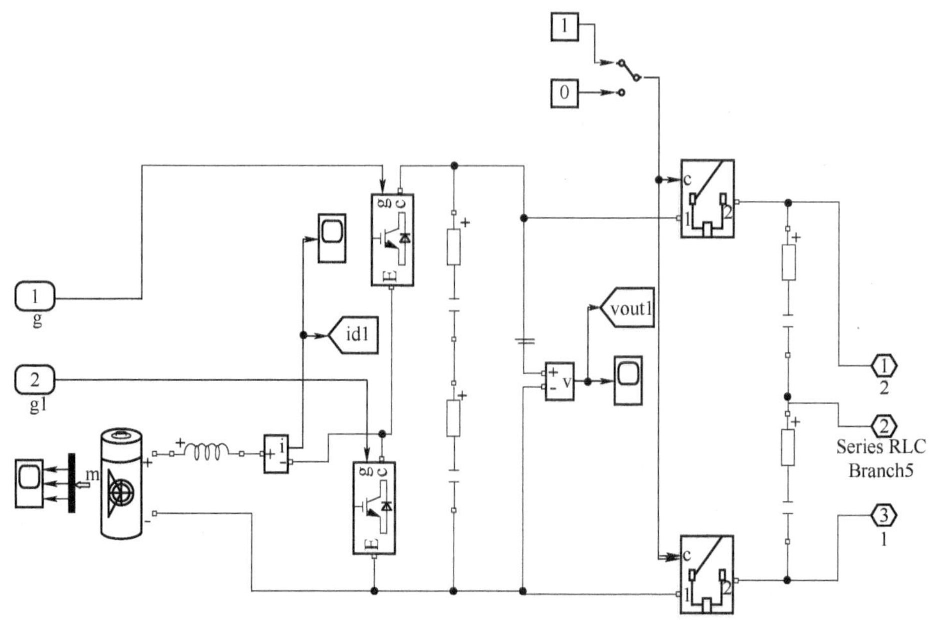

图 9-4　直流子电路（升降压斩波电路）

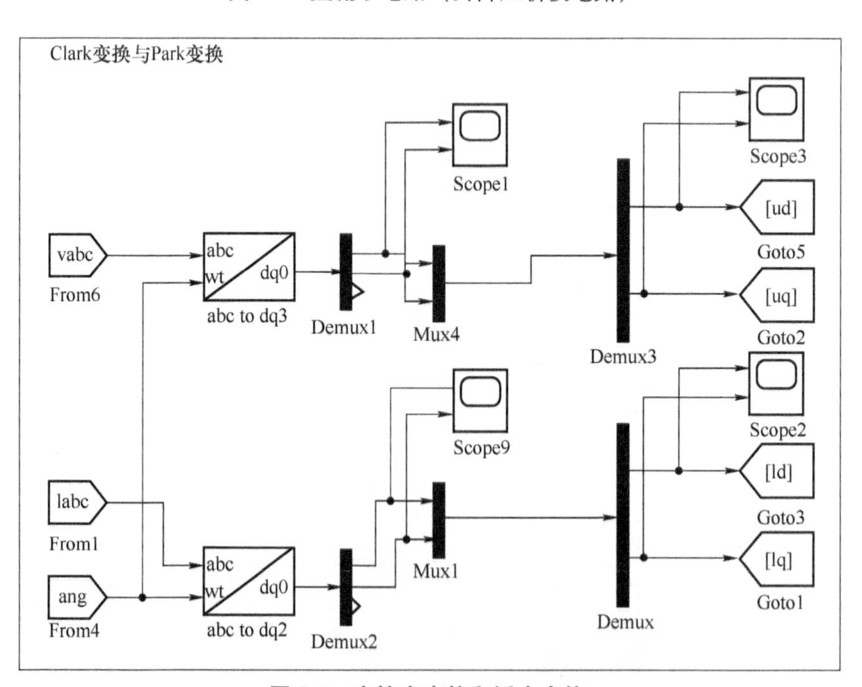

图 9-5　克拉克变换和派克变换

交流侧控制的线电压信号传到模型设置的锁相环中，如图 9-6 所示，输出频率信号至交流控制电路的脉冲宽度调制（PWM）中，实现交流电路的频率跟踪控制。

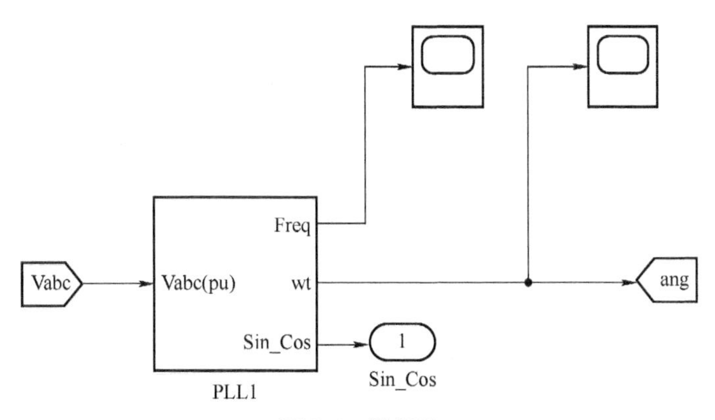

图 9-6　锁相环

本节设置的退役电池换电柜单闭环模型控制电路图如图 9-7 所示，控制模式采用 PI 控制。退役电池换电柜双闭环模型控制电路图如图 9-8 所示，控制模式采用 PI 控制。换电柜模型中直流侧采用功率-电流双闭环控制，交流侧采用电压-电流双闭环控制。

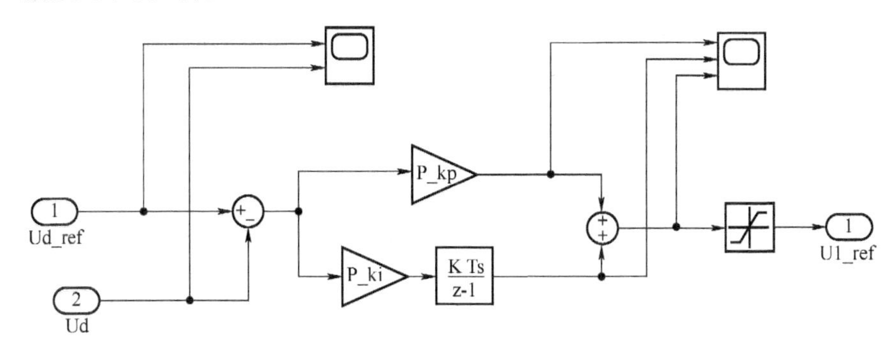

图 9-7　退役电池换电柜单闭环模型控制图

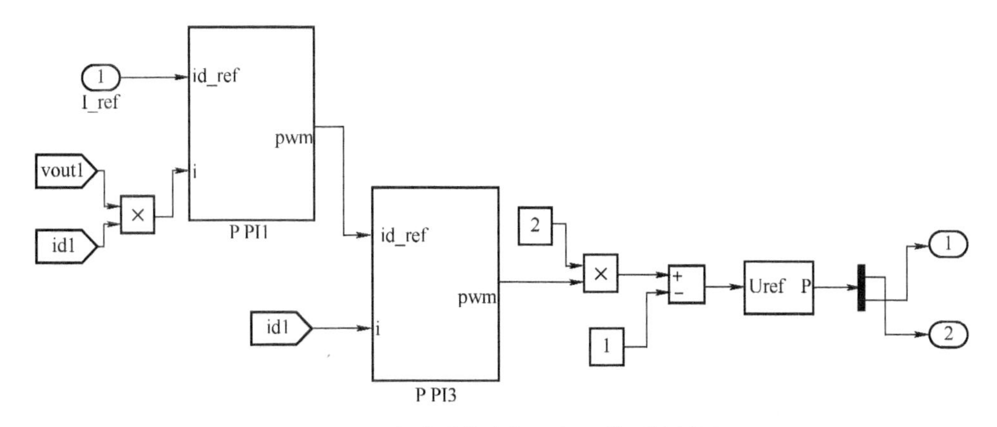

图 9-8　退役电池换电柜双闭环模型控制图

9.4 小结

本章首先阐述了退役电池现有的商业模式并给出了各环节在未来发展的相关建议，然后分别对十兆瓦和百兆瓦两种规模级别的国内外退役电池梯次利用示范项目案例进行具体分析。通过 Simulink 搭建了与实际呈 4∶1 的换电柜仿真模型并进行分析。我国梯次利用发展尚处于起步阶段，国家需要进一步细化地方级政策，促进企业与企业间发挥各自特长，扩大梯次利用规模、应用技术的研发和商业化规模。在满足可靠性要求的前提下，试点梯次利用动力电池作为数据中心削峰填谷的储能电池。推动产品生产、回收企业加快退役电器电子产品资源化利用，推行产品源头控制、绿色生产，在产品全生命周期中最大限度提升资源利用效率。此外，积极促进国内再生利用优秀企业落户建设动力蓄电池资源化利用处置基地，在各省市动力蓄电池退役高峰到达之前建成投产，就近处理周边地区退役动力蓄电池，积极开展电池正负极材料、隔膜、电解液等的资源再生利用，推动动力蓄电池回收和梯次利用高质量发展。加强对示范企业和试点企业的监管力度，面对相关企业已开展的多项示范项目和试点企业，对项目和企业应用的退役电池开展溯源管理，并对其退役电池进行全生命周期管理，保证其安全地进入正规梯次利用流程中。

参考文献

[1] 苗雪丰. 我国车用动力电池循环利用模式研究 [D]. 北京：华北电力大学，2019.

[2] 李波. 车用动力电池梯次利用的探讨 [J]. 时代汽车，2019 (05)：60-61+72.

[3] 周航，马玉骁. 新能源汽车动力电池回收利用工作进展及标准解析 [J]. 中国质量与标准导报，2019 (7)：37-43.

[4] 郑岳久，李家琦，朱志伟，等. 基于快速充电曲线的退役电池模块快速筛选技术 [J]. 电网技术，2020，44 (05)：1664-1673.

[5] 李军徽，张嘉辉，穆钢，等. 储能辅助火电机组深度调峰的分层优化调度 [J]. 电网技术，2019，43 (11)：3961-3970.

[6] 严媛，顾正建，黄惠，等. 梯次利用动力锂离子电池筛选方法 [J]. 电池，2018，48 (6)：414-416.

[7] 吕明海. 退役电池整包梯次利用商业模式探索与实践 [J]. 汽车专家述评，2022，http://www.21spv.com/news/show.php?itemid=110182.

[8] 陈天泉. 电动汽车换电站系统动态定价及充电调度优化策略研究 [D]. 西安：长安大学，2021.

[9] 张帝，姜久春，张维戈，等. 基于遗传算法的电动汽车换电站经济运行 [J]. 电网技

术，2013，37（08）：2101-2107.

[10] 黄敏丽，于艾清. 基于改进布谷鸟算法的电动汽车换电站有序充电策略研究［J］. 中国电机工程学报，2018，38（04）：1075-1083+1284.

[11] 张文昕，栗然，臧向迪，等. 基于强化学习的电动汽车换电站实时调度策略优化［J/OL］. 电力自动化设备：1-8［2022-05-21］.

[12] 张青松，赵启臣. 过充循环对锂离子电池老化及安全性影响［J］. 高电压技术，2020，46（10）：3390-3397.

[13] 李文华，邵方旭，暴二平，等. 六自由度振动老化条件下锂离子电池的衰退机理诊断与SOH预测［J］. 仪器仪表学报，2021，41（08）：62-69.

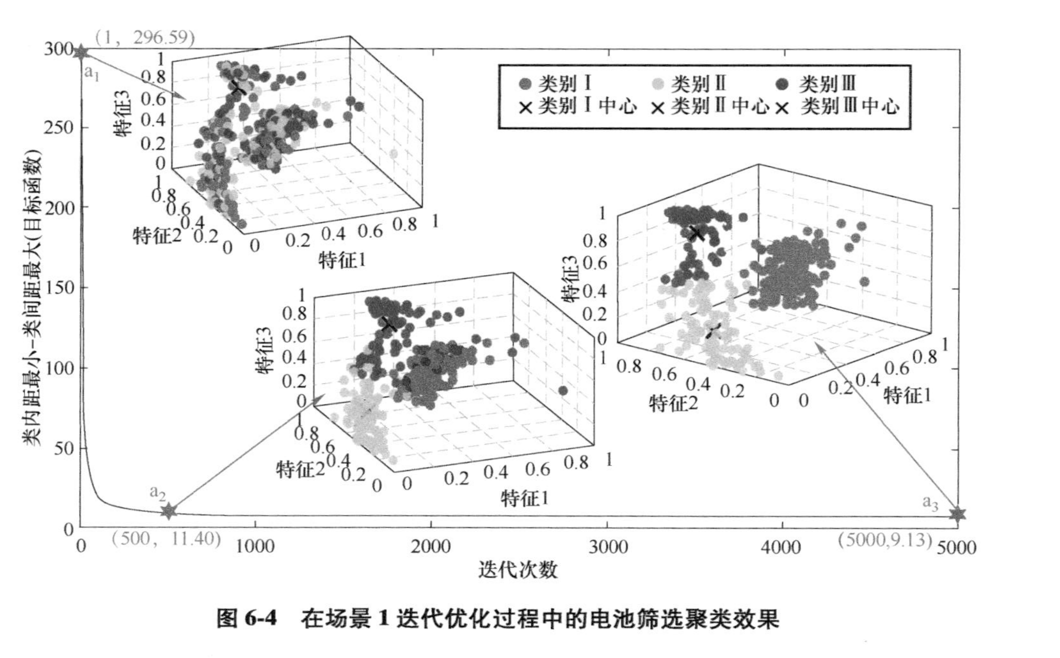

图 6-4　在场景 1 迭代优化过程中的电池筛选聚类效果

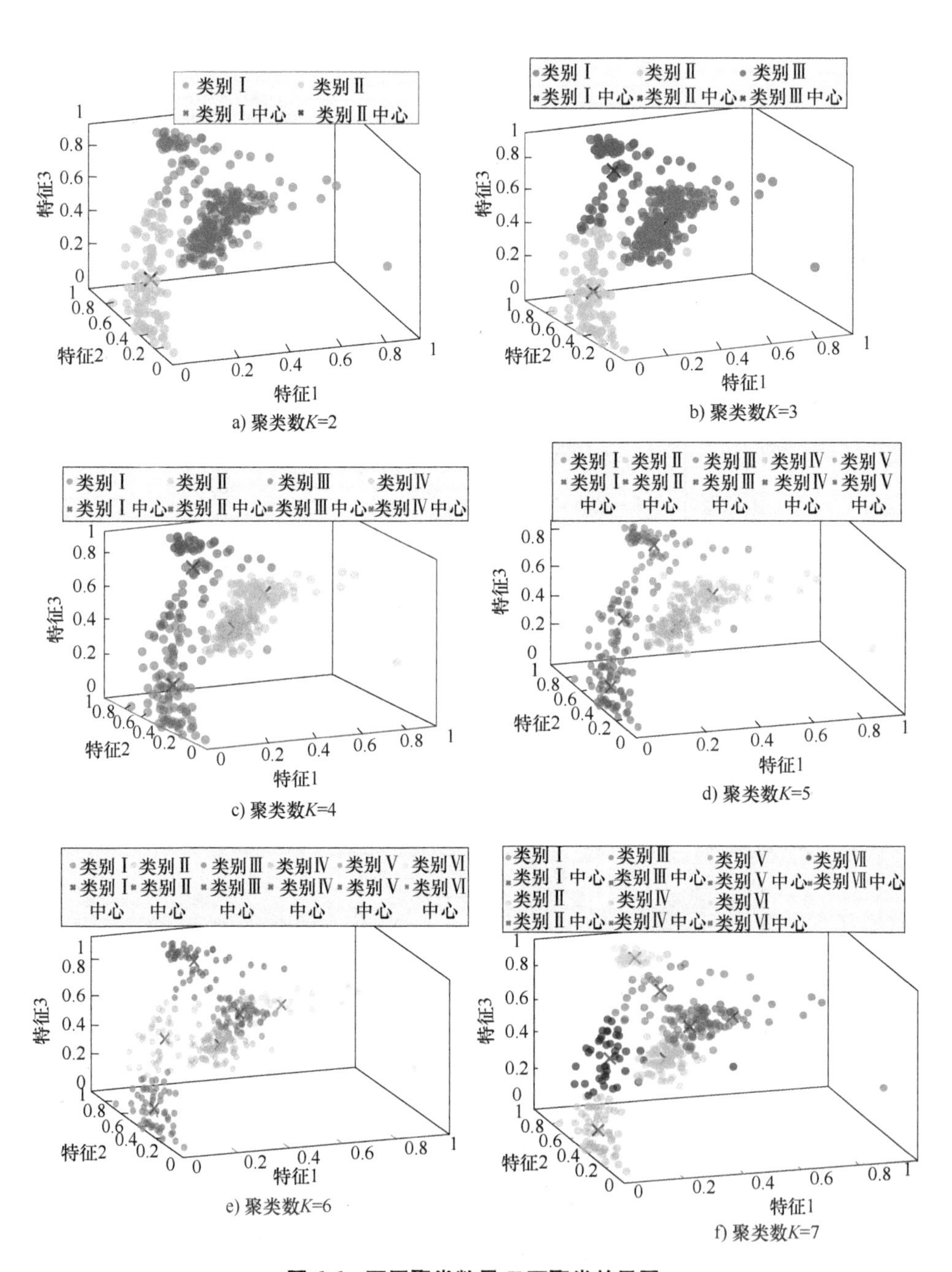

a) 聚类数K=2　b) 聚类数K=3

c) 聚类数K=4　d) 聚类数K=5

e) 聚类数K=6　f) 聚类数K=7

图 6-6　不同聚类数量 K 下聚类效果图

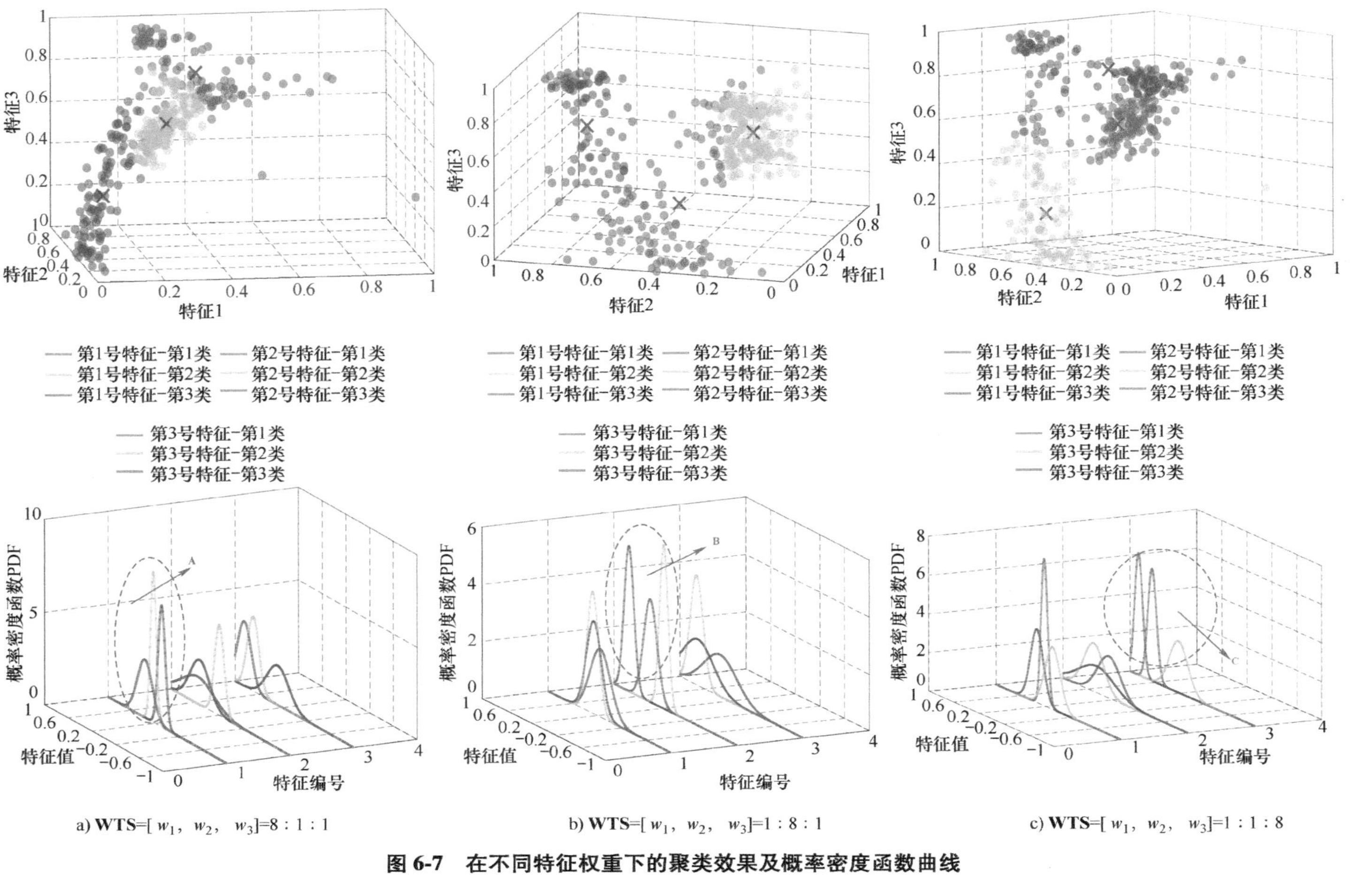

图 6-7 在不同特征权重下的聚类效果及概率密度函数曲线

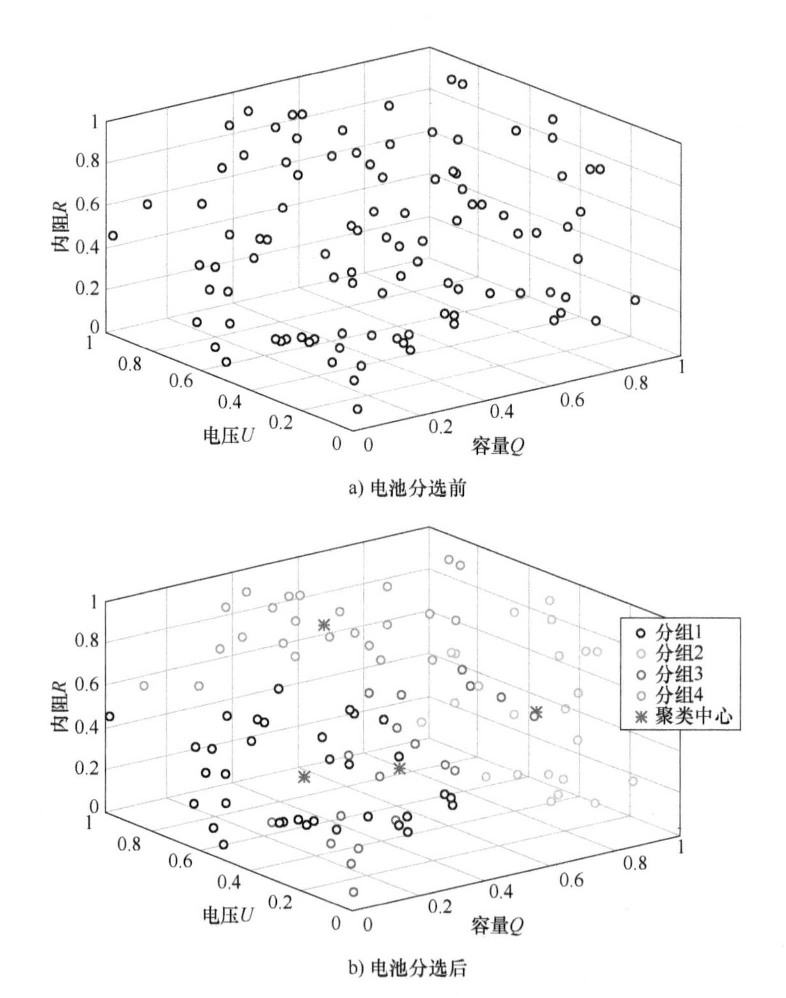

a) 电池分选前

b) 电池分选后

图 6-11　退役动力电池快速分选系统输出分选结果